Geleitwort

In den letzten Jahren wurde evident, wie das Wohl von Unternehmen in zunehmendem Masse vom Umgang mit den Risiken abhängt. Somit ist „Risiko-Management" zu einem wichtigen Bestandteil einer „Good Governance" im Unternehmen geworden. Diesem Umstand haben Regulatoren und Gesetzgeber mit entsprechenden Auflagen an die Unternehmensführung zur Risikobeurteilung und Risikokontrolle Rechnung getragen. So sind beispielsweise die regulatorischen Vorschriften von Basel II zur Eigenmittelunterlegung der Risiken bei Banken, sowohl im EU-Raum als auch in der Schweiz, inzwischen als Gesetz umgesetzt.

Durch die wachsende Abhängigkeit der Unternehmen von der Informationstechnologie (IT) kommt den IT-Risiken beim Risiko-Management eine wichtige Bedeutung zu. Das vorliegende Praxis-Buch positioniert das IT-Risiko-Management in eine ganzheitliche Unternehmensperspektive und schliesst damit die Lücke zwischen den inzwischen verfügbaren Standards und Rahmenwerken für das IT-Risiko-Management einerseits sowie der Informationssicherheit, dem Kontinuitäts- und Notfall-Management und der praxisorientierten Anwendung andererseits. Angelehnt an die kommenden internationalen Standards der ISO (ISO 31000) sowie der bereits existierenden Normen aus Österreich (ONR 4900x) und dem britischen Standardisierungsinstitut BSI, integriert der Autor das IT-Risiko-Management in andere Unternehmens-Managementprozesse wie das Qualitäts-Management (ISO 900x) und das Informations-Sicherheits-Management (ISO/IEC 2700x).

Die mit einem eigenen Kapitel behandelte Kosten-Nutzen-Thematik aus Risiko-Optik orientiert sich ebenfalls an der Unterstützung einer guten IT-Governance. Dabei macht der Autor auch auf die Schwächen eines rein kostenorientierten „Return on Security Investment"-Ansatzes (ROSI) aufmerksam und stellt diesem die aktuellen Bestrebungen des „IT Governance Instituts" mit den überarbeiteten und neuen Rahmenwerken CobiT 4.1, Val IT und Risk IT gegenüber.

Das besondere Verdienst des vorliegenden Werks und seines Autors ist die verständliche und auf das Wesentliche beschränkte Darstellung der Zusammenhänge zwischen IT-Risiko-Management, dem Kontinuitäts- und Notfall-Management und dem Informationssicherheits-Management mit den jeweiligen Standards und Rahmenwerken sowie deren Integration in die Unternehmens-Managementprozesse. Der Autor hat sich dank seiner langjährigen Erfahrung im IT-Risiko-Management stets von der Praktikabilität der Methoden und Massnahmen leiten lassen. Seine anschaulichen Darstellungen und Beispiele zeugen von seinen didaktischen Erfahrungen aus der Vermittlung entsprechender Inhalte an der Hochschule für Wirtschaft in Luzern.

Wie freuen uns, mit diesem Geleitwort den Leser in die komplexe und interessante Materie des IT-Risiko-Managements einleiten zu dürfen und wünschen auch der 3. Auflage den guten Erfolg der beiden vorangegangenen Auflagen.

Dr. Thomas Siegenthaler, Präsident CSI Consulting AG

Hans-Peter Königs

IT-Risiko-Management mit System

Edition <kes>

herausgegeben von Peter Hohl

Mit der allgegenwärtigen Computertechnik ist auch die Bedeutung der Sicherheit von Informationen und IT-Systemen immens gestiegen. Angesichts der komplexen Materie und des schnellen Fortschritts der Informationstechnik benötigen IT-Profis dazu fundiertes und gut aufbereitetes Wissen.

Die Buchreihe Edition <kes> liefert das notwendige Know-how, fördert das Risikobewusstsein und hilft bei der Entwicklung und Umsetzung von Lösungen zur Sicherheit von IT-Systemen und ihrer Umgebung.

Herausgeber der Reihe ist Peter Hohl. Er ist darüber hinaus Herausgeber der <kes>– Die Zeitschrift für Informations-Sicherheit (s. a. www.kes.info), die seit 1985 im Secu-Media Verlag erscheint. Die <kes> behandelt alle sicherheitsrelevanten Themen von Audits über Sicherheits-Policies bis hin zu Verschlüsselung und Zugangskontrolle. Außerdem liefert sie Informationen über neue Sicherheits-Hard- und -Software sowie die einschlägige Gesetzgebung zu Multimedia und Datenschutz.

www.viewegteubner.de

Hans-Peter Königs

IT-Risiko-Management mit System

Von den Grundlagen bis zur Realisierung –
Ein praxisorientierter Leitfaden

3., überarbeitete und erweiterte Auflage

Mit 88 Abbildungen

PRAXIS

**VIEWEG+
TEUBNER**

Bibliografische Information der Deutschen Nationalbibliothek
Die Deutsche Nationalbibliothek verzeichnet diese Publikation in der
Deutschen Nationalbibliografie; detaillierte bibliografische Daten sind im Internet über
<http://dnb.d-nb.de> abrufbar.

Das in diesem Werk enthaltene Programm-Material ist mit keiner Verpflichtung oder Garantie irgend-
einer Art verbunden. Der Autor übernimmt infolgedessen keine Verantwortung und wird keine daraus
folgende oder sonstige Haftung übernehmen, die auf irgendeine Art aus der Benutzung dieses
Programm-Materials oder Teilen davon entsteht.

Höchste inhaltliche und technische Qualität unserer Produkte ist unser Ziel. Bei der Produktion und
Auslieferung unserer Bücher wollen wir die Umwelt schonen: Dieses Buch ist auf säurefreiem und
chlorfrei gebleichtem Papier gedruckt. Die Einschweißfolie besteht aus Polyäthylen und damit aus
organischen Grundstoffen, die weder bei der Herstellung noch bei der Verbrennung Schadstoffe
freisetzen.

1. Auflage 2005
2. Auflage 2006
3., überarbeitete und erweiterte Auflage 2009

Alle Rechte vorbehalten
© Vieweg+Teubner | GWV Fachverlage GmbH, Wiesbaden 2009

Lektorat: Sybille Thelen | Christel Roß

Vieweg+Teubner ist Teil der Fachverlagsgruppe Springer Science+Business Media.
www.viewegteubner.de

Umschlaggestaltung: KünkelLopka Medienentwicklung, Heidelberg
Druck und buchbinderische Verarbeitung: MercedesDruck, Berlin
Gedruckt auf säurefreiem und chlorfrei gebleichtem Papier.
Printed in Germany

ISBN 978-3-8348-0359-7

Vorwort zur 1. und 2. Auflage

Bei den Risiken von Unternehmen nehmen die „operationellen Risiken" eine immer bedeutendere Rolle ein. Nicht von ungefähr verlangen neuere Regulative und Gesetze, wie beispielsweise Basel II, ein funktionstüchtiges Management und Reporting der operationellen Risiken. Die „IT-Risiken" sind eine wichtige Kategorie der operationellen Risiken, vor allem deshalb, weil die meisten Unternehmen immer stärker von der Informationstechnologie abhängig sind (z.B. Spitäler, Banken, Bahn, Presse).

Die Anforderungen an die „Corporate Governance" des Unternehmens legen den obersten Aufsichts- und Führungsgremien funktionstüchtige Prozesse für ein integriertes Risiko-Management aller Risiken nahe (z.B. Markt-, Kredit- und operationelle Risiken). Dabei ist das IT-Risiko-Management ein Baustein im Gesamt-Risiko-Management-Prozess eines Unternehmens. Eine vom Gesamtrisiko-Prozess eines Unternehmens isolierte Behandlung des IT-Risiko-Managements könnte der Sache nicht gerecht werden und wäre in der Umsetzung längerfristig zum Scheitern verurteilt. Deshalb wird in diesem Buch der gesamte Risiko-Management-Prozess eines Unternehmens aufgezeigt, in den sich das IT-Risiko-Management mit entsprechenden Methoden und Werkzeugen einfügt.

Die Verantwortlichen der Informations-Technologie (IT) eines Unternehmens müssen die einzuschlagenden Sicherheitsmassnahmen vermehrt an den mit der Informationstechnologie einhergehenden Risiken orientieren, da allfällige Schäden nicht nur stark zu Buche schlagen, sondern sogar den Bestand eines Unternehmens gefährden können. Andererseits nehmen die Kosten für die Sicherheit einen beträchtlichen Teil des IT-Budgets ein. Zur Rechtfertigung dieser Kosten müssen die Risiken in überzeugender Weise gezeigt und den Kosten gegenüber gestellt werden können. Für unnötigen Überschutz ist in der Regel kein Budget vorhanden.

Das Buch soll weiterhin vermitteln, dass das IT-Risiko-Management nicht alleinige Aufgabe und Verantwortlichkeit einer IT-Abteilung sein kann, sondern dass es im Rahmen der Unternehmens-Strategie und des Gesamt-Risiko-Managements durch die Führung des Unternehmens geprägt und getragen werden muss.

Diese Beweggründe haben sich seit der 1. Auflage dieses Buches vor eineinhalb Jahren nicht verändert. Wohl haben sich hinsichtlich der Standardisierung einige Ergänzungen und Korrekturen aufgedrängt. So wurden beispielsweise die Standards ISO/IEC 17799 und ISO/IEC 27001 sowie das BSI-Grundschutzhandbuch in neuen Fassungen mit stärkerem Bezug zum „Risiko-Management" herausgegeben. Auch konnte ich von Lesern und Rezensenten wertvolle Anregungen gewinnen, die ich in die 2. Auflage eingebracht habe.

Dank

Der Telekurs Group für die Unterstützung des Buches. Ulrich Moser für die nützlichen Diskussionen und das Gegenlesen. Emmerich Fuchs, mit dem ich eine Lehrveranstaltung an der Hochschule für Wirtschaft in Luzern durchführte, für das Gegenlesen und für die spontanen Hinweise aus seiner Berater- und Schulungstätigkeit.

Meiner Frau, Diemuth Königs, Autorin historischer Bücher und Fachartikel, danke ich für so Vieles, dass ich es hier nicht aufzuzählen vermag. Trotz ihres Zeitdrucks mit eigenen Büchern und Artikeln war sie stets bereit, mir in schriftstellerischen und auch sonstigen Angelegenheiten zu helfen. Ihr gilt mein ganz besonderer Dank.

Zürich, im September 2006   Hans-Peter Königs

Vorwort zur 3. Auflage

Das IT-Risiko-Management hat sich seit der Veröffentlichung der ersten und zweiten Auflage rasant weiter entwickelt. Diese Entwicklung ist einerseits durch die konkret gewordenen Anforderungen an die Unternehmen aufgrund der gesetzlichen und regulativen Vorgaben und andererseits durch die Verfügbarkeit von Standards, Rahmen- und Regelwerken bedingt. Als Beispiele solcher Rahmen- und Regelwerke sind die ISO/IEC-Standards der 2700x-Reihe, die britischen „Business Continuity Management" - Standards BS 25999-x, die deutschen BSI-Standards 100-x oder die österreichischen Standards der Reihe ONR 4900x zu nennen, die sich bestimmten Aspekten des Risiko-Managements widmen.

Die Thematisierung des IT-Risiko-Managements und ganz allgemein des Risiko-Managements im Rahmen der Corporate Governance hat gerade in jüngster Zeit zur Steigerung des Bewusstseins um die Risiken aus Unternehmenssicht beigetragen.

Wenn auch in der derzeitigen Finanz- und Wirtschaftskrise die operationellen IT-Risiken nicht im Blickpunkt stehen, wird doch gerade jetzt sichtbar, wie die Wirtschafts- und Finanzsysteme global vernetzt und von den Informationen und Informationstechnologien abhängig sind.

Das Ziel, den derzeitigen Stand des Informations- und IT-Risiko-Managements in der für den Anwender in der Praxis notwendigen Übersicht und Ausführlichkeit zu behandeln, hat sich als grosse Herausforderung erwiesen. Um den Fokus eines „Leitfadens" beizubehalten, wurden die aufwändigen quantitativen Analyse-Methoden, welche hohe Anforderungen an das statistische Datenmaterial und an ihre praktische Umsetzung stellen, mit den entsprechenden Hinweisen lediglich übersichtsmässig behandelt.

Das in der Praxis immer wichtiger werdende und aus der Perspektive des Riskomanagement kontrovers diskutierte Thema der Kosten-/Nutzen-Analysen wird in einem eigenen Kapitel behandelt. Vertieft behandelt werden die Themen der „Compliance" und der für die IT und die Informations-Sicherheit wichtigen Geschäftskontinuität und des Notfallmanagements.

Auch wurde das Buch den gewachsenen Anforderungen der Ausbildungsgänge zum „Master of Advanced Studies in Information Security" an der Hochschule Luzern angepasst, wo ich neben meiner Beratertätigkeit als Dozierender für Risiko-Management tätig bin.

Der Aufbau des Buches in der Reihenfolge

> ➪ Grundlagen erarbeiten

> ➪ Anforderungen berücksichtigen

> ➪ IT-Risiken erkennen und bewältigen

> ➪ Unternehmensprozesse meistern

wurde auch in dieser dritten Auflage beibehalten, da es bei den heute vielfältigen Anforderungen und Standards vor allem um die richtige Positionierung des Risiko-Managements im Unternehmen geht.

Am Ende eines jeden Kapitels finden sich eine Zusammenfassung sowie einige Kontrollfragen und Aufgaben. Die Musterlösungen für die Kontrollfragen und Aufgaben können über den Online-Service im Internet abgerufen werden. Die URL dafür ist:

http://www.koenigs-media.ch/viewegbuch/

Fragen, fachliche Hinweise oder gar einen über den Online-Service möglichen Dialog sind mir herzlich willkommen.

Dank

Für die vielen Diskussionen sowie die Durchsicht und wertvollen Ratschläge zu den Erweiterungen in der dritten Auflage danke ich meinem langjährigen Berufskollegen Domenico Salvati. Mein Dank gilt auch dem Lektorat des Vieweg+Teubner-Verlags für seine Unterstützung und wertvollen Hinweise.

Nicht zuletzt geht mein besonderer Dank an meine Frau Diemuth Königs, Autorin historischer Bücher, die mir in allen Belangen mit Rat und Tat zur Seite steht.

Olsberg im Mai 2009   Hans-Peter Königs

Inhaltsverzeichnis

1 Einführung

„Erstens kommt es anders und zweitens als man denkt". Dieses allseits bekannte Prinzip wird im vorliegenden Buch nicht widerlegt. Doch warum beschäftigen wir uns denn überhaupt mit Risiken? Diese Frage und wie wir uns mit den Risiken im Allgemeinen und mit den IT-Risiken im Besonderen auseinandersetzen können, sollte spätestens nach dem Lesen dieses Buches beantwortet werden können.

1.1 Warum beschäftigen wir uns mit Risiken?

Unsere tagtäglichen Erfahrungen zeigen an einfachen Beispielen, dass wir mit geeigneten Vorkehrungen und Massnahmen das Auftreten von negativen Ereignissen oder auch die Konsequenzen solcher Ereignisse vermindern können. Wem es je passiert ist, dass kurz vor der Fertigstellung einer umfangreichen Schreibarbeit am PC die Informationen unwiederbringlich gelöscht waren, wird die Nützlichkeit einer regelmässigen Informationssicherung auf ein anderes Speicher-Medium kaum in Frage stellen.

Häufigkeiten reduzieren oder negative Konsequenzen mildern

Negative Ereignisse (z.B. Unfälle) können mit noch so weiser Voraussicht und entsprechenden Massnahmen nie gänzlich vermieden werden. Doch können mit entsprechenden Vorkehrungen die Häufigkeiten der Ereignisse reduziert oder ihre negativen Konsequenzen gemildert werden.

Die am 26.12.2004 in den Küstenregionen des indischen Ozeans stattgefundene schwere Tsunami-Katastrophe hat eindrücklich gezeigt, dass ein Frühwarnsystem und entsprechende bauliche Massnahmen die Katastrophe zwar nicht hätten verhindern, aber das Ausmass der Katastrophe wesentlich reduzieren können.

Andere Beispiele sind die Fussgänger-Unterführungen, mit denen Unfälle mit Fussgängern im Strassenverkehr reduziert werden können; die Sicherheitsgurte im Auto, die gemäss der Statistiken zu deutlich weniger schweren Unfällen beitragen.

Auch denken wir sofort an mögliche Unterlassungen, wenn wir, wie am am 15. Januar 2009 lesen: „Die elektronischen Fahrpläne und das Buchungssystem der Deutschen Bahn waren in ganz Deutschland stundenlang ausgefallen. Der Computerausfall hatte am Mittwoch bundesweit zu Verspätungen im Bahnverkehr geführt."

Ähnliches, aber in umgekehrter Richtung, gilt für die positiven Ereignisse, die wir selbstverständlich herbeiwünschen und für die wir uns einen möglichst positiven Effekt erhoffen. Solche ungewissen positiven Ereignisse bezeichnen wir als Chancen.

Für solche Ereignisse ergreifen wir Massnahmen, um den positiven Effekt mit grösstmöglicher Wahrscheinlichkeit oder mit möglichst günstigen Ergebnissen herbeizuführen. So soll beispielsweise die Fernsehwerbung für ein Kosmetikprodukt dafür sorgen, dass das Produkt möglichst häufig gekauft wird. Oder ein Softwareprodukt wird so angeboten, dass es zum einen möglichst häufig gekauft wird und zum anderen einen möglichst hohen Preis erzielt.

Risiken und Chancen

Sowohl für die Risiken als auch die Chancen gibt es Massnahmen, die das gewünschte Resultat besser oder schlechter herbeiführen können. Ein zentraler Aspekt des Umgangs mit Risiken und Chancen ist, unter den massgeblichen Bedingungen, die optimal geeigneten Massnahmen herauszufinden und zu realisieren.

Die eben skizzierte Beschäftigung mit Risiken ist grob vereinfacht das, was wir unter „Risiko-Management" verstehen. Um mit allen und zum Teil hoch abstrakten Aspekten zu den gewünschten optimalen Ergebnissen zu kommen, braucht es ein grosses Mass an Systematik. Gerade wenn es um hohe Risiken und hohe Massnahmenkosten geht, die den Unternehmen durch die Informations-Technologie entstehen, ist es wichtig, diese ganzheitlich, systematisch und transparent zu behandeln.

„Risiko-Management" mit systemischen Modellen

Die dafür in diesem Buch verwendeten Modelle sind als „systemische" Modelle zu verstehen: Dabei kann eine Risiko-Ursache verschiedene Auswirkungen und eine Auswirkung verschiedene Ursachen haben. Um die meist „komplexe" Wirklichkeit möglichst gut zu modellieren, enthalten daher die Problemlösungs-Prozesse des Risiko-Managements entsprechende Rückkopplungen und Iterationen ([Ulri91], S. 114). Mit diesem systemischen Ansatz findet auch der Titel dieses Buches „IT-Risiko-Management mit System" seine Erklärung.

1.2 Risiken bei unternehmerischen Tätigkeiten

Risiken und Chancen sind in jedem Unternehmen - wenn auch nicht immer offensichtlich - vorhanden. Es gilt der Grundsatz, dass mit dem Ergreifen von Chancen auch immer Risiken eingegangen werden müssen. Dabei ist es eine normale menschliche Eigenschaft, die Risiken aus dem Bewusstsein zu verdrängen. Dennoch ist der sorgfältige Umgang mit Risiken, gleichermassen wie das Wahrnehmen von Chancen, eine der wichtigsten unternehmerischen Verantwortlichkeiten und muss in der Unternehmens-Politik, in der Unternehmens-Strategie sowie in allen unternehmerischen Handlungen gepflegt werden. Ist es doch das Wohl des Unternehmens und gar sein Überleben, das vom richtigen Umgang mit den Risiken abhängig ist.

Leidtragende

Die Leidtragenden der Risiken sind auch nicht alleine die Eigentümer des Unternehmens, sondern alle an einem Unternehmen beteiligten Kreise, die sog. Anspruchsgruppen (Stakeholders), wie Beschäftigte, Kapitalgeber, Verbände, Partner, Lieferanten, Behörden, Kommunen und der Staat. So haben die in den letzten Jahren aufgetretenen Schadensereignisse bewirkt, dass das Risiko-Management in den meisten Industriestaaten zu einer vom Gesetzgeber verordneten „Muss-Disziplin" der Unternehmensführung geworden ist.

1.3 Inhalt und Aufbau dieses Buchs

Die unterschiedlichen Risiken in einem Unternehmen sind in ihrer Art und Entstehung stark voneinander abhängig und tragen letztendlich zum Erfolg oder Misserfolg eines Unternehmens in entscheidendem Masse bei. Deshalb muss die Steuerung und Überwachung der Risiken bereits auf der obersten Ebene der Unternehmensführung erfolgen. Das Buch behandelt zwar speziell die IT-Risiken, dennoch müssen die Bedrohungen, Massnahmen und Prozesse zum Management der IT-Risiken in einem ganzheitlichen Zusammenhang zur Unternehmenssicht und dessen Zielen, Anforderungen und Management-Prozessen gesehen werden. Demzufolge wird vor der detaillierten Behandlung der IT-Risiken im Teil C des Buches der dazu notwendige Vorspann in den Teilen A und B behandelt.

Teil A: Grundlagen erarbeiten

Somit werden in **Teil A** des Buches die für ein ganzheitliches Risiko-Management in einem Unternehmen allgemeinen Grundlagen und Instrumente aufgezeigt.

Teil B: Anforderungen berücksichtigen

Im Teil B werden die an das Unternehmen gestellten heute aktuellen Anforderungen an ein Risiko-Management und die Voraussetzungen und Prozesse für die in die Management-Prozesse des Unternehmens integrierten Risiko-Aspekte beleuchtet. Die dazu zusammengestellten Konzepte, Methoden und Instrumente haben zum Ziel, ein möglichst effektives Risiko-Management mit vertretbarem Aufwand aufzubauen und zu betreiben.

Teil C: IT-Risiken erkennen und bewältigen

Im Teil C werden die Risiken der Informationen und der Informationstechnologie detailliert behandelt und entsprechende Methoden und Verfahren speziell zum Management der Informations-Sicherheit- und IT-Risiken beschrieben. Der gebräuchliche aber unscharfe Begriff der „IT-Risiken" schliesst dabei die Informations-Sicherheits-Risiken wie die Risiken im Zusammenhang mit der Leistungserbringung der Informatik ein.

Teil D: Unternehmensprozesse meistern

Im Teil D wird sodann gezeigt, wie sich die verschiedenen Risiken, darunter die operationellen Risiken der Informations-Technologie, in einen gesamten Risiko-Management-Prozess des Unternehmens einfügen lassen und wie unternehmenswichtige Risiko-Management-Prozesse wie die Geschäftskontinuitäts-Planung im Risiko-Management-Prozess verankert werden können.

Teil A

Grundlagen erarbeiten

2 Elemente für die Durchführung eines Risiko-Managements

*Akzeptable
Retsrisiken*

Die Beschäftigung mit den Risiken dient vor allem ihrer Erkennung und Bewertung sowie der Erarbeitung von Massnahmen und deren Umsetzung. Durch die Massnahmen sollen die Risiken auf akzeptable „Restrisiken" reduziert werden.

*Risiko-
Management*

Auf der Basis von Art, Quantität und Qualität der Risiken sowie einiger weiterer Kriterien sollen möglichst optimale Massnahmen-Lösungen gefunden werden. Diese Beschäftigung mit Risiken wird als „Risiko-Management" bezeichnet. Die in Abbildung 2.1 gezeigten Aktivitäten werden, wie in den weiteren Ausführungen dieses Buches gezeigt wird, in prozessorientierter Weise durchgeführt.

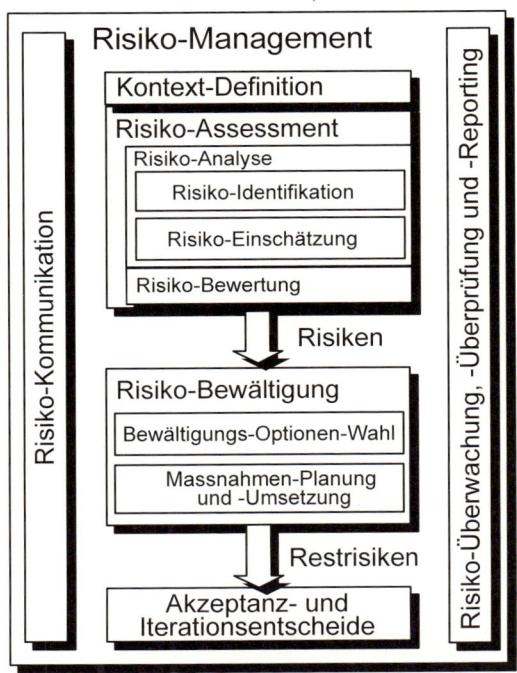

Abbildung 2.1:   Aktivitäten für das Risiko-Management

Das „Risiko-Management" wird in den verschiedensten Disziplinen wie Wirtschaft, Informationstechnologie, Soziologie und Technik benötigt.

Interdisziplinäre Vernetzung der Risiken

Die Anwendung des Risiko-Managements hat einen hohen interdisziplinären Stellenwert, können doch beispielsweise die „IT-Risiken" grosse andere Risiken in der Volkswirtschaft, im Gesundheitswesen, im Kommunikations-, Energie-, Verkehrs- und Transportwesen nach sich ziehen. Alle diese Disziplinen haben bezüglich der Risiken starke Vernetzungen untereinander.

Terminologie und Standards

Die im Zusammenhang mit „Risiko-Management" in den einzelnen Disziplinen verwendete Terminologie ist vielfältig und teilweise auch uneinheitlich. Auf diesem Hintergrund sind die Standardisierungen einer Terminologie in der ISO [Isog02] sowie eines „Frameworks" für Risiko-Management durch das Standardisierungs-Gremium Australia/New Zealand" [Asnz04] oder durch das US-amerikanische „Committee of Sponsoring Organisation of the Treadway Commission" [Cose04] als sehr nützlich anzusehen. Doch weisen diese Standards wie auch die neueren Standards ISO/FDIS 31000 [Isor09] und ISO/IEC 27005:2008 Unterschiede auf, die wahrscheinlich, aufgrund der Anforderungen für einen bestimmten Kontext, nie vollständig harmonisiert werden können. Die erwähnten Standards über Risiko-Management haben somit meist auch lediglich Empfehlungscharakter, was in den Standard-Klauseln mit dem englischen Hilfsverb „should" zum Ausdruck gebracht wird.

2.1 Fokus und Kontext Risiko-Management

Die aus dem Risiko-Management resultierenden Massnahmen bezwecken, die Gefahrensituationen oder die Folgen von Schadensereignissen für die „Betroffenen" zu beseitigen oder zu vermindern.

Fokussierung auf Betroffene

Je nachdem wie die Aufgabenstellung für das durchzuführende Risiko-Management lautet, können die Betroffenen, Einzelpersonen, Gruppen von Personen oder auch, wie in diesem Buch, Unternehmen sein. Die Risiken, die wir im Rahmen dieses Buchs betrachten, fallen bei einzelnen Produkten oder Dienstleistungen, bei einzelnen Organisationseinheiten oder auf der Ebene des Gesamtunternehmens an.

Neben der Fokussierung auf die Betroffenen ist die Bezeichnung und Abgrenzung der Gegenstände[*] für die möglichen Schadensereignisse nötig. Auch das Umfeld der betrachteten Gegenstände bedarf der Definition und Abgrenzung. Diese Definitionen und Abgrenzungen sind aus den Blickwinkeln der Gefahrensituationen, der am Analyse- und Bewältigungsprozess beteiligten Stellen und der massgeblichen funktionalen Zusammenhängen notwendig.

Massgeblicher Kontext

Bereits beim Beginn einer Risiko-Management-Aufgabe ist die Fokussierung und Bestimmung des massgeblichen Kontextes unabdingbare Voraussetzung.

2.2   Definition des Begriffs „Risiko"

Der Begriff „Risiko" wird je nach Anwendungsgebiet unterschiedlich definiert[†]. Für betriebswirtschaftliche Fragestellungen, wie sie in diesem Buch vorkommen, werden Verluste oder Schäden als die negativen Folgen von **„Zielabweichungen"** eines vorgängig definierten Ziels verstanden. Damit ergibt sich folgende Risiko-Definition [Brüh01]:

Betriebswirt-schaftliche Risiko-Definition

> Ein Risiko ist eine nach Häufigkeit (Eintrittserwartung) und Auswirkung bewertete Bedrohung eines zielorientierten Systems. Das Risiko betrachtet dabei stets die negative, unerwünschte und ungeplante Abweichung von System-Zielen und deren Folgen.

Risiko / Chance

Dem Risiko steht meist eine Chance gegenüber, welche ein positives Ergebnis in Aussicht stellt. (Risiken und dazugehörige Chancen lassen sich jedoch oft nicht im selben Koordinaten-System behandeln, was das Abwägen der Chancen mit den Risiken entsprechend schwierig gestaltet.) Bei den in diesem Buch angeprochenen IT-Risiken, die in die Kategorie der „operationel-

---

[*]   Der Begriff „Gegenstand" wird in diesem Buch synonym zu „Objekt" sowohl für greifbare als auch für abstrakte Güter, Objekte und Strukturen verwendet und schliesst den in der englischsprachigen Standardisierung oft verwendeten Begriff „Asset" ein.

[†]   Der ISO/IEC Guide 73:2002 [Isog02] definiert rudimentär: „Risiko ist die Kombination der Wahrscheinlichkeit eines Ereignisses und seiner Konsequenz".

len Risiken" gehören, besteht keine direkte Verknüpfung mit einer für die Chancen massgeblichen Ertragsquelle.

Folgen der Ziel-Abweichungen

Wird diese Risiko-Definition auf Projektrisiken angewendet, dann sind hauptsächlich die Folgen der Ziel-Abweichungen bezüglich „Dauer", „Budget" und „Qualität" zu betrachten.

Wenden wir die oben angegebene Definition auf Informations- und IT-Gegenstände an, dann resultieren die Sicherheits-Risiken aus Abweichungen von den System-Zielen, „Vertraulichkeit", „Integrität" und „Verfügbarkeit".

Unerwünschte Zielabweichungen

Solche „unerwünschten Ziel-Abweichungen" können eintreten, wenn entsprechende Bedrohungen vorhanden sind. So kann die Bedrohung „Krankheit Mitarbeiter" eine negative Abweichung vom Ziel: „Fertigstellungs-Termin" eines Projekts bewirken.

Bedrohungen

Eine Bedrohung wirkt sich umso häufiger und stärker aus, als geeignete Massnahmen fehlen. Eine geeignete Massnahme im gerade gegebenen Beispiel wäre, den krank gewordenen Mitarbeiter kurzfristig durch eine andere gleichermassen geeignete Person ersetzen zu können. Ist eine solche Massnahme nicht vorhanden, sprechen wir von einer Schwäche, Verletzlichkeit oder Schwachstelle des Systems.

Schwäche / Schwachstelle / Verletzlichkeit

Wahrscheinlichkeit von möglichen Folgen

Aus den Bedrohungen und den Schwächen des Systems ergibt sich die Wahrscheinlichkeit, mit der eine Abweichung vom gesetzten Ziel mit bestimmten negativen Folgen eintritt.

Die Folgen (Konsequenzen) einer Abweichung vom Ziel bezeichnen wir als Schaden[*] (auch Tragweite oder Verlust).

Schäden sind Folgen einer Ziel-Abweichung

Die Abweichung von einem geplanten Projekttermin kann finanzielle Einbussen zur Folge haben und/oder das Ansehen der Firma auf dem Markt beeinträchtigen (Reputations-Schaden). Die Folgen einer Ziel-Abweichung können entweder ein zeitunabhängiges oder ein mit der Zeit veränderliches Ausmass aufweisen. (So bedürfen die Ereignisse mit zeitlich anwachsendem Ausmass, z.B. Brandschäden, auch einer entsprechenden Risikobewältigung.)

---

[*]   Die bewertete Auswirkung eines Ereignisses wird auch als „Impact" bezeichnet. Die gesamthaften Konsequenzen können aus mehreren Impacts resultieren. Die negativen Konsequenzen eines Ereignisses bezeichnen wir in diesem Buch als Schaden oder Verlust.

Keine Möglichkei-
ten von Zielab-
weichungen =
„sicher"

Bestehen hingegen keine Möglichkeiten von Ziel-Abweichungen, so erhalten wir definitionsgemäss auch keinen Schaden, wir sind also „sicher".

Bei bestimmten System-Zielen (z.B. Fertigstellungstermin in einem Projekt) kann eine Zielabweichung durchaus auch positive Folgen aufweisen. In diesem Falle haben wir es mit einer Chance zu tun. Bei den Massnahmenentscheidungen zur Bewältigung eines Risikos sind die möglichen Chancen ebenfalls in geeigneter Weise zu berücksichtigen.[*]

„System-Ziel"/
„Sicherheits-Ziel"

Wir verwenden deshalb für diese Art von Zielen den Begriff „System-Ziel". In der Informations-Sicherheit wird statt System-Ziel oft auch der Begriff „Sicherheits-Ziel" verwendet. Ein System-Ziel ist wiederum nicht zu verwechseln mit einem „Risiko-Ziel", bei dem es um eine Vorgabe geht, eine bestimmte Risikogrösse nicht zu überschreiten. Risiko-Ziele werden oft auch in der Form von akzeptierbaren „Risiko-Toleranzen" ausgedrückt.

Beispiele:

- Es besteht das Ziel, das Produktionssystems „FabriStock" am 1. November 2009 in Betrieb nehmen zu können. Das Ziel heisst somit „Einhaltung des Einführungstermins". Hingegen könnte ein mögliches Risiko-Ziel heissen: Die Kostenfolge durch eine Terminabweichung, multipliziert mit der Wahrscheinlichkeit ihres Auftretens, darf nicht mehr als 20'000 € betragen (=Risiko). Bei einem Risiko von 10'000 € ist das Risiko-Ziel noch bestens eingehalten, wir befinden uns sozusagen noch im „grünen Bereich". Das Beispiel zeigt, dass erst mit der Einführung eines „Risiko-Ziels" die Nichteinhaltung eines System-Ziels relativiert werden kann. Wir sehen später, dass wir diese Relativierung mit der Aufgabe „Risiko-Bewertung" (risk evaluation) durchführen.

- Beim Autofahren haben wir das System-Ziel, uns bei einem Unfallereignis körperlich nicht zu verletzen. Mit einigen Sicherheitsmassnahmen (z.B. Sicherheitsgurte, Airbags, Knautschzone) kann erreicht werden, dass der Ver-

---

[*] Die Analyse von Chancen und die Massnahmen zur deren Realisierung werden im Rahmen dieses Buches über IT-Risiko-Management nicht speziell behandelt.

letzungsgrad und die daraus resultierenden Kosten mit einer bestimmten Wahrscheinlichkeit ein vorgegebenes Mass nicht überschreitet. Ein solches Risiko-Ziel kann demnach eine entscheidende Grösse für die Festlegung der Prämien für die Unfall- und Haftpflicht-Versicherung sein.

Die oben angeführte verbale Definition des Risikos liefert jedoch noch keine „messbaren" Ergebnisse. Messbare Ergebnisse sind aber für die Massnahmen-Entscheide oder die Vergleichbarkeit mit anderen Risiken wichtig.

Risiko-Formel

Eine solche „Messbarkeit" des Risikos in der Messeinheit des Schadens, z.B. Schweizer Franken, kann mit der folgenden Risiko-Formel erreicht werden:

$$R = p_E \times S_E$$

R: Risiko;

p_E: Wahrscheinlichkeit, dass ein Schadensereignis mit dem Schaden S_E eintritt;

S_E: Ausmass des Schadensereignisses (auch Tragweite oder Verlust).

Im praktischen Umgang mit dieser Formel wird die „theoretische Wahrscheinlichkeit" p_E oft subjektiv bestimmt oder anstelle der Wahrscheinlichkeit p_E die empirisch bestimmte „relative Häufigkeit" H_E des Schadendenseintritts eingesetzt.

Wenn mehrere Schadensereignisse statistisch verteilt eintreten, ist mit der Formel alleine noch nicht festgelegt, welche Kombination von Schaden und Häufigkeit dem Ergebnis zugrundeliegen soll.

Erwarteter Schaden pro Jahr

Eine für viele betriebswirtschaftliche Entscheidungen zweckmässige Variante für die Berechnung eines Risikos ist es daher, den jährlich zu „erwartenden" Schaden aus der Multiplikation der in einem Jahr zu „erwartenden" Eintrittshäufigkeit mit der „erwarteten" Schadenshöhe zu berechnen:

$$R_A = H_A \times S_A$$

R_A: jährlich „erwarteter" Schaden;

H_A: erwartete Häufigkeit der Schadensereignisse in einem Jahr;

S_A: erwartete Schadenshöhe aus den jährlich eintretenden Schadensereignissen.

Diese im Zusammenhang mit „operationellen Risiken" gebräuchliche Risiko-Darstellung beruht auf der „Aggregation" mehrerer Schadensereignisse und wird auch als „erwarteter Verlust" bezeichnet.

Beispiel:

Anzahl Schadens-ereignisse	Häufigkeit der Anzahl pro Jahr	Schadenshöhe [Mio. €]	Häufigkeit der Schadenshöhen pro Jahr
0	0.2	1	0.4
1	0.6	2	0.5
2	0.3	4	0.2

$H_A = 0 \times 0.2 + 1 \times 0.6 + 2 \times 0.3 = 1.2$

$S_A = 1 \times 0.4 + 2 \times 0.5 + 4 \times 0.2 = 2.2$ [Mio. €]

$R_A = H_A \times S_A = 2.64$ Mio. € (erwarteter Verlust)

Weitere sinnvolle Varianten, um das Risiko auszudrücken werden im Abschnitt 3.2.2 behandelt.

2.3 Anwendung Risiko-Formeln

Die oben angeführten Risiko-Formeln liefern bei relativ häufig auftretenden Ereignissen plausible Risikowerte. Doch kommen sehr hohe Schäden im selben Unternehmen sicherlich nur mit sehr geringer Häufigkeit vor. Für solche sehr hohen Schäden ist es nicht sinnvoll, das Risiko mit einer Multiplikations-Formel zu bestimmen, da die arithmetische Multiplikation eines sehr grossen Schadens mit einer sehr geringen Wahrscheinlichkeit (Häufigkeit) ein für das Unternehmen geringes und damit „tragbares Risiko" vortäuschen würde.

Beispiel

Ereignet sich beispielsweise innert 10 Jahren in einem von tausend Computerräumen in der Schweiz ein Brand und zieht dieser Brand einen Schaden von 10 Millionen Franken nach sich, dann würde das mit obiger Formel errechnete Risiko pro Jahr gerade nur 1000 Franken betragen. Dieses errechnete sehr kleine Risiko könnte ein Unternehmen mit einem Jahresumsatz von 10 Millionen Franken dazu verleiten, keine Vorkehrungen gegen das Brandrisiko zu treffen. Ein verantwortungsbewusstes Management wird hingegen - ungeachtet dieser Risiko-Berechnung - den Brandrisiken im Rechenzentrum mit umfassenden Massnahmen begegnen, da bei einem tatsächlichen Brandereignis ohne Massnahmen das Unternehmen wahrscheinlich nicht überleben würde.

Seltene, aber sehr grosse Schadens-ereignisse

Dieses Beispiel zeigt, dass für sehr seltene, aber sehr grosse Schadensereignisse Berechnungen mit den oben angeführten „einfachen Risikoformeln" keine adäquaten Entscheidungsgrundlagen liefern. Hier helfen Analyse-Methoden, wie sie in den Abschnitten 3.2.3 und 3.2.4 dargelegt werden.

In einem alternativen pragmatischen Ansatz wird für die seltenen aber sehr grossen Schadensereignisse vorrangig der mögliche Schaden und nicht ein über die Wahrscheinlichkeit rechnerisch ermitteltes Risiko als Entscheidungsgrundlage herbeigezogen. Bei der „Risiko-Bewertung" kann diesem Umstand mit einer entsprechend ausgelegten Risiko-Bewertungs-Matrix (s. Abbildung 2.2) Rechnung getragen werden.

Vorsicht mit den einfachen Risikoformeln ist auch geboten, wenn Schätzwerte für Häufigkeit und Schadenshöhe in die Formel eingesetzt werden. Die mit solchen Werten vorgenommene Multiplikation erweckt zwar den Eindruck eines genauen rechnerischen Ergebnisses; ein genaues Ergebnis ist aber bei geringen Eintrittswahrscheinlichkeiten (-Häufigkeiten) überhaupt nicht möglich.

2.4   Subjektivität bei Einschätzung und Bewertung der Risiken

Die Einschätzung der beiden Risiko-Dimensionen „Wahrscheinlichkeit" und „Schaden" (Konsequenzen, Tragweite) eines Schadensereignisses erfolgt einerseits aus den Erfahrungen der Vergangenheit (ex post) und/oder aus der Prognose für zukünftige Ereignisse (ex ante). Die Einschätzung für die Zukunft sowie die Einstellung zur Tragbarkeit der Risiken hängen stark von der Subjektivität der am Risiko-Management-Prozess beteiligten Personen ab.

Risiko-Freudigkeit / *Risiko-Aversion*

So neigen die einen Personen zur Risiko-Freude[*], andere wiederum zur Risiko-Aversion[†].

Auch sind einer einzelnen Person kaum alle relevanten Fakten für die Beurteilung eines Risikos bekannt. Aufgrund der Subjektivität bei der Wahrnehmung (Perzeption), aber auch bei der Risikobehandlung empfiehlt es sich, die Analysen und Entscheidungen beim Risiko-Management möglichst unter vielen Gesichtswinkeln breit abzustützen. Es empfiehlt sich beispielsweise, die Analyse mit einem interdisziplinär zusammengestellten Risiko-Analyse-Team durchzuführen und die Handlungs- und Akzeptanzentscheide über grosse Risiken im Team (z.B. Geschäftsleitung, Sicherheitskommission) zu fällen.

2.5 Hilfsmittel zur Einschätzung und Bewertung der Risiken

2.5.1 Risiko-Bewertungs-Matrix

Das Dilemma mit der Risiko-Formel können wir lösen, indem wir beispielsweise das „Produkt" einiger Häufigkeitswerte und einiger Schadenswerte (als Funktion) in einer Risiko-Bewertungs-Matrix festlegen.

Risiko-Wahrnehmung

Bei der Festlegung der „Produktwerte" kann die Risiko-Wahrnehmung des Managements, insbesondere für grosse und seltene Schadensereignisse, berücksichtigt (vorprogrammiert) werden.

Risiko-Matrix für „Wahrnehmung" und „Bewertung" der Risiken im Unternehmen

Die solchermassen enstandende „Risiko-Bewertungs-Matrix", oder kurz Risiko-Matrix genannt, werden wir sodann als Hilfsmittel für die „Bewertung" der Risiken im Unternehmen einsetzen. Natürlich ist es in einem grösseren Unternehmen auch möglich, mit unterschiedlichen „Risiko-Matrizen" für unterschiedliche Bereiche (z.B. für Tochtergesellschaften) zu arbeiten. Dabei sollte aber auf die Kompatibilität der Skalen geachtet werden. Das Beispiel einer solchen Risiko-Matrix ist in der nachfolgenden Abbildung 2.2 gezeigt.

---

[*] Risiko-Freude bewirkt ein Entscheidungsverhalten, bei dem die jeweils riskantere Handlungsalternative im Hinblick auf Gewinnchancen bevorzugt wird, auch wenn die Erfolgsaussichten ungewiss sind oder Misslingen droht.

[†] Risiko-Aversion bewirkt ein Entscheidungsverhalten, bei dem die jeweils weniger riskante Handlungsalternative bevorzugt wird.

Monetarisierte Risiko-Werte in Mio. €					
bis 0.1	0.1 - 0.3	0.3 - 1	1 - 3	3 - 10	über 10
sehr klein	klein	mittel	gross	sehr gross	katastrophal

Schadenshöhe pro Fall / Häufigkeit der Fälle	E klein	D mittel	C gross	B sehr gross	A kata-strophal
sehr oft (mehrmals pro Jahr)	mittel	gross	sehr gross	irreal	irreal
oft (1 mal in 1 – 3 Jahren)	klein	mittel	gross	sehr gross	irreal
selten (1 mal in 3 – 10 Jahren)	sehr klein	klein	mittel	gross	kata-strophal
sehr selten (1 mal in 10 – 30 Jahren)	sehr klein	klein	klein	mittel	kata-strophal
unwahrscheinlich (1 mal in mehr als 30 Jahren)	sehr klein	sehr klein	klein	mittel	kata-strophal (**)

(*)   Risiken sind irreal, da ein Unternehmen nach mehreren „sehr grossen" oder „katastrophalen" Schäden seine Existenz aufgibt.

(**)   Für seltene Fälle mit katastrophalen Schäden wird das Risiko mit der Höhe des Schadens gleichgesetzt.

Abbildung 2.2:   Risiko-Matrix mit Ordinalskala und monetarisierten Risiko-Werten

Im nächsten Abschnitt wird gezeigt, welche Voraussetzungen geschaffen werden müssen, um die Schäden einschätzen zu können.

2.5.2   Kriterien zur Schadenseinstufung

Kardinale und ordinale Skalen

Um ein Risiko bestimmen zu können muss, neben der Wahrscheinlichkeit (Häufigkeit), der zugrundliegende Schaden ermittelt werden können. Der Schaden kann sich in verschiedenen Ausprägungen (Impacts) darstellen. Letztendlich ist der für das Unternehmen entstehende gesamte Schaden für die Bestimmung des Risikos massgebend. Die sich aus einem Schadensereignis ergebenden „direkten finanziellen Verluste" werden oft mit rechenbaren Werten (z.B. Euro) eines „kardinalen" Skalensystems eingeschätzt. Hingegen erfolgt die Einschätzung der sonstigen Schadensauswirkungen, die sich indirekt und oft erst in der langen Frist als finanzielle Schäden für das Unternehmen auswirken, vorzugsweise mit „ordinalen" Werten (z.B. klein, mittel, gross). Um der Schadens- und Risiko-Wahrnehmung des Unternehmens gerecht zu werden, empfiehlt es sich jedoch, auch die direkten finanziellen Verluste mit ordinalen Werten mittels einer für das Unternehmen einheitlichen Ordinalskala einzustufen[*]. Zur Abstimmung der Ordinalskala mit tatsächlichen finanziellen Werten, werden den ordinalen Skalen-Werten noch unternehmensspezifische monetäre Werte (z.B. Eurobeträge) zugeordnet.

Schadens-einstufungstabelle

Die Abbildung 2.3 zeigt, wie eine solche Schadenseinstufungstabelle (Schadensmetrik) aussehen könnte. Die Schadenseinstufungstabelle richtet sich nach der Grösse und der Branche des Unternehmens sowie nach den Besonderheiten seiner Risiko-Objekte.

Einstufungs-Kriterien

Für jede Schadensstufe dieser Metrik werden die „Einstufungs-Kriterien" der Schadenauswirkungen sowohl in qualitativer als auch in quantitativer Weise festgelegt. Wie das Beispiel in Abbildung 2.3 zeigt, ist es sinnvoll, die möglichen Schadensauswirkungen (Impacts) grob zu unterteilen, z.B.:

- Direkte finanzielle Schäden;
- Schädigung der geschäftlichen und wirtschaftlichen Interessen;
- Verlust an Reputation und Goodwill;
- Nichteinhaltung gesetzlicher und regulativer Verpflichtungen;
- Beeinträchtigung der Gesundheit, Sicherheit und des Schutzes anderer Personen.

Für unterschiedliche Geschäftsprozesse wird es in der Regel auch unterschiedliche Kriterien geben. Die „Skalierung" der Schadensmetrik sollte jedoch vorzugsweise, unter Berücksichtigung der wichtigsten Geschäftsprozesse, für das gesamte Unternehmen einheitlich festgelegt sein.

---

[*] Eine ordinale Einstufung liegt den sog. „Scoring"- und „Rating"-Verfahren zugrunde.

Monetäre Höhe für „sehr grosse" Schäden

Für eine solche einheitliche Schadens-Metrik wird es die Aufgabe der Geschäftsleitung sein, zumindest für den als „sehr gross" einzustufenden Schaden, die monetäre Höhe festzulegen (z.B. Höhe eines durchschnittlichen jährlichen Betriebsgewinns über die letzten 5 Jahre). Sind die monetären Werte der Metrik für „direkte finanzielle Schäden" einmal festgelegt, dann lassen sich diese monetären Werte auch als „Äquivalente" für die Einstufung der „indirekten Schäden"* heranziehen.

Spezifische, aufeinander abgestimmte Schadens-Metriken

In einem grösseren Unternehmen sind u. U. für einzelne Risiko-Gebiete auch spezifische Schadens-Einstufungtabellen sinnvoll (z.B. für eine Tochtergesellschaft mit speziellen Geschäftsprozessen). Für ein integriertes Unternehmens-Risiko-Management müssen jedoch die verschiedenen Einstufungtabellen untereinander abgestimmt und ineinander überführbar sein.

Bewilligung und Inkraftsetzung Schadens-Einstufungstabelle

Die Festlegung und regelmässige Anpassung einer Schadens-Einstufungstabelle mit einer entsprechenden Metrik gehört zu den grundlegenden Voraussetzungen für ein nach rationalen Gesichtspunkten durchzuführendes Risiko-Management. Im Rahmen der Unternehmens-Governance werden die Vorgaben für die Schadenseinstufung auch durch die obersten Führungsgremien bewilligt und in Kraft gesetzt.

Metrik zur Einschätzung der Wahrscheinlichkeit oder Häufigkeit

Die für eine Risikobewertung ebenfalls benötigte Metrik für die Einschätzung der Wahrscheinlichkeit oder Häufigkeit eines Schadensereignisses ergibt sich aus den typischen Bedrohungen eines Unternehmens und wie diese auf die zu schützenden Werte (Assets) einwirken können. Wie in weiteren Kapiteln dieses Buches gezeigt ist, erfolgen die Einschätzung der Schäden und deren Eintrittswahrscheinlichkeiten am konkreten Risiko-Objekt mit Verfahren, die der jeweiligen Problemstellung gerecht werden (s. Abschnitt 3.2).

Reduktion Wahrscheinlichkeit oder Schaden

Für die einem Risiko-Assessment[†] folgenden Massnahmen-Entscheide ist es oft sinnvoll, sowohl das bewertete Risiko als auch die einzelnen Werte für die Schadenshöhe und die Wahrscheinlichkeit (Häufigkeit) darzustellen, da entweder die Reduk-

---

* Indirekte Schäden (z.B. Reputations-Schäden) wirken sich nicht unmittelbar auf das finanzielle Ergebnis aus.

† „Risiko-Assessment" enthält die Aufgaben der Analyse und der Bewertung der Risiken

tion des Schadens (Beispiel: Notfallmanagement) oder der Eintrittswahrscheinlichkeit (Beispiel: Vieraugenprinzip) sinnvoll sein kann.

Impacts / Stufe	Direkter finanzieller Verlust [€] (Barwert der Ersatzkosten + Opportunitäts-Kosten)	Sonstige firmentypische Schadensauswirkungen		
		Schädigung der geschäftlichen und wirtschaftlichen Interessen / Beeinträchtigung der Geschäfts- und Management-Vorgänge / Verlust an Reputation und Goodwill	Nichteinhaltung gesetzlicher und regulativer Verpflichtungen (*)	Beeinträchtigung der Gesundheit, Sicherheit und des Schutzes anderer Personen
		Beispiele		
A katastrophal	über 10 Mio. € (z.B. Verlust einer wichtigen Lizenz, so dass Geschäftstätigkeit aufgegeben werden muss)	Grossabnehmer künden Verträge aufgrund bekannt gewordener negativer Produkteeigenschaften (z.B. krebseregendes Nahrungsmittel)	-	Systematische Schädigung von Leib und Leben anderer Personen
B sehr gross	3 - 10 Mio. € (z.B. aufgrund lang anhaltender Produktionsausfälle)	Einige Abnehmer stellen auf Alternativprodukte um aufgrund abgeflossener Produktionsgeheimnisse oder irreparabler Imageschäden	Strafe infolge Verstoss gegen Kartellrecht	Schädigung von Leib und Leben anderer Personen im Einzelfall
C gross	1 - 3 Mio. € (z.B. aufgrund Zerstörung von Produktionssystemen und entsprechenden Produktionsausfällen)	Abnehmer drücken Preise aufgrund von durchgesickerten Geschäftsgeheimnissen	Sanktionen wegen grober Sorgfaltspflichtverletzung	Klage und Schadensersatz wegen Verletzung des Geschäftsgeheimisses der Abnehmer
D mittel	0.3 - 1 Mio. € (z.B. aufgrund Schadensersatzforderungen bei falschen Lieferungen)	Erhöhte Werbeanstrengungen nötig, infolge angeschlagener Reputation	Verfahren wegen Mängel in der ordnungsgemässen Geschäftsführung	Klagen wegen indiskreter Behandlung von Personaldaten
E klein	bis 0.3 Mio. € (z.B. aufgrund kleinerer Störungen und daraus entstandener Ausschussteile)	-	-	Schadensersatz wegen vereinzelter Verletzung des Datenschutzes

* z.T. persönliche Haftung verantwortlicher leitender Personen

Abbildung 2.3: Beispiel der Schaden-Einstufungstabelle eines Unternehmens

2.5.3 Risiko-Landkarte, Akzeptanz-Kriterien und Risiko-Portfolio

*Risiko Portfolio /
Risk Map*

Eine übersichtliche Darstellung mehrerer Risiken kann als so genanntes Risiko-Portfolio in einer zweidimensionalen graphischen Risiko-Landkarte (Risk Map) vorgenommen werden.

Diese Darstellung eignet sich vorzüglich, um die Risiken nach strategischen Gesichtspunkten einzuordnen. Sowohl die Bewältigungsstrategien als auch die Risiko-Akzeptanz-Linie können im Risk Map dargestellt werden.

Die Risk Map in Abbildung 2.4 zeigt beispielhaft das Portfolio einiger Unternehmens-Risiken (Gebäude-Zerstörungs-Risiko, IT-Betriebs-Risiko, Markt-Risiko, Betrugs-Risiko) wie sie vor und nach der Risiko-Bewältigung positioniert sind.

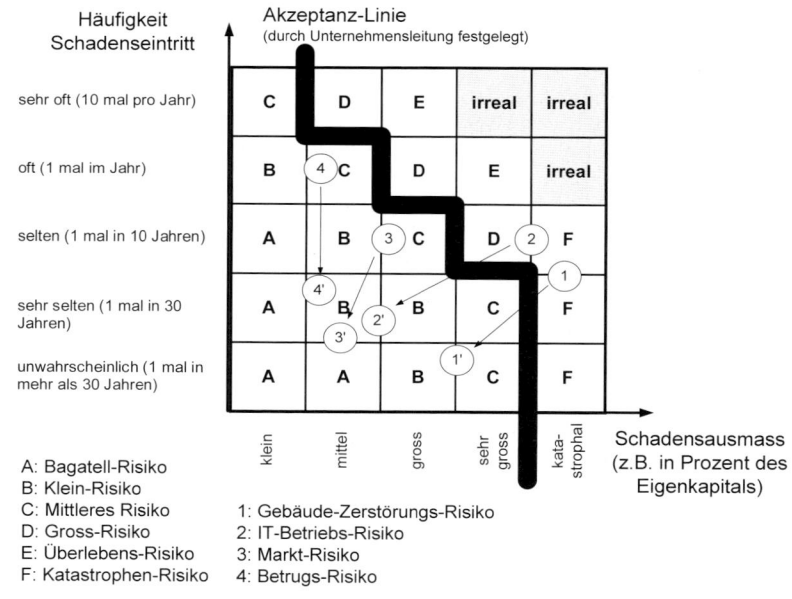

A: Bagatell-Risiko
B: Klein-Risiko
C: Mittleres Risiko
D: Gross-Risiko
E: Überlebens-Risiko
F: Katastrophen-Risiko

1: Gebäude-Zerstörungs-Risiko
2: IT-Betriebs-Risiko
3: Markt-Risiko
4: Betrugs-Risiko

Abbildung 2.4:   Risiko-Portfolio in Risk-Map mit Akzeptanzlinie

*Risiko-
Akzeptanzlinie*

Die Risiko-Akzeptanzlinie dient als grobes Kriterium dafür, welche Risiken in einem Unternehmen, allenfalls ohne weitere Massnahmen, akzeptiert werden können. Die Geschäftsleitung eines Unternehmens wird zwar neben der Risiko-Akzeptanzlinie noch weitere Kriterien festlegen, die bei der Akzeptanz von Risiken oder deren Bewältigung beachtet werden müssen (z.B. Dringlichkeit und Kosten der Massnahmen). Für unterschiedliche

Geschäftszweige sind die Portfolien und Akzeptanzlinien oft unterschiedlich definiert, da die Risiko-Toleranz vom Geschäft abhängt und im Verhältnis zu den Chancen und den verfügbaren Ressourcen definiert werden muss.

2.5.4 Risiko-Katalog

Die „Buchführung" über die Risiken erfolgt mit so genannten Risiko-Katalogen (Risk Register). Die Risiko-Kataloge enthalten in geeigneter Weise die bisher vorgestellten Risiko-Parameter und Ordnungsbegriffe. Der Risiko-Katalog wird bereits bei der Risiko-Identifikation aufgebaut und muss für neue Risiko-Arten, Risiko-Objekte, Bedrohungen und System-Ziele flexibel erweiterbar sein Abbildung 2.5).

Risiko-Art: Risiko-Art 1
Risiko-Bereich: IT-Abteilung
Risiko-Owner: Hans Holbein, Leiter IT-Abteilung

Objekte	Bedrohung (Gefahr)					Schadenshöhe Einstufung			Eintritt 1 mal in					Bemerkungen zu den potentiellen Schäden	Bestehende Massnahmen Beschreibungen / Bemerkungen	Vorgeschlagene Massnahmen Beschreibungen / Bemerkungen
	Bedrohung 1	Bedrohung 2	Bedrohung 3	...	Bedrohung n	System-Ziel 1	System-Ziel 2	System-Ziel 3	0.1 Jahr	1 Jahr	10 Jahren	30 Jahren	> 30 Jahre			
Objekt 1	x					gross	klein	mittel		x				...		
		x				...										
			x													
				x												
					x											
					x											
Objekt 2	x															
		x														
			x													
			x													
				x												
					x											

Abbildung 2.5: Beispiel für den Aufbau eines Risiko-Katalogs

Der Aufbau der Kataloge ist stark von der jeweiligen Zweckbestimmung abhängig (z.B. Berichterstattung an die Geschäftsleitung oder Überwachung der Risiken und Massnahmen einzelner Unternehmensbereiche).

Die von den einzelnen Bereichen des Unternehmens (z.B. Abteilungen) detailliert ausgefüllten Kataloge werden in einem für das gesamte Unternehmen gemeinsamen Risiko-Katalog konsolidiert.

Für eine möglichst flexible Erfassung, Auswertung und Kommunikation eines umfangreichen Risiko-Katalogs ist eine entsprechende Datenbank zu empfehlen.

2.5.5 Risiko-Aggregation

Risiken interessieren nicht nur als Einzelwerte sondern auch in geeigneten Zusammenfassungen. Liegen die Risiken in numerischen Werten vor, entsteht unwillkürlich der Wunsch, die Risiken zu addieren. Da einzelne Risiken jedoch Abhängigkeiten untereinander haben können, weil sie beispielsweise auf denselben oder ähnlichen Ursachen beruhen oder sich aufgrund ihrer Auswirkungen gegenseitig beeinflussen, dürfen sie nicht ohne weiteres addiert werden. Derartige Abhängigkeiten werden all-

Korrelationen

gemein als „Korrelation" bezeichnet. Bei der Korrelation interessiert in erster Linie die Stärke und Richtung der Abhängigkeit. So spricht man von positiver Korrelation wenn sich bei der Vergrösserung eines Risikos auch die Vergrösserung bei einem anderen Risiko einstellt. Hingegen von negativer Korrelation, wenn bei der Vergrösserung eines Risikos bei einem zweiten Risiko eine Verringerung zu verzeichnen ist. Sind die beiden Risiken voneinander „statistisch unabhängig" dann besteht keine Korrelation. Wird die gegenseitige Abhängigkeit mit einem „Korrelationskoeffizienten" ausgedrückt, dann beträgt der Wert des Korrelationskoeffizienten Null, wenn keine Korrelation vorliegt. Bei maximaler positiver Korrelation beträgt sein Wert + 1 und bei maximaler negativer Korrelation -1. Mit Werten zwischen + 1 und -1 können mehr oder minder starke Abhängigkeiten hinsichtlich Verstärkung oder Abschwächung ausgedrückt werden. Zurückkommend auf das oben aufgestellte Postulat, dass Risken nicht einfach addiert werden dürfen, kann festgehalten werden, dass eine Addition der Einzelrisiken nur bei maximaler positiver Korrelation zulässig ist und anderfalls einen zu hohen Wert für das Gesamtrisiko ergibt. In der praktischen Anwendung muss zudem berücksichtigt werden, dass ein Korrelationskoeffizient[*] einen

---

[*] Der Korrelationskoeffizient basiert auf einem linearen Zusammenhang der miteinander in Beziehung stehenden Zufallsvariablen. Zudem müssen für seine Berechnung als Quotient der Kovarianz und der Standardabweichungen der beiden Zufallsvariablen die Voraussetzungen für „Normalverteilungen" erfüllt sein, dies ist jedoch bei den operationellen Risiken nicht der Fall (s. Abschnitt 3.2.3).

idealisierten Wert darstellt und lediglich ein Indiz für die statistischen Abhängigkeiten der Risiken liefern kann.

Die Aggregation wird angewendet, wenn aus statistischen Werten der numerische Wert eines „Einzelrisikos", einer „Risikoart" oder eines ganzen „Risikoportfolios" zu bestimmen ist. Für die Darstellung einer Gesamtverlust-Risikoposition auf Unternehmensebene zur Unterlegung mit Eigenkapital ist eine Aggregation der Einzel-Risikopositionen notwendig. Eine häufig angewendete Möglichkeit, die Risiken zu aggregieren, besteht in der Bildung des „Value at Risk" aus den jeweiligen Einzelschäden (resp. Einzelverlusten) und ihren Eintrittswahrscheinlichkeiten (s. Abschnitt 3.2.3).

Rechnerische Methoden der Risiko-Aggregation

Wir werden in diesem Buch an verschiedenen Stellen auf die rechnerischen Methoden der Risiko-Aggregation eingehen (s. Abschnitt 3.2.3), diese aber nicht in der Tiefe behandeln. Die Gründe dafür sind die Komplexität und Aufwändigkeit bei der praktischen Anwendung, insbesondere beim Vorliegen von Korrelationen.

Simulation mit Monte Carlo-Methode

Die Aggregation zu einer Gesamtverlustverteilung kann vor allem mittels der „Monte-Carlo-Methode" simuliert werden (s. Anhang A.4.3). Eine solche Simulation setzt entsprechende Annahmen über die Wahrscheinlichkeitsverteilungen voraus und ist aufwändig in der Durchführung.

Aufzeigen der Abhängigkeiten im Risikokatalog

Trotz der Schwierigkeiten bei der Aggregation korrelierter Risiken können wir die Risiken auf Unternehmensebene zumindest „konsolidieren", indem die ordinal eingestuften Risiken in einem Risikokatalog nach ihrer Höhe absteigend und ihren Abhängigkeiten untereinander eingeordnet werden. Die Korrelationen zwischen den Risiken werden dabei mit heuristischen Methoden festgestellt und im Risiko-Katalog entsprechend vermerkt.

Ein derartiger Katalog eignet sich zur Registrierung und Umsetzungs-Überwachung von Gegenmassnahmen, die ja bei operationellen Risiken im Vordergrund stehen. Zudem gibt ein solcher Katalog in aussagekräftiger Weise die Risikosituation im Unternehmen wieder.

2.6   Risiko-Organisation, Kategorien und Arten von Risiken

Das Risiko-Management in einem Unternehmen bedarf einer hohen Systematik, gilt es doch, die wesentlichen Risiken zu erkennen und die Gegenmassnahmen effektiv einzusetzen. Bei der Risiko-Behandlung müssen zudem auch Chancen sowie die mit den Gegenmassnahmen allenfalls einhergehenden Chancen-Behinderungen (z.B. durch Verlangsamung der Betriebsprozesse) berücksichtigt werden.

Prinzip der Wesentlichkeit

Dabei ist das Risiko-Management weniger dem Prinzip der Vollständigkeit als dem Prinzip der Wesentlichkeit verpflichtet ([Brüh03], S. 110). Geht es doch in erster Linie darum, die Risiken nach Prioritäten, vorab die existenzbedrohenden, mit geeigneten Massnahmen zu bewältigen.

Dringlichkeit und Wichtigkeit von Massnahmen

Für die Planung der Massnahmen-Umsetzung ist die Einordnung der Risiken nach „Dringlichkeit" und „Wichtigkeit" nützlich, wobei die häufig auftretenden wichtigen Schadensereignisse oder die Ereignisse, deren Schäden sich bei jedem erneuten Auftritt vergrössern (z.B. Reputationsschäden[*]), allenfalls dringlicher zu bewältigen sind als grosse Risiken, die sich selten ereignen.

Angemessenheit der Massnahmen

Dem Aspekt der Angemessenheit der Massnahmen, mitunter auch aus Kostensicht, wird am besten Rechnung getragen, wenn die Risiken in den jeweiligen Verantwortungsbereichen selbst identifiziert und, wenn möglich, auch bewältigt werden. Der Wesentlichkeit gehorchend, wird sich die oberste Geschäftsleitung um die grössten (10 bis 20) Risiken direkt kümmern. Die untergeordneten Geschäftsbereiche und Organisations-Einheiten werden sich vor allem den Risiken in ihren Verantwortungsbereichen und an den Schnittstellen zu anderen Verantwortungsbereichen annehmen. Ein solcher Ansatz ist sinnvoll, weil er der Kongruenz von Risiken und Kosten mit dem jeweiligen Verantwortungsbereich Rechnung trägt.

Verantwortungsbereich für Risiken und Kosten

Zudem wird das Berichten von einer Flut von z.T. fachspezifischen Risiken an höhere Unternehmens-Ebenen eingedämmt, da die Bewältigung in „stufengerechter" Verantwortlichkeit dezentral durchgeführt wird. Jeder Bereich hat somit seine eigene „Risiko-Ownership" und sein eigenes Risiko-Portfolio, und nur die grössten Risiken erscheinen im Portfolio des jeweiligen Geschäftsfel-

Top-Down-Vorgehen

---

[*]   Reputationsschäden entstehen durch Vertrauensverluste bei Kunden und Geschäftspartnern infolge berechtigter oder unberechtigter Kommunikation negativer Informationen.

des oder des Gesamtunternehmens. Einer solchen „Risiko-Organisation" liegen auch, wie im Teil D des Buches gezeigt wird, von oben nach unten ineinandergreifende Risiko-Management-Prozesse zu Grunde.

Risiko-Kategorien und Risiko-Arten

Ähnlich der Kosten-Arten bei der Buchführung, bedarf es beim Risiko-Management einer Unterteilung in Risiko-Kategorien und Risiko-Arten, um die spätere Übersichtlichkeit bei der Erfassung und Bewältigung gewährleisten zu können. In der Abbildung 2.8 sind verschiedene Risiko-Arten ([Witt99], S. 474) wie „Finanzrisiken" oder „Projektrisiken" aufgeführt. Eine solche Zusammenstellung könnte für ein Unternehmen in der Nahrungsmittel-Branche sinnvoll sein. In einer Bank fällt eine Zusammenstellung der Risiko-Arten erheblich anders aus (s. Abbildung 2.6). Die Bildung von Risiko-Kategorien und Risiko-Arten hängt stark von der Branche, den Geschäften, Märkten und anderen Parametern eines Unternehmens ab.

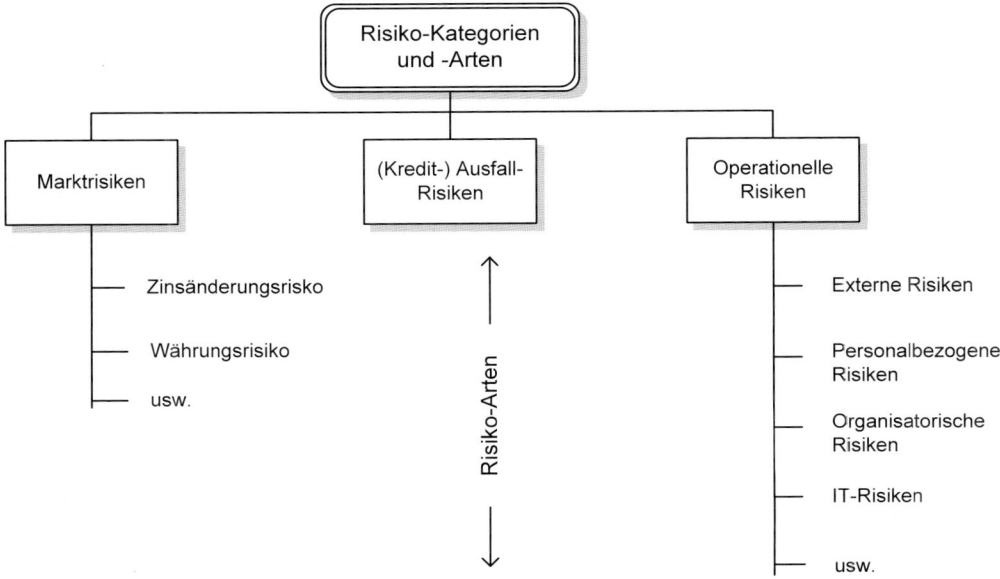

Abbildung 2.6:   Beispiel von Risiko-Kategorien und -Arten einer Bank

Die auf der Ebene des Unternehmens grob definierten Risiko-Kategorien und Risiko-Arten werden auf der Ebene der untergeordneten Organisationseinheiten (z.B. einer Abteilung) meist noch verfeinert.

Abbildung 2.7 zeigt Beispiele von Faktoren, die auf die Bildung von Risiko-Arten in einem Unternehmen Einfluss nehmen.

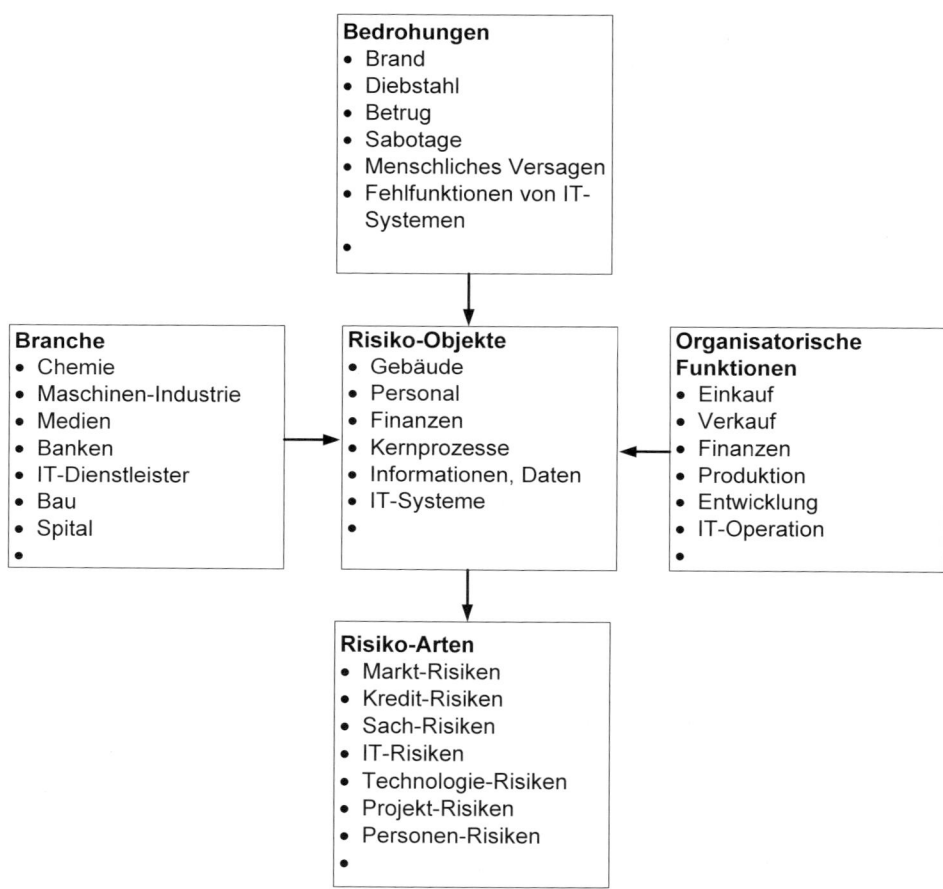

Abbildung 2.7:   Faktoren zur Definition von Risiko-Arten (vgl. [Romi03, S. 167])

2.6.1 Bedrohungslisten

Wie aus der Abbildung 2.7 ersichtlich ist, spielen bei der Definition von Risiko-Arten auch die für ein Unternehmen relevanten Bedrohungen eine grosse Rolle. Um die Risiko-Analysen möglichst rationell durchführen zu können, ist es nützlich, die typischen Bedrohungen pro Risiko-Art in einer Liste zusammenzustellen; dabei sind sowohl innere und äussere Konstellationen und Einflüsse zu berücksichtigen.

Anpassung der Bedrohungslisten

Wickelt beispielsweise ein Unternehmen Geschäfte und Dienstleistungen über das Internet ab, dann muss die so genannte „Denial of Service Attacke" auf die Bedrohungsliste für die IT-Risiken aufgenommen werden. Oder ist ein Unternehmen stark von Export abhängig, dann sind die Wechselkurseinflüsse auf die Bedrohungsliste für die Risiko-Art „Finanzrisiken" aufzunehmen. Die Bedrohungslisten müssen ständig an die Veränderungen in einem Unternehmen angepasst werden.

Da die Bildung von Risiko-Arten stark von der Branche und auch vom einzelnen Unternehmen abhängig ist, sollen die im nächsten Abschnitt gezeigten Risiko-Arten lediglich als Beispiele verstanden werden.

2.6.2 Beispiele von Risiko-Arten

In der folgenden Abbildung 2.8 wird die Bildung von Risiko-Arten gezeigt. (Eine Zusammenstellung weiterer Risiko-Arten, wie sie beispielsweise in Unternehmen der industriellen Fertigung, der Chemie- oder Nahrungsmittebranche vorkommen können, ist im Anhang dieses Buches aufgeführt.)

Abweichungen von System-Zielen

Entsprechend der in Abschnit 2.2 vorgenommenen Risikodefinition werden der jeweiligen Risikoart die für die Risiken verantwortlichen „Abweichungen von System-Zielen" sowie eine Liste mit den „ursächlichen Bedrohungen" zugeordnet.

Finanzrisiken	Abweichungen von System-Zielen	Bedrohungslisten
	• Gewinneinbussen/Verluste • Schwacher Cash-Flow • Geringer Deckungsbeitrag • Schwierigkeiten bei der Finanzmittelaufnahme •	• Zinsänderung • Bonitätsverschlechterung einer Gegenpartei • Eigene Bonitätseinbusse • Kursrisiken •
Sachrisiken	Abweichungen von System-Zielen	Bedrohungslisten
	• Betriebsbehinderungen • Produktionsausfälle • Sacbeschädigungen • Ressourcenschwund •	• Brand • Terror • Betrug • Unterschlagung • Sabotage • Vandalismus • Technische Fehler • Wassereinbruch • Versorgungsengpässe (Wasser, Strom, Energie) •
IT-Risiken	Abweichungen von System-Zielen	Bedrohungslisten
	• Verlust Integrität • Verlust Verfügbarkeit • Verlust Vertraulichkeit	• Maskerade einer Benutzer- oder System-Identität • Manipulieren/Infiltrieren von Informationen • Abhören von Informationen • Denial of Service Attacke • Einschleusen schädlicher / störender Software • Missbrauch / Lahmlegen von Systemressourcen • Diebstahl von Daten oder System-Ressourcen • Absichtliche Beschädigung • Benutzerfehler • Betriebsfehler • HW & SW – Fehler • Fehlfunktionen • Naturkatastrophen •

Abbildung 2.8:   Beispiele von Risiko-Arten

2.7 Zusammenfassung

Risiko-Management setzt sich hauptsächlich aus „Analyse", „Bewertung", „Bewältigung" und „Überwachung" von Risiken zusammen; es dient der Erarbeitung und Umsetzung von Massnahmen für ein akzeptables Restrisiko sowie der Risikokontrolle.

Die im Zusammenhang mit Unternehmens-Risiken sinnvolle betriebswirtschaftliche Definition lautet: „Ein Risiko ist eine nach Häufigkeit (Eintrittserwartung) und Auswirkung bewertete Bedrohung eines zielorientierten Systems." Die Zielabweichungen sind dabei die unerwünschten Abweichungen von Ziel-Vorgaben bezüglich Kosten, Qualität, Termin, Integrität usw., wobei die Folgen dieser Ziel-Abweichungen den Schaden darstellen.

Zur Durchführung der Risiko-Bewertung im Rahmen einer Risiko-Analyse verwenden wir eine Reihe vorbereiteter Instrumente wie eine Risiko-Matrix und eine Schadens-Einstufungstabelle. Zur Analyse der ursächlichen Bedrohungen der Objekte benützen wir für jede Risiko-Art eine vorgefertigte Bedrohungsliste.

Mittels eines Katalogs führen wir Buch über die einzelnen vorhandenen Risiken und fassen diese zusammen. Die Zusammenfassung erfolgt nicht durch Addition, sondern durch Aggregation, wobei die Abhängigkeiten (Korrelationen) zwischen den einzelnen Risiken zu berücksichtigen sind. Zur Berechnung einer Gesamtverlustposition im Unternehmen ist die Aggregation der Risiken notwendig.

Trotz der Schwierigkeiten bei der Risiko-Aggregation können wir die Risiken auf Unternehmensebene zur Massnahmenbestimmung und -überwachung zumindest „konsolidieren", indem die ordinal eingestuften Risiken in einem Risikokatalog nach ihrer Höhe absteigend und ihren Abhängigkeiten untereinander eingeordnet werden. Die Korrelationen zwischen den Risiken werden dabei mit heuristischen Methoden festgestellt und im Risiko-Katalog entsprechend vermerkt. Ein solcher Katalog eignet sich zur Bestimmung und Umsetzungs-Überwachung der bei operationellen Risiken im Vordergrund stehenden Gegenmassnahmen und gibt die diesbezügliche Risikosituation im Unternehmen wieder.

Für die Planung der Massnahmen-Umsetzung ist die Einordnung der Risiken nach „Dringlichkeit" und „Wichtigkeit" nützlich. Die „Risiko-Landschaft" und die Strategien der „Risiko-Bewältigung" veranschaulichen und kommunizieren wir mittels der „Risiko-Portfolio"-Darstellung. Für die typischen Risiken in einem Unternehmen definieren wir Risiko-Arten, diese sind bei einer Bank beispielsweise in die Kategorien „Marktrisiken", „Kreditrisiken" und „Operationelle Risiken" eingeteilt.

2.8 Kontrollfragen und Aufgaben

1. Wie lautet die Risikoformel für ein einzelnes Risiko?

2. Wie ist die Risikoformel für den Erwartungswert definiert?

3. Wie lautet die verbale Risikodefinition für betriebswirtschaftliche Fragestellungen?

4. Aufgrund welcher Kriterien erfolgen die Schadenseinstufungen?

5. Welche Nachteile können kardinale Risiko-Bewertungen haben?

6. Ermitteln Sie das Risiko mit Hilfe der Risiko-Matrix in Abbildung 2.2 bei einem katastrophalen Schaden mit einer Häufigkeit „selten". Ermitteln Sie das Risiko bei einem katastrophalen Schaden auch für die Häufigkeiten „oft" und „sehr selten". Was stellen Sie fest? Begründen Sie.

7. Welche Elemente enthält ein Risiko-Katalog?

8. Welche beiden Dimensionen enthält das Risk-Map zur Darstellung eines Risiko-Portfolios?

3 Risiko-Management als Prozess

Nachdem in den vorangegangenen Kapiteln wesentliche Elemente, Definitionen und Hilfsmittel für das Risiko-Management erarbeitet wurden, wenden wir uns nun dem allgemeinen Prozess des Risiko-Managements zu. Die Grundstruktur dieses Prozesses wurde an den derzeit verfügbaren Standards über Risiko-Management wie dem ISO Guide 73 [Isog02], dem Standardentwurf ISO/FDIS 31000 [Isor09] und dem Standard AS/NZS 4360:2004 [Asnz04] ausgerichtet.

RM-Prozess hat Modellcharakter

Dieser RM-Prozess (s. Abbildung 3.1) hat für sämtliche betrieblichen Risiko-Management-Probleme Modell-Charakter. Er wird sowohl auf der Ebene des Gesamt-Unternehmens eingerichtet (s. Kapitel 12) als auch, wie in Abschnitt 10.1 gezeigt, für die Erstellung eines Sicherheitskonzepts oder wie im Abschnitt 13.2 veranschaulicht, für das Geschäftskontinuitäts-Management eingesetzt.

Sub-Prozesse

Die Aufgaben, Verantwortlichkeiten und Verfahren innerhalb der einzelnen Schritte sowie die Objekte und Hilfsmittel sind selbstverständlich bei den einzelnen Prozess-Anwendungen unterschiedlich. Die oben bereits angesprochenen Aufgaben, wie „Kontext-Festlegung" und „Risiko-Analyse" werden im Prozess als Sub-Prozesse mit Eingang und Ausgang untereinander verknüpft.

Rückkopplungen Iterationen und zyklische Wiederholungen

Durch Rückkopplungen und Iterationen einzelner Prozess-Schritte werden die Ergebnisse der einzelnen RM-Aufgaben verbessert und optimiert. Da sich die Risiko-Situationen in dem zu behandelnden Bereich (z.B. Unternehmen, Geschäft oder System) immer wieder verändern, wird der Prozess (z.B. im Rahmen des periodischen Strategiefindungs-Prozesses) auch zyklisch wiederholt durchlaufen.

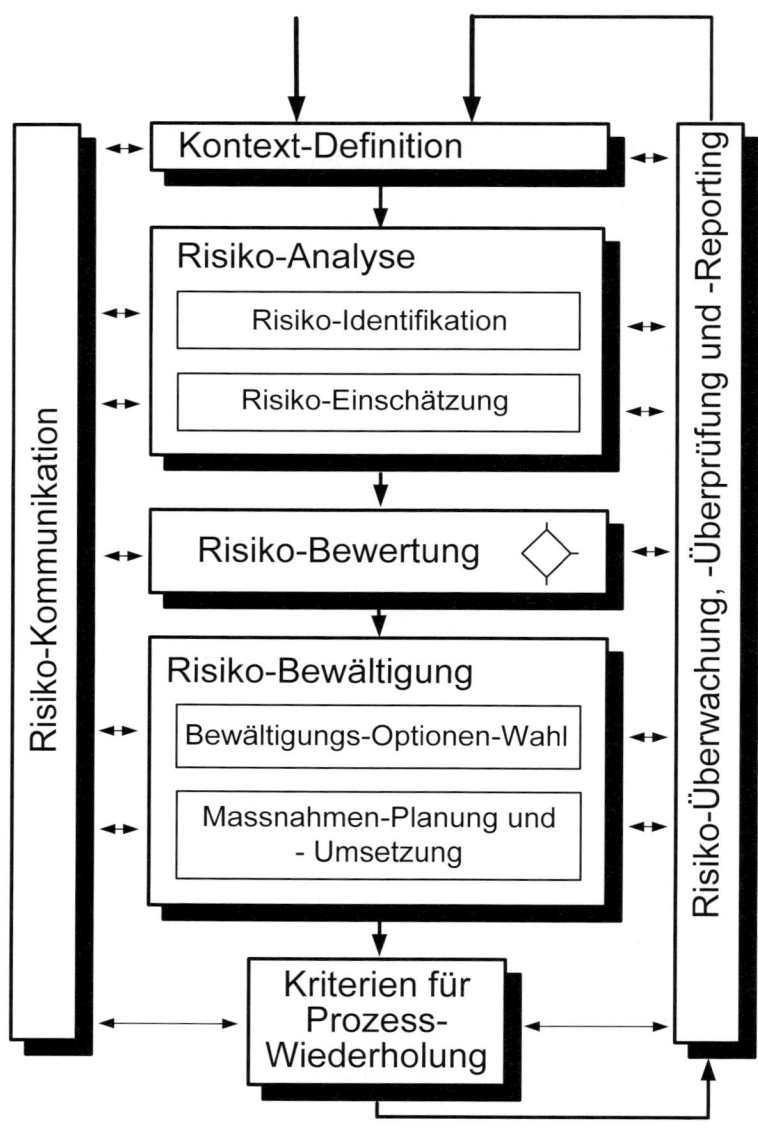

Abbildung 3.1:   Allgemeiner Risiko-Management-Prozess

3.1 Festlegung Risiko-Management-Kontext

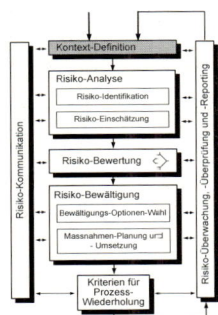

Gegenstand, Zweck, Absichten und Ziele

Externe und interne Aspekte

Führungs-Aspekte und organisatorische Festlegungen

Risiko-Arten und System-Ziele

Zum Beginn des RM-Prozesses legen wir den Behandlungs-Gegenstand[*], d.h. den Bereich und die darin befindlichen Systeme und Objekte fest, über die wir das Risiko-Management durchführen werden. Zur Festlegung des Gegenstandes gehört seine Abgrenzung, unter anderem die Nennung von Gegenständen, die nicht betrachtet werden. Auch wichtige Einschränkungen und Randbedingungen sind hier aufzuführen.

Der Zweck des Behandlungs-Gegenstandes sowie die Absichten und Ziele des Risiko-Managements für diesen Gegenstand sind ebenfalls zu erklären. Dabei wird festgelegt, wessen Risiken zur Behandlung anstehen und für wen das Risiko-Management durchgeführt werden soll.

Wichtig ist auch die Beschreibung wesentlicher Aspekte der externen und internen Umgebung des betrachteten Gegenstandes.

Ist der zu betrachtende Gegenstand ein Unternehmen, dann gehören zur externen Umgebung beispielsweise Aspekte wie Gesellschaft, Natur, Technologie und Wirtschaft. Zu den internen Aspekten gehören Normen, Werte, Ressourcen sowie die internen Anliegen und Interessen.

Zum Kontext gehören auch Führungs-Aspekte und organisatorische Festlegungen, wie organisatorische Strukturen und zugeordnete Verantwortlichkeiten, Aktivitäten, Budgetbeschränkungen und wichtige Termine. Und nicht zuletzt sind die für den Behandlungsgegenstand relevanten wichtigen Ziele der Geschäfts- und Support-Prozesse (z.B. IT-Prozesse) einschliesslich der Risiko-Ziele aufzuführen.

Im Rahmen des definierten Kontextes werden nun die relevanten Risiko-Arten festgelegt. Solche Risiko-Arten sind beispielsweise Finanzrisiken, Sachrisiken und die in diesem Buch speziell thematisierten IT-Risiken. Für die einzelnen Risiko-Arten können nun die im Rahmen des Kontextes massgeblichen System-Ziele bestimmt werden. Ein solches System-Ziel ist beispielsweise die

---

[*]   Der Begriff „Gegenstand" wird in diesem Buch synonym zu „Objekt" sowohl für greifbare als auch für abstrakte Güter, Objekte und Strukturen verwendet und schliesst den in der englischsprachigen Standardisierung oft verwendeten Begriff „Asset" ein.

Wahrung der Vertraulichkeit von Informationen in den Geschäftsprozessen. (Im Anhang A.1 sind Beispiele von Risiko-
Arten und System-Zielen zusammengestellt).

Festlegung Bewer-
tungskriterien
und -massstäbe

Sodann werden die Bewertungskriterien und -massstäbe für die
im Prozess später folgende Risiko-Bewertung festgelegt (s. Abschnitt 2.5).

„Risiko- und Si-
cherheits-Politik"
für wichtigste
Kontext-Elemente

Die wichtigsten generellen Kontext-Elemente auf Unternehmens-
Ebene werden mittels einer „Risiko-Politik" festgehalten und
kommuniziert. Für wichtige Behandlungsgegenstände im Unternehmen werden auch untergeordnete spezifische „Risiko-
Management-Prozesse" mit eigenem Kontext definiert, z.B. für
einzelne Geschäftsfelder, für die Geschäftskontinuität oder für
die Informations-Sicherheit. Es empfiehlt sich, auch für solche
untergeordneten Risiko-Management-Prozesse, die wichtigsten
Kontext-Elemente mit entsprechenden „Policies" vorzugeben.

3.2   Durchführung der Risiko-Analyse

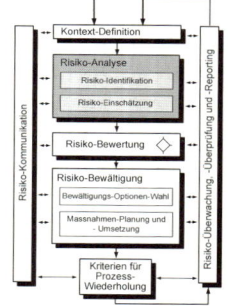

Risiko-
Identifikation und
Risiko-
Einschätzung

Der RM-Prozess beinhaltet eine Analyse, welche die grundlegenden Fakten für die Bewertung der Risiken liefert. Am Anfang
dieser Analyse steht die **„Risiko-Identifikation",** mit der wir
möglichst systematisch alle relevanten Risiken eines Unternehmens oder eines Teilbereichs (z.B. Abteilung) identifizieren können. Es ist empfehlenswert, auch diejenigen Risiken zu identifizieren, die sich zwar innerhalb der Analyse-Abgrenzung befinden, die aber nicht unter der Kontrolle des vereinbarten
Betroffenen-Kreises (z.B. Unternehmen) stehen. Sind die relevanten Risiken identifiziert, dann liefert die **„Risiko-Einschätzung"**
(risk estimation) die Ergebnisse der Risiko-Analyse.

Das Ergebnis der Einschätzung besteht aus der Häufigkeit und
dem Schadensausmass (Schadensfolgen) für jede Zielabweichung
eines Schadensereignisses sowie der Kombination von Häufigkeit
und Schadensausmass zu einem Risiko, wie dies in Abschnitt 2.5
gezeigt ist. Neben diesen primären Ergebnissen sind, entsprechend dem Zweck der Analyse, eine Vielzahl sekundärer Ergebnisse, wie Ursachen- und Szenarienbeschreibung, aus der Risiko-
Analyse zu erwarten.

3.2.1   Analyse-Arten

Die Art des Ergebnisses einer Risiko-Analyse richtet ist vor allem
nach ihrem Zweck und den vorliegenden Gegebenheiten. Ist es
beispielsweise nicht möglich oder nicht erforderlich, sowohl die

Häufigkeit als auch die Schadensfolgen eines Ereignisses zu analysieren, dann können auch Teil-Analysen durchaus sinnvolle Ergebnisse liefern.

Teil-Analysen   Solche Teil-Analysen sind:

1. Impact-Analyse (Analyse der potentiellen Schäden)

2. Bedrohungs-Analyse (Analyse der relevanten Bedrohungen)

3. Schwächen-Analyse (Analyse der relevanten Schwachstellen)

4. Beliebige Kombination der Analysen 1 bis 3

Die Kombination der Teil-Analysen 1 bis 3 liefert das Ergebnis einer vollen Risiko-Analyse.

Quantitative oder qualitative Risiko-Analyse

Entsprechend der gestellten Anforderungen kann die Risiko-Analyse entweder „quantitativ" oder „qualitativ" durchgeführt werden. Die „quantitative" Analyse liefert numerische Werte einer Kardinal-Skala. Bei der Bedrohungs- und Schwächen-Analyse ist jedoch eine Analyse von absoluten numerischen Grössen insofern fragwürdig, wenn sowohl die Bedrohungen als auch die Schwächen zwar Einfluss auf die Häufigkeit und die Höhe eines Schadens haben, jedoch ein solcher Einfluss nicht in absoluten Werten bestimmt werden kann. Hier schafft die „qualitative" Analyse Abhilfe. Die qualitative Analyse unterscheidet sich von der quantiativen Analyse dadurch, dass der Schaden und die Häufigkeit nicht mit absoluten numerischen Grössen, sondern mit verbalen Aussagen beschrieben werden. Um letztendlich rationale Risiko-Bewertungen durchführen zu können, müssen jedoch die verbalen Beschreibungen einem geeigneten Skalensystem unterworfen werden. Ein dafür gebräuchliches Skalensystem ist, wie in Abschnitt 2.5.1 gezeigt, die Ordinalskala (sehr gross, gross, mittel usw.).

Semi-quantitative Analyse

Werden einer solchen Ordinalskala zusätzlich noch numerische Werte zugeordnet, dann wird die mit einer derartigen Skala durchgeführte Analyse als „semi-quantitativ" bezeichnet (vgl. [Asnz04], S. 18). Berechnungen aufgrund „semi-quantitativer" Analysen sind mit Vorsicht zu behandeln, da ihre numerischen Aussagen u.U. nicht vorhandene Genauigkeiten vortäuschen.

Impact-Analyse

Die Impact-Analyse wird oft als Ersatz für eine vollumfängliche Risiko-Analyse durchgeführt, wenn es beispielsweise darum geht, festzustellen, ob für ein betrachtetes System überhaupt signifikante Risiken vorliegen oder ob die Höhe der potentiellen Schäden eine vertiefte Risiko-Analyse erforderlich macht. Impact-Analysen sind auch dann notwendig, wenn sich die Schadens-folgen im zeitlichen Verlauf eines Ereignisses stark verändern. Diesem Aspekt muss beispielsweise bei der Geschäftskontinui-täts-Analyse Rechnung getragen werden.

Bedrohungs-Analyse

Die Bedrohungs-Analyse zeigt die für ein Objekt (Asset) relevan-ten Bedrohungen auf.

Schwächen-Analyse

Mit der Schwächen-Analyse (oder Schwachstellen-Analyse) wer-den die Schwachstellen an den zu untersuchenden Gegenstän-den ermittelt. Sie setzt das Vorhandensein von typischen Bedro-hungen in einem bestimmten Analysegebiet voraus (z.B. Analy-segebiet „Internet-Zugriff"). Wenn auch die Schwächen nur unter der Voraussetzung entsprechender Bedrohungen und Schadens-potentiale zu einem wirklichen Risiko führen, kann eine Schwä-chen-Analyse dennoch sinnvoll sein; dann nämlich, wenn bei einem bestimmten Bedrohungsumfeld und bei Annahmen von möglichen Schadenspotentialen die Schwachstellen (Verletzlich-keiten) herauszufinden sind, an denen normalerweise Schäden entstehen könnten. Die Schwachstellen-Analyse greift deshalb stark auf die Erfahrungen mit bereits bestehenden Massnahmen zurück (Best Practices oder Standards). Die Schwachstellen-Analyse zeigt somit auch, wo Massnahmen fehlen und wo allen-falls Massnahmen anzusetzen sind.

Dringlichkeits-Kategorien bei Schwachstellen

Beim Umgang mit Bedrohungen im Bereich des Internets ist es üblich, die Schwachstellen in die folgenden zwei Dringlichkeits-Stufen einzuteilen:

1.) **„Vulnerability"** (Verletzlichkeit) lässt gemäss analyti-scher Überlegungen ein Schadensereignis zu (z.B. ein bekannter Programmfehler könnte unter bestimmten Be-dingungen das Einbringen eines Trojanischen Pferdes ermöglichen)

2.) **„Exploit"**[*] hat sich in der Praxis durch einen realisierten Angriffs-Code bereits als ausnützbare Schwachstelle er-wiesen (z.B. ein Programmfehler wurde in der prakti-schen Durchführung zum Einbringen eines Trojanischen Pferdes ausgenutzt.)

---

[*] „Exploit" ist die Bezeichnung für das Angriffsprogramm, das erwie-senermassen in der Lage ist, die Schwachstelle auszunützen.

3.2.2 Durchführung der Risiko-Analyse in einem RM-Prozess

Die Risiko-Analyse besteht aus den hauptsächlichen Aktivitäten der „Identifikation" und der „Einschätzung" von Risiken [Isog02].

Risiko-Identifikation

Dabei besteht die Identifikation aus einer möglichst vollständigen Erfassung der Gefahrenquellen und der Risiko-Objekte (Assets) im betrachteten Gebiet. Ist das betrachtete Gebiet ein ganzes Unternehmen, dann wird das Gebiet in einzelne Risiko-Kategorien und Risiko-Arten unterteilt (s. Abschnitt 2.6). Innerhalb der einzelnen Risiko-Arten werden sodann die bedrohten Objekte identifiziert. Die Objekte werden vorzugsweise in der Weise definiert, granularisiert und logisch geordnet, wie sich die Bedrohungen auf sie auswirken und zu entsprechenden Schadensereignissen führen. In den Abschnitten 10.2, 10.4 und 10.5 wird an konkreten Beispielen gezeigt wie mit geeigneten Strukturen (z.B. CRAMM* Asset-Modell, Fehlerbäume oder Ereignisbäume), die Risiko-Objekte für eine Risiko-Analyse zweckmässig geordnet werden können.

Aufsuchen bereits existierender Massnahmen

Zur Identifikation gehört auch das Feststellen von existierenden Massnahmen und der an den einzelnen Risiko-Objekten vorhandenen Stärken und Schwächen.

Relevante Kausalketten zusammenstellen

Die Identifikation erfasst ausserdem alle relevanten Ursachen-Wirkungsketten für die verschiedenen Impact-Arten, ausgehend von den Bedrohungen über die Schwachstellen an den betrachteten Objekten.

Risiko-Einschätzung

Sind die Risiken in dieser Weise identifiziert, dann erfolgt deren Risiko-Einschätzung, d.h. die Einschätzung von Eintritts-Wahrscheinlichkeiten (-Häufigkeiten) und Schadensfolgen. Die Durchführung einer Risiko-Analyse bedarf eines hohen Masses an Systematik.

In der folgenden Abbildung 3.2 wird der grobe Ablauf einer „vollen" Risiko-Analyse in fünf Schritten gezeigt. Die einzelnen Schritte mit ihren Aktivitäten hängen jedoch von der gewählten Analyse-Methode ab; so kann es auch sinnvoll sein, die Schritte drei und vier in Abbildung 3.2 in umgekehrter Reihenfolge durchzuführen.

---

* CRAMM (= Centre for Information Systems Risk Analysis und Management Method)

Risiko-Identifikation	**Schritt 1:** **Bildung von Risiko-Objekten und Abgrenzung des für die Risiko-Analyse relevanten Bereichs** Zu Beginn müssen die für den Analyse-Zweck und -Gegenstand zu betrachtenden Risikoarten definiert werden. Ebenfalls sind den risikobehafteten Objekten (materiell oder immateriell) die für die Risiken massgeblichen System-Ziele zuzuordnen. Aus den Risiko-Objekten sind wiederum diejenigen auszusondern, die nicht analysiert werden sollen. (Risiko-Objekte sind beispielsweise Prozesse, Systeme, Systemkomponenten, Informationen, Lokalitäten, Personen oder Projekte). **Schritt 2:** **Identifikation der für die Objekte massgeblichen Bedrohungen und Schwächen sowie möglichen Schadenskonsequenzen** Pro Risikoart werden die auf die einzelnen Objekte einwirkenden Bedrohungen mit ihren Ursachen identifiziert und den Objekten zugeordnet. Das Identifizieren der Bedrohungen kann mit Hilfe von vorgefertigten Bedrohungslisten pro Risikoart erleichtert werden. Entsprechend ihrer Bedrohungs-Exposition werden die Objekte in geeigneter Weise geordnet oder in eine bestimmte Analyse-Struktur (z.B. Ereignisbaum) eingebunden. Zusätzlich werden die an jedem Objekt aktuell vorhandenen Schwächen (Schwachstellen) eruiert. Schwächen können beispielsweise durch ungenügend wirksame Massnahmen oder durch Nichteinhaltung von Sicherheitsstandards, Vorschriften, Regulationen und Gesetzen verursacht sein. Anhand möglicher Ereignis-Szenarien werden die möglichen Schadenskonsequenzen ermittelt (z.B. Reparaturkosten, Gesundheitsschäden, Finanz-Verluste oder Reputations-Schäden).
Risiko-Einschätzung	**Schritt 3:** **Einschätzung der Häufigkeit H_E des Eintritts eines Schadens S_E** Diese Schätzung der Häufigkeit erfolgt aufgrund der auf die Objekte wirkenden Bedrohungen, wie sie in Schritt 2 ermittelt wurden. Dabei müssen die vorhandenen Schwächen berücksichtigt werden. **Schritt 4:** **Einschätzung der voraussichtlichen Schäden S_E** Der voraussichtliche Schaden (Impact, Verlust oder Tragweite) ergibt sich auf Grund einer unerwünschten Abweichung von einem System-Ziel. Bei mehreren System-Zielen sind die Schäden und damit die Risiken pro System-Ziel einzuschätzen. Bei der Schätzung können vordefinierte Einschätzungskriterien (s. Abbildung 2.3) zur Hilfe genommen werden. **Schritt 5:** **Bestimmung der Risiken eines Objekts** Pro Objekt und System-Ziel werden anhand der im Schritt 3 ermittelten Häufigkeitswerte und der im Schritt 4 ermittelten Schadenswerte die Risiken bestimmt. Dazu kann die in Abbildung 2.2 dargestellte Risiko-Matrix benutzt werden.

Abbildung 3.2:   Risiko-Analyse-Prozess in fünf Schritten

Arten der Risiko-Einschätzung

Die Einschätzung des Risikos kann auf verschiedenen Arten erfolgen. Vor allem unterscheiden wir:

1. **Schätzung der maximal möglichen Werte** für Schäden an den einzelnen Risiko-Objekten und der Wahrscheinlichkeiten, dass diese Schäden eintreten. Diese maximal möglichen Werte resultieren aus einem „Worst Case Szenario" (z.B. kompletter Datenverlust).

2. **Schätzung der mittleren Werte** für die Schäden und Wahrscheinlichkeiten der Schadensereignisse an den Risiko-Objekten.

3. **Bestimmung von Risiko-Werten mittels statistischer Verteilungsfunktionen.** Entsprechend der Aufgabenstellung wird das Risiko mit einem oder mehreren der folgenden Parametern ausgedrückt: Erwartungswert, Standardabweichung, Value-at-Risk. Hierfür muss eine genügend grosse Anzahl statistisch erhobener Daten zur Verfügung stehen. Gerade bei den „operationellen Risiken" ist es jedoch meist schwierig, eine genügend grosse Anzahl solcher Daten zu erhalten. Als Ausweg werden die Daten durch wirklichkeitsnahe stochastische Annahmen und Simulationen generiert.

Im nächsten Abschnitt 3.2.3 wird gezeigt, wie anhand der Masszahl „Value at Risk" die operationellen Risiken quantitativ eingeschätzt werden können.

3.2.3 "Value at Risk" als Risiko-Masszahl

Eine heute bei vielen Anwendungen, insbesondere im Finanzbereich, gebräuchliches statistisches Mass zur Einschätzung des Risikos ist der „Value at Risk".

> Der **„Value at Risk"** ist der maximal erwartete Verlust (Schaden), der unter üblichen Bedingungen innerhalb einer bestimmten Zeit-Periode mit einer bestimmten Wahrscheinlichkeit, dem sog. Konfidenz-Niveau, nicht überschritten wird.

Konfidenz-Niveau und Restwahrscheinlichkeit

Es sind zwar auch grössere Verluste als die maximal erwarteten Verluste möglich, aber eben nur mit einer Restwahrscheinlichkeit. Liegt das Konfidenz-Niveau beispielsweise bei 95 %, dann wird mit einer Restwahrscheinlichkeit von 5 % der Maximal-Schaden überschritten. Unterliegen die Verluste (Schäden) annäherungsweise einer theoretischen Wahrscheinlichkeits-Verteilung, dann lässt sich der „Value at Risk" anhand dieser Verteilung ermitteln.

Das oben angegebene Prinzip eines Value at Risik zur Bestimmung einer Risiko-Masszahl wird vorteilhaft für Risiken angewendet, die näherungsweise einer Normalverteilung unterliegen (z.B Marktrisiken).

Das Konzept lässt sich in der Form eines „Operational Value at Risk" aber auch auf die in die Kategorie der operationellen Risiken gehörenden IT-Risiken einsetzen ([Wolk07], S. 198-209), ([Jori07], S. 497-510). In der Abbildung 3.3 wird die Bildung des „Operational Value at Risk" veranschaulicht.

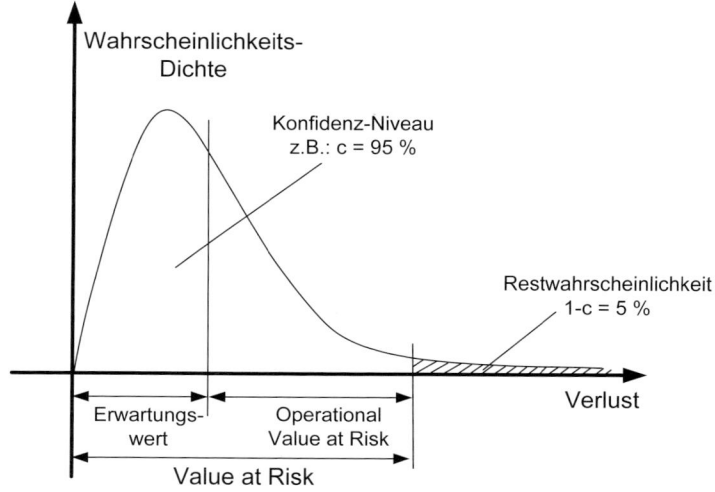

Abbildung 3.3:   „Value at Risk" mit Konfidenz-Niveau 95 %

Wahrscheinlich-keitsverteilung operationeller Risiken

Dabei gilt es zu bemerken, dass die operationellen Risiken nicht einer symmetrischen Normalverteilung, sondern einer einseitigen asymmetrischen Verteilungsdichtefunktion folgen, bei der die grossen Verluste (Schäden) mit geringen Wahrscheinlichkeiten vorkommen und die kleinen bis mittleren Verluste mit verhältnismässig hohen Wahrscheinlichkeiten eintreten.

Log-Normal-Verteilung

Eine passende Wahrscheinlichkeits-Verteilung für operationelle Risiken kann manchmal nach heuristischen Überlegungen und bestimmten Anpassungstests, aufgrund des vorhandenen Datenmaterials, ausgewählt werden. So eignet sich für die Verteilung der „Verlusthöhen" bei operationellen Risiken beispielsweise häufig die Log-Normal-Verteilung [Piaz02, S. 112]. Weitere gebräuchliche Wahrscheinlichkeits-Verteilungen, für die Verteilung der Verlusthöhen operationeller Risiken sind die Weibull- und die Exponential-Verteilung. Bei diesen Verteilungen führen die „meisten" Verlustereignisse zu einem „kleinen bis mittleren" Schaden. Hingegen kommen die Ereignisse mit „schweren" Schadensfolgen vergleichsweise selten (d.h. mit geringer Wahrscheinlichkeit) vor (s. Abbildung 3.3).

Eine für die Risiko-Masszahlen „Erwartungswert" und „Value at Risk" massgebliche Gesamt-Verlustverteilung ergibt sich aus der Aggregation der „Verlusthöhenverteilung" und der „Verlusthäufigkeitsverteilung" (s. Beispiele in Anhang 4). Der für operationelle Risiken typische langezogene rechte „Schwanz" der Verlust-Verteilungsdichtefunktion (s. Abbildung 3.3) lässt jedoch die Berechnung eines „Value at Risk" fürs Erste als fragwürdig erscheinen, da aufgrund der relativ selten eintretenden Ereignisse jenseits des Konfidenz-Niveaus auch wenig statistisches Datenmaterial vorhanden ist und grosse Ungenauigkeiten zu erwarten sind. Mit der Anwendung der sog. „Extremwert-Theorie" kann jedoch den Schätzungsproblemen im „Verteilungsschwanz" Rechnung getragen werden, indem die über definierte Schwellenwerte „ausreissenden" Verluste" berechnet werden können. Für die relativ aufwändige mathematische Anwendung dieser Theorie sei auf die entsprechende Literatur verwiesen ([Prok08], S. 58-63).

Wie die Abbildung 3.4 zeigt, ist es üblich, eine Einteilung in „erwartete Verluste", „unerwartete Verluste" und „katastrophale Verluste" vorzunehmen[*]. Bei Banken und Versicherungen unterliegen die als Restrisiken verbleibenden „unerwarteten" und katastrophalen" Verluste regulatorischen Auflagen betreffend der Eigenkapitalunterlegung (s. Kapitel 3).

---

[*] Vergl. ([Alex03], S. 143), ([Oenb05], S. 15) und ([Glei05], S. 133):

Erwartete Verluste: Werden als laufende Kosten in den Preis einkalkuliert

Unerwartete Verluste: Werden durch ökonomisches (Eigen-) Kapital unterlegt

Katastophale Verluste: Werden durch durch Risikotransfer und Risikofinanzierung gedeckt.

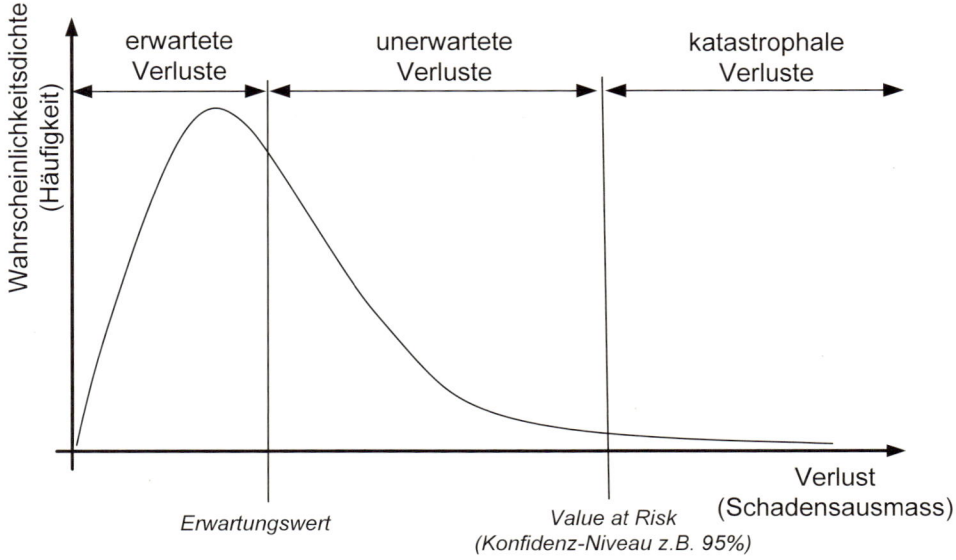

Abbildung 3.4: Einteilung der Verluste aufgrund verschiedener Risiko-Masszahlen

3.2.4   Analyse-Methoden

Nachdem im Abschnitt 3.2.3 die statistischen Zusammenhänge zur Bildung einer Risiko-Masszahl erläutert wurden, werden in den nächsten beiden Abschnitten die unterschiedlichen Methoden zur Ermittlung von Risikowerten überblicksmässig behandelt.

Zur „systematischen" Analyse eines Bereichs legen wir modellhaft jeweils ein System mit seinen Subsystemen, Abgrenzungen und Schnittstellen zu Grunde, das es auf seine Risiken hin zu untersuchen gilt. Ein solches System kann ein ganzes Unternehmen, ein Projekt, ein Geschäftsprozess oder ein IT-System sein.

Um in einem solchen System zu den erforderlichen Analyse-Ergebnissen zu kommen, unterscheiden wir prinzipiell die „Bottom-up-Analyse" und die „Top-down-Analyse". Ebenfalls unterscheiden wir, ob die Methode „qualitative" oder „quantitative" Ergebnisse liefern soll.

Bottom-up-Analyse

Bei der **Bottom-up-Analyse** werden aufgrund von Ursachen, mögliche Schadensereignisse und deren Konsequenzen hergeleitet und die Risiken eingeschätzt. Dazu ist eine eingehende Analyse der Sub-Systeme oder Sub-Prozesse mit ihren Abhängigkeiten und Korrelationen im Rahmen des Gesamtsystems notwendig. Ein solches aufwändiges Verfahren liefert aber gleichzeitig die Anhaltspunkte zum Ansetzen der Sicherheitsmassnahmen.

Top-down-Analyse

Bei der **Top-down-Analyse** gehen wir primär von den Folgen grosser Schadensereignisse aus, die als hauptsächliche Risiken angesehen werden. Die Wahrscheinlichkeiten werden meist aus historischen Informationen geschätzt. Das Verfahren lässt sich leicht durchführen und gibt Anhaltspunkte für Art und Höhe der Risiken, liefert aber wenig Erkenntnisse über die Zusammenhänge und Ursachen. Damit liefert ein solches Verfahren auch wenig Anhaltspunkte darüber, wo die Massnahmen angesetzt werden können[*].

Analyse-Methoden

Die je nach Anwendungsfall und Erfordernis vorkommenden Methoden sind in der Abbildung 3.5. zusammengestellt.

Methode	Quantitativ	Qualitativ
Bottom-up	❒ Ereignisbaum-Analyse ❒ Fehler-Effekt- und Ausfall-Analyse (FMEA) ❒ Sensitivitäts-Analyse ❒ Simulations-Modell	❒ Szenario-Analyse ❒ Prozessrisiko-Analyse ❒ Expertenbefragung
Top-down	❒ Fehlerbaum-Analyse ❒ Risiko-Datenbank ❒ Zufallsverteilungen ❒ Extremwert-Theorie ❒ Value at Risk	❒ Key Performance Indicator (KPI) ❒ Key Control Indicator (KCI) ❒ Key Risk Indicator (KRI) ❒ Nutzwert-Analyse

Abbildung 3.5:   Risiko-Analyse-Methoden ([Piaz02], S. 107)

---

[*]   Wie die Top-Down-Methoden zeigen, ist es manchmal nützlich, die Risiken nicht nur „induktiv", d.h. von den Ursachen zu den Auswirkungen zu analysieren, sondern auch „deduktiv" von den Auswirkungen zurück zu den Ursachen hin.

3.2.5 Such-Methoden

Suchmethoden werden in komplexen Sytemen und Anordnungen angewendet, um Schwachstellen und Risiken und inbesondere die Ursachen oder die Auswirkungen einzelner Ereignisse herauszufinden. Dabei dienen sie vorab der Risiko-Identifikation; oft liefern sie auch gerade die Ergebnisse einer Risiko-Einschätzung. Für die Analyse von mehreren, bezüglich Störungsbeeinflussung verschachtelten Subsystemen, ist es oft wichtig, wie sich die Störereignisse innerhalb der Subsysteme und in Bezug auf das Gesamtsystem auswirken[*] ([Leve95], S. 309).

Bottom-up-Suche Eine derartige Untersuchung erfolgt mit der Bottom-up-Suche (s. Abbildung 3.6).

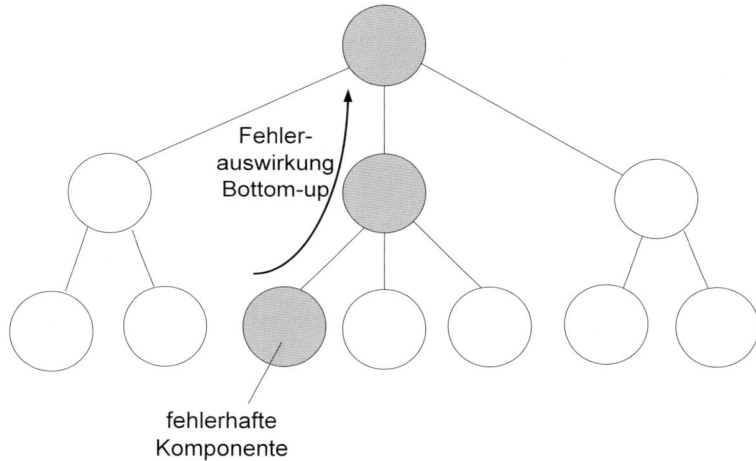

Abbildung 3.6:   Prinzip der Bottom-up-Suche

Beispiel:

Welche Auswirkung auf das Gesamtsystem hat ein Programmfehler in einer bestimmten Software-Routine?

In der Form eines „Ereignisbaums" kann eine Bottom-up-Suche zu einer quantifizierenden Analysen-Methode ergänzt werden, indem beispielsweise die Wahrscheinlichkeit für den Ausfall

---

[*]   Im allgemeinen Fall können die Systeme und Subsysteme auch immaterieller Natur sein (z.B. Prozesse) und müssen nicht notwendigerweise eine hierarchische Struktur aufweisen.

eines Gesamtsystems, aus den Ausfallwahrscheinlichkeiten einzelner Subsysteme, ermittelt wird (s. Abschnitt 10.5).

Top-down-Suche

Bei der Top-down-Suche werden vom Gesamtsystem die verschiedenen Pfade zu den Subsystemen durchsucht, um festzustellen, wie sich eine Störung des Gesamtsystems durch Stör-Ereignisse in den einzelnen Subsystemen ergeben kann.

Beispiel:

Welche Ereignisse (z.B. Komponenten-Ausfälle) führen zu einem Stromversorgungs-Ausfall des Gesamt-Systems?

In der Form eines „Fehlerbaums" kann die Top-down-Suche zu einer quantifizierenden Analysen-Methode ergänzt werden, indem die Wahrscheinlichkeit eines „Top-Ereignisses" aus den Wahrscheinlichkeiten der verschiedenen möglichen Ursachen errechnet wird (s. Abschnitt 10.4).

3.2.6   Szenario-Analyse

Zur Beschreibung des Übergangs von einer Bedrohung zu einem Risiko dient das „Szenario".

Drehbuch für ungünstige Entwicklungen

Das Szenario ist sozusagen das Drehbuch für ungünstige Entwicklungen, die wir als Schadensereignisse wahrnehmen. Mit der Szenario-Analyse wird ein in die Zukunft prognostiziertes Ereignis mit einem entsprechenden Ablauf untermalt. Es dient der Simulation von kausalen Zusammenhängen.

Wenn-dann-Fragen

Diese können durch „Wenn-dann"-Fragen herausgearbeitet werden. Die Szenario-Analyse wird vor allem dann angewendet, wenn wenig oder keine konkreten Daten über Verlustereignisse aus der Vergangenheit vorliegen.

Befragung Experten

Die Szenarien werden durch Befragung von Experten in Workshops oder mittels spezieller Befragungsmethoden definiert.

Ex-ante-Schätzungen

Bei den „Ex-ante-Schätzungen" werden sowohl die Schadenshöhen als auch die Eintrittswahrscheinlichkeiten der Szenarien eingeschätzt. Durch entsprechende Fragestellungen können auch Erwartungswerte und der Value-at-Risk für entsprechende Konfidenz-Niveaus eingeschätzt werden. In der oben gegebenen Terminologie handelt es sich bei der Szenarien-Analyse um eine Bottom-up-Methode.

3.3   Durchführung von Teil-Analysen

3.3.1   Schwächen-Analyse

Zeitaufwändige Risiko-Analyse

Wie die bisherigen Ausführungen zeigten, ist die Durchführung einer vollen Risiko-Analyse in der Regel umfangreich und zeitaufwändig. Dazu kommt, dass die Risiko-Analyse eines grösseren Bereichs, z.B. eines ganzen Unternehmens oder eines grösseren Geschäfts- oder Unterstützungs-Prozesses, nicht durch externe Experten alleine durchgeführt werden kann, sondern der intensiven Mitarbeit der betriebsinternen Verantwortlichen und Wissensträger bedarf. Dabei ist es insbesondere für die Analyse des Schadensausmasses notwendig, die internen Wissensträger des Geschäftsfeldes und der Geschäfts-Prozesse einzubeziehen. Weiter werden für die Analyse der Bedrohungen, Schwachstellen sowie für das Aufstellen entsprechender Szenarien die Fachleute der Unterstützungs-Prozesse (z.B. der IT) benötigt. Bei einer Auslagerung (Outsourcing) der Unterstützungsprozesse muss gar mit zusätzlichem Aufwand auf beiden Partnerseiten gerechnet werden.

Schwächen-Analyse

Ein weniger aufwändiges und deshalb häufig verwendetes Verfahren ist die Schwächen-Analyse. Mit der Schwächen-Analyse (auch Schwachstellen-Analyse) werden die Schadensauswirkungen und die Eintritts-Wahrscheinlichkeiten nicht analysiert, da dazu die konkreten Kausalketten der Bedrohungsauswirkungen auf die Objekte und die Objektbewertungen fehlen.

Schwachstellen-Bewertungs-prozess

Wird ein Objekt einer Schwächen-Analyse unterzogen, dann werden zwar, wie bei der Risiko-Analyse, anhand von vorgefertigten Bedrohungslisten die bedrohten Objekte identifiziert. Doch werden beim nachfolgenden Schwachstellen-Bewertungsprozess die zu analysierenden Objekte lediglich auf das Vorhandensein von inhärenten Schwächen gegenüber den Bedrohungen sowie das Fehlen der gegen diese Bedrohungen üblichen Massnahmen untersucht. Für die Schwächen-Analyse können die gleichen Gruppierungen in Risiko-Arten wie bei der Risiko-Analyse verwendet werden.

Einschätzung der Schwachstelle

Die Einschätzung der Schwachstelle wird meist aufgrund von allgemein bekannten möglichen Konsequenzen vorgenommen.

Schwachstellen-Kataloge

Die Schwachstellen-Kataloge werden in ähnlicher Weise wie die Risiko-Kataloge angefertigt. Dabei können die Schwachstellen, wie bei der Risiko-Analyse, bezogen auf die Objekte (Assets) aufgeführt werden. Sinnvoll ist auch, die für eine Schwachstelle relevanten Bedrohungen aufzuführen. Anstelle der Risiko-Einschätzung kann beispielsweise auch eine ordinale Einschätzung der Schwäche ermittelt und ausgewiesen werden.

Vorgelagerte Schwachstellen-Analyse

Die Schwachstellen-Analyse wird oft einer „vollen Risiko-Analyse" vorgelagert durchgeführt. Mit einem solchen zweistufigen Analyse-Verfahren, wird vor allem die Komplexität der „vollen Risiko-Analyse" verringert, indem die für die Risiko-Analyse notwendige Einschätzung der Bedrohungsauswirkungen auf die Objekte aus der vorgängig durchgeführten Schwachstellen-Analyse hergeleitet werden kann.

3.3.2 Impact-Analyse

Wertverluste

Sind die Risiken identitifiziert, und die Objekte festgelegt, auf denen die Risiken anfallen, dann sind, aufgrund der Bedrohungen und Schwachstellen, die möglichen Wertverluste festzustellen. Die Einschätzung solcher möglichen Wertverluste wird als „Impact-Analyse" bezeichnet. Die Impact-Analyse liefert lediglich die Schadenshöhe eines Risikos.

Anstelle einer kompletten Risiko-Analyse ist es für bestimmte Fragestellungen sinnvoll, lediglich eine Impact-Analyse, unter Weglassung der Bedrohungs- und Schwachstelleneinflüsse, durchzuführen.

Katastrophale Schadens-Ereignisse

Ein solches Vorgehen macht beispielsweise bei der Absicherung gegen seltene, aber katastrophale Schadensereignisse Sinn, da die Eintritts-Wahrscheinlichkeiten (-Häufigkeiten) für das Aufstellen von Geschäftskontinuitäts-Plänen oder Notfall-Plänen wenig Entscheidungsgrundlagen liefern. Hingegen ist in solchen Fällen das mögliche Schadensausmass in Abhängigkeit von der „Ausfall"-Zeit wichtig, da ja das Schadensausmass mit entsprechenden vorsorglichen Massnahmen reduziert werden soll.

Die Einschätzung des Impacts kann grob auf die folgenden Arten erfolgen:

Maximal

1. Es werden die maximal möglichen Schäden aufgrund von Zielverfehlungen an den einzelnen Risiko-Objekten (z.B. Informationen) eingeschätzt. Dies kommt einem „Worst Case Szenario" gleich. Bei der Geschäftskontinuitäts-Planung wird vor allem der zeitlichen Entwicklung eines maximal möglichen Schadens Rechnung getragen.

2. Es werden durchschnittliche Schäden aufgrund von Ziel-verfehlungen an den einzelnen Risiko-Objekten geschätzt und erhoben.

statistisch

3. Die Schäden werden aufgrund von Zielverfehlungen an den einzelnen Risiko-Objekten gemäss ihrer statistischen Verteilung erhoben.

3.4   Risiko-Bewertung

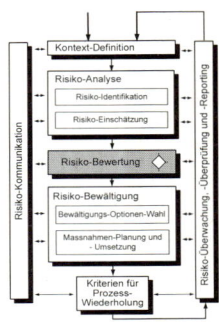

Die in der Risiko-Analyse gefundenen Risiken mit ihren Werten für Wahrscheinlichkeit, Schadensausmass und Risiko bedürfen einer Interpretation und Bewertung im Kontext des Untersuchungs- und Behandlungs-Gegenstands. Die Kriterien dafür waren zuvor bereits im Kontext festzulegen. Aus den Erkenntnissen der durchgeführten Risiko-Analyse können jedoch zusätzliche Kriterien relevant werden (z.B. Qualitätsanforderungen oder Zeitprioritäten), die für die anstehenden Entscheide hinsichtlich einer optimalen Risiko-Bewältigung zu beachten sind.

So muss beispielsweise geklärt werden, ob die Häufigkeit oder das Schadens-Ausmass oder beides zu reduzieren sind. Für geringe, aber häufige Dienstleistungs-Ausfall-Risiken könnte beispielsweise angezeigt sein, „nur" die als „Qualitätsmangel" wahrnehmbare Häufigkeit der Ausfälle zu reduzieren. Eine solche Anforderung könnte an die nachfolgenden Bewältigungsmassnahmen gestellt werden. Ein blindes Reduzieren oder gar Vermeiden der Risiken würde u.U. das Ergreifen von Chancen verhindern. Es stellt sich deshalb die Frage, inwieweit das Reduzieren der Risiken die Chancen beeinträchtigt oder gar zunichte macht.

Reduktion Häufigkeit oder Schadensausmass

Risiken / Chancen

Optimum

So wird es Risiken geben, die nur auf eine bestimmte Art und Weise oder solche, die gar nicht bewältigt werden sollen, wenn ein Optimum im Verhältnis zu den Chancen anzustreben ist.

Für die nachfolgende Definition und Ausarbeitung der Massnahmen sind eine Reihe zusätzlicher Anforderungen zu berücksichtigen. Solche Anforderungen sind beispielsweise Standards, Leistungsanforderungen, Gesetze, Zeit- und Kostenbeschränkungen.

Risiken mit Attributen

Die Risiken können daher mit „Attributen" für die nachfolgenden Bewältigungsmassnahmen versehen werden.

Wichtigkeit - Dringlichkeit

Ein solches Attribut ist beispielsweise die Dringlichkeit der Risiko-Bewältigung. So gibt es Risiken, die aufgrund gesetzlicher oder regulatorischer Vorschriften bis zu einem bestimmten Termin unbedingt bewältigt sein müssen. Andere grosse und wichtige Risiken haben hingegen u. U. weniger hohe Dringlichkeit, da sie selten vorkommen. Bei der Reflektion der Risiken im Kontext der definierten Rahmenbedingungen, kann sich sogar herausstellen, dass einige Risiken für die Behandlung weder „wichtig" noch „dringlich" sind. In einem solchen Falle kann eine Reduktions-Massnahme unterbleiben. Doch könnte ein solches Risiko das Attribut erhalten, dass das Risiko weiterhin beobachtet werden muss.

Risiko-Wahrnehmung der Umgebung und des Managements

An dieser Stelle des Risiko-Management-Prozesses spielt die Risiko-Wahrnehmung der Umgebung und des Managements eine wichtige Rolle. Dazu bedarf es der Kommunikation mit den zuständigen Entscheidungsträgern (ggf. auch mit bestimmten Anspruchsgruppen) mit entsprechenden Reports und Darstellungen (z.B. mit einem fortgeschriebenen Risiko-Katalog und einer Risiko-Karte). Auch ist es meist nützlich, an dieser Stelle des Risiko-Management-Prozesses die Zustimmung des zuständigen Managements zur Risiko-Lage einzuholen.

Entscheid über Nachbesserung Analyse-Ergebnisse

Beim Schritt der Risikobewertung wird auch zu überprüfen und zu entscheiden sein, ob die Analyse-Ergebnisse, was ihre Vollständigkeit, Genauigkeit und Aussagekraft betrifft, den Anforderungen, beispielsweise des Managements, genügen. Andernfalls muss der Prozess, oder Teile davon, wiederholt oder nachgebessert werden.

Risk-Assessment = Risiko-Analyse und Risikobewertung

Die gesamten Aufgaben der „Risiko-Analyse" und der „Risiko-Bewertung" werden gemäss dem international standardisierten Risiko-Management-Vokabular [Isog02] unter dem Begriff „Risk Assessment" zusammengefasst.

3.5 Risiko-Bewältigung

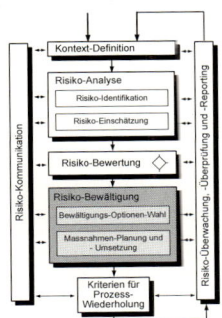

Abwägen Risiken mit Massnahmen-kosten

Die Risiko-Bewältigung im Rahmen eines Risiko-Management-Prozesses dient der Definition, Konzeption, Planung und Umsetzung von Massnahmen aufgrund der bei der Risiko-Bewertung definierten Anforderungen. Der Prozess der Risiko-Bewältigung wird auch als Risiko-Steuerung bezeichnet, da es darum geht, die Risikolage des Unternehmens positiv zu verändern. Wie bereits in der vorangegangenen Phase der Risiko-Bewertung sind auch hier die Chancen mit den Risiken in ein ausgewogenes Verhältnis zu bringen. Dabei ist bei operationellen Risiken nicht das Ausbalancieren von Risiken mit Erträgen, sondern die Ermöglichung der Geschäftsziele durch eine angemessene und nachhaltige Risikobewältigung gemeint. Eine nicht einfache Aufgabe dabei ist das Abwägen der Risiken mit den Massnahmen-Kosten (s. Kapitel 11).

Zu den vorbereitenden Aktivitäten der Risiko-Bewältigung gehört die Untersuchung der Machbarkeit der Massnahmen sowohl aus der Sicht der gestellten Anforderungen, als auch aus der Sicht der Finanzierbarkeit, des Aufwandes und der Termine.

Machbarkeit der Massnahmen

Bewältigungs-Optionen

Bezüglich der Massnahmengestaltung stehen prinzipiell die folgenden **Bewältigungs-Optionen** zur Auswahl:

- **Risiken vermeiden,** z.B. durch Aufgabe risikoreicher Aktivitäten oder Verlagerung von Aktivitäten an Orte, wo das Risiko nicht auftritt.

- **Risiken reduzieren,** durch Reduktion entweder der Eintritts-Wahrscheinlichkeit oder des Schadensausmasses mittels entsprechender Massnahmen (z.B. durch Firewall oder Katastrophenorganisation). Reduziert werden die Risiken auch durch Diversifikation (z.B. durch örtlich getrennte Produktionsstätten oder Back-up der Risiko-Objekte und Ressourcen).

- **Risiken transferieren,** z.B. Überwälzung finanzieller Schäden auf Versicherungen.

- **Risiken bewusst eingehen und tragen,** z.B. Tragen des Restrisikos, welches im Rahmen der betrieblichen Reserven und eines allfälligen Goodwill-Verlusts verkraftbar ist

Auswahl einer Option

Die Auswahl einer Bewältigungs-Option und einer Massnahme wird jeweils anhand der gestellten Anforderungen und der Machbarkeit verifiziert sowie auf ihre Wirksamkeit in Bezug auf das ursprüngliche Risiko überprüft. Zu diesem Zweck werden die Risiko-Einschätzung und die Risiko-Bewertung gegebenenfalls mit unterschiedlichen Massnahmen mehrere Male durchgespielt, um das Optimum zwischen zielgerechter Risiko-Bewältigung und Massnahmenkosten zu finden.

Kosten-/Nutzen-Untersuchungen

Bei solchen Kosten-/Nutzen-Untersuchungen müssen die direkten, indirekten und auch langfristigen Kosten betrachtet werden (s. Kapitel 11). Das Optimum von Risiko und Massnahmen-Kosten kann gegebenenfalls auch dadurch erreicht werden, dass verschiedene Massnahmen in Kombinationen eingesetzt werden (z.B. technische Massnahmen und entsprechend vertragliche Absicherungen).

Umsetzungsplan

Für die festgelegten Massnahmen muss nun ein Umsetzungsplan festgelegt werden. Im Umsetzungsplan sind zum einen die Dringlichkeiten der Massnahmen und zum anderen die projektmässigen Planungsinformationen mit den dafür zur Verfügung stehenden Umsetzungs-Ressourcen zu berücksichtigen.

Viele Massnahmen, z.B. solche organisatorischer Natur, werden oft nicht einmalig umgesetzt, sondern erfordern eine ständige, meist periodische Betreuung. Die Planung auch dieser Massnahmen muss aus dem Umsetzungsplan hervorgehen.

Erneute Risiko-Einschätzung und -Bewertung

Bei der Festlegung des Umsetzungs-Plans können wiederum unvorhergesehene Kosten oder Umsetzungs-Probleme auftauchen, sodass die Risiko-Bewältigung mit anderen Massnahmen überprüft werden muss. Auch in diesem Falle ist die Risiko-Einschätzung und Risiko-Bewertung unter den neuen Vorausetzungen zu wiederholen. Nachdem die Umsetzung vollständig geplant ist, muss das Restrisiko eingeschätzt und dokumentiert werden.

Restrisiko

3.6 Risiko-Überwachung, Überprüfung und Reporting

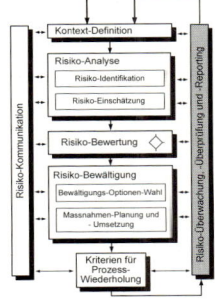

Überwachung
Risiko-Indikatoren
und Frühwarn-
system

Überprüfung
durch unabhän-
gige Auditoren

Sowohl während allen Teilprozessen und Aktivitäten des Risiko-Management-Prozesses als auch nach dem Durchlauf des gesamten Prozesses ist es wichtig, den Prozess und auch die Risiko-Situation bezüglich allfälliger Veränderungen zu überwachen. Anzeichen für Veränderungen können beispielsweise aus der Überwachung der Änderungs-Prozesse, Entwicklungsprozesse und Betriebsprozesse gewonnen werden.

Mit Risiko-Indikatoren können sowohl externe als auch interne Situationen ständig überwacht werden, indem sie Alarme sowohl über die Bedrohungslage als auch über Veränderungen des Risiko-Kontexts liefern.

Mit einem entsprechend organisierten Reporting kann die Überwachung zu einem Frühwarnsystem ausgebaut werden.

Die Risiken, wie der gesamte Prozess des Risiko-Managements bedürfen der Überprüfung durch Personen und Instanzen, die den Tatsachen unbefangen und neutral gegenüber stehen. Dazu eignen sich beispielsweise externe unabhängige Auditoren. Eine solche externe Überprüfung des Risiko-Managements ist ab einer bestimmten Unternehmensgrösse Bestandteil der Geschäftsprüfung resp. Jahresabschlussprüfung. In grösseren Unternehmen wird zudem, im Rahmen des IKS (Internes Kontroll-System), die

Prüfung des Risiko-Managements durch interne Revisoren vorgenommen werden.

Verifikation anhand von Reifegradmodell

Um die Güte des Prozesses in seiner Wirksamkeit zu überprüfen, wird auch die Verifikation anhand eines entsprechenden Reifegradmodells empfohlen (z.B. [Horw04], S. 402-403). Da die gewünschte Qualität meist erst nach einiger Zeit, eventuell nach Jahren erreicht wird, empfiehlt es sich, den Reifegrad periodisch untersuchen zu lassen.

Risiko-Berichte

Risiko-Berichte in entsprechend zusammengefasster Form gehören, ähnlich den Budgetberichten, zu den regelmässigen Berichterstattungen an die Unternehmensleitung. Auch bei diesem regelmässigen Reporting ist auf die Unabhängigkeit der Berichterstattung durch weitgehend unabhängige Personen und neutrale Aufzeichnungssysteme zu achten.

3.7   Risiko-Kommunikation

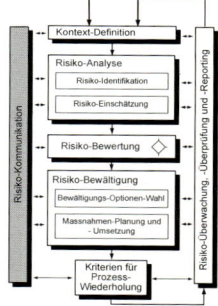

Sowohl die direkt Beteiligten in einem Risiko-Managementprozess als auch die Betroffenen sind in jedem Teil-Prozess auf einen entsprechenden Information-Austausch angewiesen. Die direkt Beteiligten sind oft verschiedenartige Fachpersonen und Experten, welche ihre Informationen untereinander und mit den Entscheidungsträgern in angemessener und verständlicher Form kommunizieren müssen. Es empfiehlt sich, an den einzelnen Prozess-Punkten, wo wichtige Informationen anfallen oder weitergegeben werden müssen, stark strukturierte Kommunikationsformen einzusetzen, z.B. Formulare oder formulargesteuerte Kommunikations-Systeme.

Kommunikationskonzept

Ein auf die Anwendung zugeschnittenes Kommunikations-Konzept, welches unterstützende Kommunikations-Medien einbezieht, trägt massgeblich zur Qualität der Ergebnisse eines Risiko-Management-Prozesses bei.

3.8 Kriterien für Prozesswiederholungen

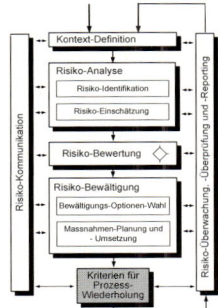

Entsprechend der modernen Management-Systeme ist der Risiko-Management-Prozess ein inhärent zyklischer Prozess, welcher der Dynamik von internen und externen Veränderungen gerecht werden muss. So sollen zur Verbesserung der Zwischenergebnisse hinsichtlich der gesetzten Ziele nicht nur einzelne Zwischenschritte, sondern der gesamte Prozess wiederholt werden. Die Kriterien dafür können beispielsweise ändernde Umgebungsbedingungen, inakzeptable Restrisiken, resultierend aus ungenügend realisierten Massnahmen, oder regulative Anforderungen sein. Für bestimmte Situationen wird der Prozess zum Zeitpunkt der aktuell anstehenden Veränderung gestartet (z.B. Entwicklung einer neuen Produktions-Plattform). Hingegen wird der Risiko-Management-Prozess für das ganze Unternehmen meist mit anderen periodischen Management-Prozessen (z.B. Strategieprozess) in geeigneter Weise synchchronisiert und wiederholt (s. Kapitel 12).

3.9 Anwendungen eines Risiko-Management-Prozesses

RM-Prozess universell einstzbar

Das grobe Muster eines Risiko-Management-Prozesses kann in allen Situationen angewendet werden, wo es um die Erkennung, Einschätzung, Bewertung und Bewältigung von Risiken geht. So ist der Prozess auch als Frühwarnsystem mit schwachen Risiko-Signalen (z.B. Konjunkturindikatoren, Trends hinsichtlich Marktrisiken) einsetzbar. Ebenso ist er anwendbar für die Problembehandlung in Notfällen mit plötzlichen und völlig „unangemeldeten" Schadensereignissen oder plötzlichen akuten Bedrohungen und „Exploits", die zu Schäden eskalieren können (z.B. Computer-Würmer).

Die Teilprozesse sind dabei unterschiedlich strukturiert. Bei plötzlich auftretenden Ereignissen können beispielsweise die Risiko-Analysen meist nur grob mit qualitativen Einschätzungen durchgeführt werden. Die genaueren Untersuchungen (z.B. die Impact-Analysen) für solche plötzlichen Ereignisse werden womöglichst im Voraus, im „vorsorglichen Plan", vorgenommen.

Teilprozesse induktiv oder deduktiv

Die Teilprozesse im RM-Prozess können, je nach Anwendung, induktiv (von den Ursachen und Fakten zum Resultat) oder deduktiv (vom Resultat rückwärts zu den Ursachen und Fakten) durchgeführt werden. Oft kommt ein optimales Ergebnis aus der Mischung beider Vorgehensweisen zustande.

Somit halten wir fest:

Problemlösungs-
Prozess

> Der Risiko-Management-Prozess ist der „Problemlösungs-Prozess" zur folgerichtigen und systemischen Behandlung von Risiken.

Beispiele
RM-Prozess

Nachfolgend sind einige Beispiele aufgeführt, bei denen es sinnvoll ist, einen dem Grundprinzip folgenden Risiko-Management-Prozess aufzubauen:

❏ Unternehmens-Risiko-Management-Prozess

❏ Frühwarnsystem für wichtige Unternehmens-Risiken

❏ Sub-Risiko-Management-Prozess für IT-Betriebsrisiken

❏ Sub-Risiko-Management-Prozess bei der Erstellung von Sicherheits-Konzepten

❏ Sub-Risiko-Management-Prozess für Projektrisiken

❏ Geschäftskontinuitäts-Plan

❏ IT-Notfall-Plan

Die Teilprozesse, Systemunterstützungen und Prozessbeteiligten sind in jedem Anwendungsfalle den Anforderungen anzupassen.

Einige dieser Risiko-Management-Prozesse werden wir im Teil D des Buches näher behandeln.

3.10   Zusammenfassung

Der Risiko-Management-Prozess ist generischer Natur und kann in praktisch allen Risiko-Situation mit entsprechend ausgelegten Teilprozessen verwendet werden.

Die Hauptaufgaben „Kontext-Definition", „Risiko-Analyse", „Risiko-Bewertung" und „Risiko-Bewältigung" sind zu einem Prozess verknüpft. Dazu kommen die begleitenden Aufgaben der „Risiko-Kommunikation", der Risiko-Überwachung, der Risiko-Überprüfung und des Risiko-Reportings. Durch Rückkopplungen und Iterationen im Prozess werden die Ergebnisse der einzelnen Aufgaben verbessert.

Eine effektive und effiziente Durchführung der Risiko-Analyse bedarf ausgefeilter Methoden für die Identifikation und die Einschätzung der Risiken. Aufgrund der gestellten Anforderungen sind manchmal nicht nur qualitative sondern auch entsprechend quantitative Methoden einzusetzen.

Eine komplette Risiko-Analyse enthält eine Impact-Analyse, eine Bedrohungs-Analyse und eine Schwächen-Analyse. Für Risiken, bei denen für eine komplette Risiko-Analyse die Angaben über die Schadensauswirkungen und/oder Eintrittswahrscheinlichkeiten fehlen, weichen wir auf die Erstellung einer Schwächen-Analyse oder einer Impact-Analyse aus. Die Schwächen-Analyse zeigt, wo aufgrund inhärenter Schwächen oder ungenügender Massnahmen Risiken zu erwarten sind. Die Impact-Analyse zeigt die Höhe des Schadens bei den einzelnen Risiko-Objekten. Für die Geschäftskontinuität ist die Höhe des Schadens in Abhängigkeit der Ausfallzeit von Interesse. Die Risiko-Analyse ist ein Teilprozess des Risiko-Mangements und wird zusammen mit dem nachfolgenden Schritt der Risikobewertung als Risiko-Assessment bezeichnet. Die Analyse geht entweder Top-down von den im Vordergrund stehenden Folgen und Aufsuchen der Ursachen aus oder sie erfolgt Bottom-up, ausgehend von den Ursachen hin zu den möglichen Konsequenzen. Ähnliche Verfahren sind bei der Analyse für Ursachen und Wirkungen von fehlerhaften Systemkomponenten gebräuchlich.

Die „Risiko-Bewertung" ist eine separate Aufgabe, bei der die zuvor analysierten Risiken bewertet werden. Für die Bewertung ist vor allem der Kontext der Risiko-Management-Aufgabe massgebend. Dabei spielen die Abwägungen der Risiken gegenüber den Chancen, die Anforderungen bezüglich der zu ergreifenden Sicherheits-Massnahmen und die Prioritäten für die Risiko-Bewältigung eine Rolle. Bei der Risikobewertung wird auch zu überprüfen und zu entscheiden sein, ob die Analyse-Ergebnisse, den Anforderungen genügen oder ob der Prozess, oder Teile davon, wiederholt und nachgebessert werden müssen.

Die Massnahmen zur „Risiko-Bewältigung" sind im Rahmen der Bewältigungs-Optionen „Vermeiden", „Reduzieren", „Transferieren" oder „Bewusst tragen" zu wählen. Der Umsetzungsplan enthält vor allem die Aktivitäten, Termine und Verantwortlichkeiten zur Umsetzung der Massnahmen. Aufgrund bestimmter Kriterien erfährt der Risiko-Management-Prozess oder Teile davon eine Wiederholung.

3.11   Kontrollfragen und Aufgaben

1. Erklären Sie die Unterschiede zwischen einer Risiko-, einer Impact- und einer Schwächen-Analyse?

2. Nennen Sie die Hauptaufgaben und begleitenden Aufgaben eines Risiko-Management-Prozesses.

3.   Welche sind die fünf hauptsächlichen Schritte eines Risiko-Analyse-Prozesses?

4.   Nennen und erklären Sie die vier Bewältigungs-Strategien.

5.   Worauf ist bei bei der Risiko-Kontrolle und beim Risiko-Reporting zu achten?

6.   Worauf ist bei der Risiko-Kommunikation zu achten?

Teil B

Anforderungen berücksichtigen

4 Risiko-Management, ein Pflichtfach der Unternehmensführung

Kontext des Unternehmens

Das Risiko-Management in einem Unternehmen und das in diesem Buch im Detail behandelte IT-Risiko-Management können nicht zufriedenstellend behandelt werden, wenn nicht der Kontext des Unternehmens mit seinem Management-System und seiner Umwelt beleuchtet und einbezogen wird. Die Risiken stammen doch aus einer einzigartigen Positionierung des Unternehmens zu seiner Umwelt und seinen dem Unternehmenszweck dienenden Leistungsprozessen. In diesem Buch verfolgen wir deshalb einen ganzheitlichen, integrierten Management-Ansatz. Dieser wird dadurch charakterisiert, dass verschiedene Management-Prozesse im Unternehmen mit ihren unterschiedlichen Zweckbestimmungen in ein übergeordnetes „Management-System" oder „Führungssystem" integriert sind. Der Risiko-Management-Prozess ist einer dieser Management-Prozesse. Die Notwendigkeit der Integration des Risiko-Management-Prozesses in das Management-System des Unternehmens ergibt sich aus der Tatsache, dass zum einen die Unternehmensziele durch die Risiken negativ beeinflusst werden können und zum anderen die Forderungen an das „Risiko-Management" wichtige Bestandteile der „Corporate Governance"-Regeln sind.

In den weiteren Ausführungen im Teil B dieses Buches werden somit die wichtigsten Anforderungen, wie sie im Rahmen eines integrierten Risiko-Managements auch für die IT-Risiken zutreffen, aus der Sicht der Unternehmensführung behandelt.

4.1 Risiko-Management integriert in das Führungssystem

Die Positionierung der Managementprozesse im Unternehmen vergegenwärtigen wir uns mit dem St. Galler Management Modell [Rüeg02].

Modell eines Unternehmens

Anhand dieses Modells (s. Abbildung 4.1) ist leicht zu verstehen, dass sich Risiken nicht alleine aus innerbetrieblichen Prozessen ergeben, sondern gleichermassen wie die Chancen, bei den Interaktionen der Unternehmensprozesse mit der Umwelt des

Unternehmens (Gesellschaft, Natur, Technologie und Wirtschaft) entstehen.

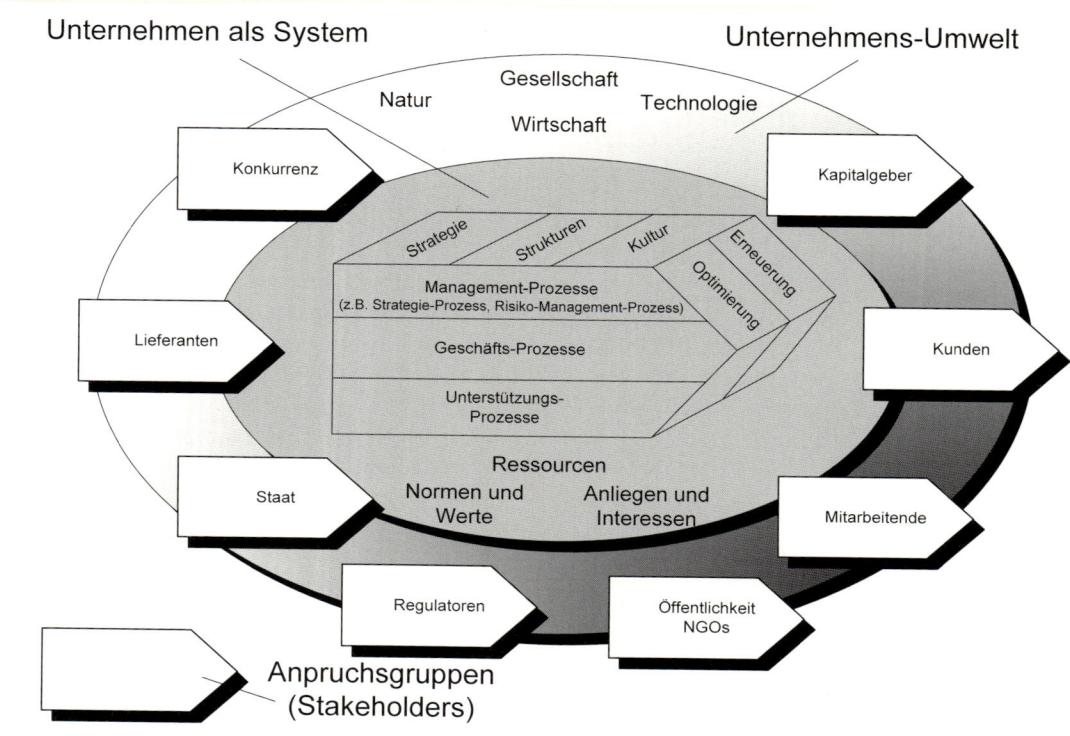

Abbildung 4.1:   Unternehmens-Management-Modell (vgl. [Rüeg02], S. 22)

Das St. Galler Management-Modell unterscheidet die drei Prozesskategorien:

- Managementprozesse
- Geschäftsprozesse und
- Unterstützungsprozesse

Die auf der obersten Ebene angesiedelten Managementprozesse sind für die effektive und effiziente Führung eines komplexen Unternehmens unerlässlich. Solche Managementprozesse sind beispielsweise der Strategieprozess, der Risiko-Management-Prozess, die Prozesse für das Qualitäts- oder das Sicherheitsmanagement, die Planungs- und Budgetierungsprozesse sowie die Kontrollprozesse, wie sie beispielsweise durch CobiT (s. Abschnitt 9.4) vorgegeben werden.

Mangementpro-
zesse

Die durch die „Managementsprozesse" gelenkten wertschöpfen-den Geschäftsprozesse werden durch darunterliegende „Unterstützungsprozesse" bedient.

Typische Unters-
tützungsprozesse

Typische Unterstützungsprozesse sind die „IT-Prozesse", aber auch die Prozesse zur Bereitstellung von Ressourcen, wie Personal oder Infrastruktur. Im Zusammenhang mit dem Risiko-Management sind auch Unterstützungsprozesse zur Bewältigung der Risiken zu erwähnen. Die starke Verflechtung, dieser drei Prozesskategorien ist offensichtlich.

Allen diesen Unternehmensprozessen gemeinsam sind:

- die Fokussierung auf eine Unternehmensstrategie,
- die Festlegungen von Aufbau- und Ablaufstrukturen sowie
- die Orientierungen auf eine Unternehmens-Kultur.

Entsprechend dem Wandel der Wirtschaft und der Märkte sind die Geschäfts- und Unterstützungsprozesse ständigen Veränderungen, von innen und von aussen, gewollt oder ungewollt, unterworfen.

Kontroll- und
Rückkopplungs-
schleifen

Diesen Veränderungen muss durch die Managementprozesse mittels entsprechender Kontroll- und Rückkopplungsschleifen im Sinne von „Optimierung" und „Erneuerung" Rechnung getragen werden können.

Wie jüngste Fälle zeigen (z.B. Bankrott der Bank Lehmann & Brothers oder Abhörskandal bei der Deutschen Telekom), sind an einem guten Risiko-Management nicht nur die Anteilseigner[*] eines Unternehmens interessiert, sondern eine breite Zahl von anderen Interessenvertretern, deren Anforderungen bei den Unternehmenszielen und folglich bei den Unternehmensrisiken eine Rolle spielen.

Anforderungen
aller Anspruchs-
gruppen

Die Anforderungen aller Anspruchsgruppen[†] bezüglich der Risiken sind deshalb im Rahmen des Unternehmens-Risiko-Managements zu interpretieren und anforderungsgerecht umzusetzen und zwar im langfristig angelegten Interesse des Unternehmens.

---

[*] Bei Aktiengesellschaften sind dies die Aktionäre (engl. Shareholders).

[†] Anspruchsgruppen (engl. Stakeholders) sind Mitarbeitende, Kunden, Lieferanten, Staat, Kommunen, Verbände, Regulatoren usw.

4.2 Corporate Governance

Anforderungen bezüglich Führung und Kontrolle

Wenn es um die an das Unternehmen gestellten Anforderungen bezüglich Führung und Kontrolle geht, taucht immer wieder der Begriff „Corporate Governance" auf. Dieser Begriff existiert seit einigen Jahrzehnten und steht für die grundlegenden Anforderungen der Anspruchsgruppen an die Führung und Kontrolle eines Unternehmens[*].

Verantwortlichkeit und Transparenz

Spätestens nach den Zusammenbrüchen von Unternehmen wie Enron, Worldcom, Swissair und die KirchGuppe, ist „Corporate Governance" zum „Buzzword" für Verantwortlichkeit und Transparenz im Unternehmen auf oberster Kontroll- und Führungsebene geworden. In der seit 2007 herrschenden globalen Finanz- und Wirtschaftskrise mit einer Vielzahl kollabierender Firmen sowie staatlicher Stützmassnahmen wird die Abhängigkeit breiter Anspruchsgruppen von funktionstüchtig geführten Firmen vermehrt zum öffentlichen Interesse.

Grundlegendes Anliegen der Corporate Governance

Das grundlegende Anliegen der Corporate Governance besteht nun darin, die Bedingungen dafür herzustellen, dass die Unternehmensführung im Interesse des Unternehmens, der Anteilseigener[†], des Kapitalmarktes, der Mitarbeiter und anderer Anspruchsgruppen handelt. Dabei geht es um die „Führungsfunktion" der Geschäftsleitung, die Oberleitung und Überwachungsfunktion des „Verwaltungsrates" und der Prüfungsfunktion der Revisoren, *„aber auch und vor allem, um die zweckmässige Zusammensetzung und Strukturierung des Verwaltungsrates als Gremium"* ([Böck04], S. 1759).

---

[*] Als Synonym für „Corporate Governance" wird oft der Begriff „Unternehmens-Verfassung" verwendet.

[†] Im angloamerikanischen Raum steht die Regelung des Verhältnisses zwischen den Anteilseignern, namentlich den grossen Investoren, und der obersten Unternehmensleitung im Vordergrund und ist durch den „Shareholder-Value"-Ansatz, d.h. die Maximierung des Börsenwerts, geprägt. In der im Jahre 2007 offenbar gewordenen Finanzkrise hat sich jedoch der „Sharholder-Value"-Ansatz als nicht nachhaltige, schädliche Unternehmens-Maxime erwiesen.

Begriffsdefinition der OECD

Entsprechend der Bedeutung für das Risiko-Management wählen wir aus den vielen Begriffsdefinitionen für Corporate Governance diejenige der OECD aus:

„Corporate Governance" ist das System, mit welchem Geschäfts-Gesellschaften geführt und kontrolliert werden.

Die „Corporate Governance" - Struktur spezifiziert die Verteilung von Rechten und Verantwortlichkeiten unter den verschiedenen Mitgliedern in der Gesellschaft (Unternehmen), wie dem Verwaltungsrat[*] (Board), der Geschäftleitung[†] (Manager), den Anteilseignern und anderen Anspruchsgruppen und drückt die Regeln und Verfahren aus, um Entscheidungen in Gesellschafts-Angelegenheiten zu fällen.

Daneben stellt sie die Struktur zur Verfügung, um die Unternehmens-Ziele zu bestimmen sowie die Mittel, um diese Ziele zu erreichen und die Leistung zu überwachen.

OECD April 1999[‡]

Führungs-funktion, Überwachungs-funktion und Prüfungsfunktion

In den nun folgenden Abschnitten 4.3 werden vor allem die gesetzlichen und regulativen Anforderungen und im Abschnitt 4.4 die Anforderungen der Kunden und der Öffentlichkeit an das Risiko-Management in einem Unternehmen behandelt.

---

[*] Das in der englischen Fassung der OECD-Definition genannte „Board" ist in der Schweiz der „Verwaltungsrat", in Deutschland der „Aufsichtsrat" und in den meisten anglo-amerikanischen Ländern das „Board of Directors" (vgl. [Böck04], S. 1759). Die gesetzlichen Regelungen über dieses oberste Gremium weichen in den verschiedenen Ländern voneinander ab, so dürfen beispielsweise in Deutschland Mitglieder des Vorstandes nicht gleichzeitig Mitglieder des Verwaltungsrates sein. Hingegen sind in Grossbritannien solche Mitgliedschaften erlaubt.

[†] Mit „Manager" in der englischen Fassung ist in der Schweiz vor allem die „Geschäftsleitung", in Deutschland der „Vorstand" und in den meisten anglo-amerikanischen Ländern das „Executive Management" gemeint.

[‡] Im Jahr 2004 wurden durch die OECD zusätzlich 6 Grundsätze zur Corporate Governance veröffentlicht [OECD04].

4.3 Anforderungen von Gesetzgebern und Regulatoren

Umgang mit Unternehmens-Risiken

Die wirtschaftlichen und menschlichen Katastrophen der letzten Jahre infolge von Missbräuchen und falschem Risikoverhalten in den Unternehmensführungen haben die Regulierungsbehörden und Gesetzgeber in einigen Ländern dazu bewogen, die „Corporate Governance" und den Umgang mit Unternehmens-Risiken straff zu regeln. So sind in den USA, in Ländern der EU und der Schweiz zwingende Rechtsvorschriften entstanden.

Codes of best practice

Daneben gibt es eine Reihe von „Codes of best practice", wie den "COSO-Report (1992)" in den USA, den "Cadbury Report (1992)" und "The combined Code Principles of Good Governance and Best Practices (2000)" in Grossbritannien, den "Swiss Code of best practises for Corporate Governance (2002)" in der Schweiz, den deutschen "Corporate Governance Kodex (2002/2003)" und den "Kodex Corporate Governance (2002)" in Österreich.

Auch haben mit „Basel II" umfassende Risiko-Management-Auflagen der Bankenaufsichtsbehörden der G-10-Länder im Banken-Sektor Einzug gehalten. Analog zu diesem Regelwerk in der Bankenbranche ist mit Solvency II auf europäischer Ebene ein Regelwerk zur Eindämmung von Missbräuchen und Risiken in der Versicherungsbranche in Vorbereitung. Ausserdem werden über die EU-Gremien verstärkte Regelungen und Harmonisierungen in den Bereichen Corporate Governance, Risiko-Management, Interner Kontrolle und Abschlussprüfung vorangetrieben. Mit der bis Mitte 2008 in lokales Recht umzusetzenden „Abschlussprüfer-Richtlinie", auch EuroSOX genannt, wurde durch die EU ein wichtiger Schritt in dieser Richtung vollzogen.

Alle diese die Corporate Governance berührenden Vorschriften nehmen sich auch dem Thema Risiko-Management in der einen oder anderen Form an, da der verantwortungvolle Umgang mit Risiken zur ordnungsgemässen Führung eines Unternehmens gehört.

4.3.1 Gesetz KonTraG in Deutschland

Kontrolle und Transparenz im Unternehmensbereich

In Deutschland wurde 1998 unter dem Kürzel „KonTraG", ein Gesetz zur „Kontrolle und Transparenz im Unternehmensbereich" erlassen. Mit diesem Gesetz wird der Vorstand einer Aktiengesellschaft zur Einrichtung eines „Frühwarnsystems" verpflichtet:

Überwachungssys-   So hat der Vorstand einer Aktiengesellschaft „geeignete Mass-
tem   nahmen zu treffen, insbesondere ein Überwachungssystem einzurichten, damit den Fortbestand der Gesellschaft gefährdende
Entwicklungen früh erkannt werden" (§ 91 Abs. 2 AktG),
([Homm00], S. 8).

Berichterstattung   Im Weiteren erweitert der deutsche Gesetzgeber die Pflicht der
im Lagebericht   „Berichterstattung im Lagebericht", indem die Unternehmensführung bei der Darstellung des Geschäftsverlaufs und der Lage der
Gesellschaft „auch auf die Risiken der künftigen Entwicklungen
einzugehen hat" (§289 Abs. 2 HS 2 HGB).

Prüfungen des   Beide Forderungen des Gesetzgebers sind durch den Abschluss-
Abschlussprüfers   prüfer gutachterlich zu prüfen: „Bei einer Aktiengesellschaft, die
Aktien mit amtlicher Notierung herausgegeben hat, ist ausserdem
im Rahmen der Prüfung zu beurteilen, ob der Vorstand die im
nach § 91 Abs. 2 des AktG obliegenden Massnahmen in einer
geeigneten Form getroffen hat und ob das danach einzurichten-
de Überwachungssystem seine Aufgabe erfüllen kann." (§317
HGB). Über diese Prüfung hat der Abschlussprüfer gegenüber
dem Aufsichtsrat Stellung zu nehmen und seine Prüfungsergeb-
nisse im Testat gegenüber der Allgemeinheit offen zu legen (§321
HGB und §322 HGB) [Homm00].

4.3.2   Obligationenrecht in der Schweiz

Erweiterungen des   In der Schweiz sind 1992 Erweiterungen des Aktienrechts im
Aktienrechts   „Schweizerischen Obligationenrecht" in Kraft gesetzt worden,
welche die Verantwortlichkeiten regeln.

Unübertragbare   Gemäss Art 716a, Ziffer 1, OR gehören beispielsweise zu den
und unentzieh-   „unübertragbaren und unentziehbaren Aufgaben" des Verwal-
bare Aufgaben   tungsrats:

- die Oberleitung der Gesellschaft und die Erteilung der
nötigen Weisungen

- die Festlegung der Organisation

- die Oberaufsicht über die mit der Geschäftsführung be-
trauten Personen, namentlich im Hinblick auf die Befol-
gung der Gesetze, Statuten, Reglemente und Weisungen;

Art. 716a, Ziffer 2, OR legt weiter fest: „Der Verwaltungsrat kann
die Vorbereitung und die Ausführung seiner Beschlüsse oder die
Überwachung von Geschäften Ausschüssen oder einzelnen Mitg-

liedern zuweisen. Er hat für eine angemessene Berichterstattung an seine Mitglieder zu sorgen."

Organhaftung

Zum Thema Organhaftung hält B. Lehmann fest ([Lehm02], S. 28):

„Die Mitglieder von Verwaltungsrat und Geschäftsleitung können aufgrund ihrer Garantenstellung persönlich haftbar werden, wenn Schäden aus einem Datenunfall auf eine Vernachlässigung ihrer Pflichten im Zusammenhang mit Aufbau, Organisation, Aufsicht und Kontrolle eines Systems zur Informationssicherung zurückzuführen sind."

Aufgrund der Finanzskandale im In- und Ausland sowie im Zuge der internationalen Harmonisierungen wurde per 1.1.2008 das „Schweizerische Obligationenrecht" dahingehend erweitert, dass „Risiko-Management" und „Internes Kontrollsystem" zur Pflicht geworden sind.

Pflicht für Risiko-Management: Art. 663b, Ziffer 12 OR

So werden mit Artikel 663b, Ziffer 12 OR im Anhang des Geschäftsberichts (Jahresrechnung) in der Verantwortlichkeit des Verwaltungsrats Angaben zur Risikobeurteilung gefordert: *„Der Anhang enthält: (...) 12. Angaben über die Durchführung einer Risikobeurteilung. (...)".* Die Gesetzesänderung gilt insbesondere für Aktiengesellschaften, GmbHs, Genossenschaften und Stiftungen und verpflichtet alle betroffenen Rechtsformen unabhängig von ihrer Grösse.

Pflicht für Internes Kontrollsystem: Art. 728 a/b OR

Die Pflicht für ein Internes Kontrollsystem (IKS) aufgrund des Artikels 728a/b OR richtet sich an Unternehmen, die der „ordentlichen Revision" unterliegen. Der ordentlichen Revision unterliegen Unternehmen dann, wenn sie in zwei aufeinanderfolgenden Geschäftsjahren zwei der drei folgenden Kriterien erfüllen (Artikel 727 OR):

- Bilanzsummer grösser als CHF 10 Mio.

- Jahresumsatz grösser als CHF 20 Mio.

- Mehr als 50 Vollzeitangestellte im Jahresdurchschnitt

Die bezüglich IKS am 1.1.2008 in Kraft getretenen Neuerungen lauten:

Artikel 728a OR:

„Die Revisionsstelle prüft, ob (...) 3. Ein internes Kontrollsystem existiert, (...)"

Artikel 728b OR:

„Die Revisionsstelle erstattet dem Verwaltungsrat einen umfassenden Bericht mit Feststellungen über die Rechnungslegung, das IKS sowie die Durchführung und das Ergebnis der Revision."

Was zumindest in der Schweiz unter IKS verstanden wird, kann dem „Schweizer Handbuch für Wirtschaftprüfung"[*] wie folgt entnommen werden:

> Unter „Interner Kontrolle" (Synonym: Internes Kontrollsystem) werden alle von Verwaltungsrat, Geschäftsleitung und übrigen Führungsverantwortlichen angeordneten Vorgänge, Methoden und Massnahmen verstanden, die dazu dienen, einen ordnungsgemässen Ablauf des betrieblichen Geschehens sicherzustellen. Die organisatorischen Massnahmen der Internen Kontrolle sind in die betrieblichen Abläufe integriert.

4.3.3 Swiss Code of best Practice for Corporate Governance

In der Schweiz wurde am 25. März 2002 ein „Code of best Practice" zur „Corporate Governance" durch den Vorstand der *economiesuisse*[†], auf einstimmige Empfehlung einer Expertengruppe „Corporate Governance" hin genehmigt.

Swiss Code

Der „Swiss Code" wird durch Organisationen und Unternehmensverbände der Schweiz, wie Schweizerische Bankiervereinigung, Schweizerische Gesellschaft für Chemische Industrie, Schweizerischer Gewerbeverband, Vereinigung der privaten Aktiengesellschaften, mitgetragen.

Der „Swiss Code" wendet sich im Sinne von Empfehlungen an die schweizerischen Publikumsgesellschaften. Auch nicht kotierte volkswirtschaftlich bedeutende Gesellschaften oder Organisationen (im übrigen auch in anderer Rechtsform als derjenigen einer Aktiengesellschaft) können dem „Swiss Code" zweckmässige Leitideen entnehmen ([Scod02], S. 4).

---

[*] Treuhand Kammer, Schweizer Handbuch der Wirtschaftsprüfung 1998, Band 2, S. 171.

[†] Wirtschafts-Dachverband der Schweizer Unternehmer.

Verantwortlichkeit zum Umgang mit Risiken

Zum Umgang mit Risiken weist der „Swiss Code" dem Verwaltungsrat unter der Ziffer 19 folgende Verantwortlichkeiten zu ([Scod02], S. 13):

„Der Verwaltungsrat sorgt für ein dem Unternehmen angepasstes internes Kontrollsystem und Risiko-Management.

- *Das interne Kontrollsystem ist der Grösse, der Komplexität und dem Risikoprofil der Gesellschaft anzupassen.*

- *Das interne Kontrollsystem deckt, je nach den Besonderheiten der Gesellschaft, auch das Risiko-Management ab; dieses bezieht sich sowohl auf finanzielle wie auf operationelle Risiken.*

- *Die Gesellschaft richtet eine interne Revision ein. Diese erstattet dem Prüfungsausschuss („Audit Committee") oder gegebenenfalls dem Präsidenten des Verwaltungsrats Bericht."*

4.3.4   Basel Capital Accord (Basel II)

Neue Kapital-vereinbarungen: Basel II

Speziell für Finanzinstitute sind die Rahmenvereinbarungen des Baseler Ausschusses für Bankenaufsicht unter dem Begriff **„Basel II"** zu nennen. Das am 26.6.2004 verabschiedete Rahmenwerk[*] umfasst im Wesentlichen die adäquate Unterlegung von Kredit-, Markt- und operationellen Risiken der Banken mit Eigenkapital. Auch sind die Banken verpflichtet, die Kreditrisiken in Abhängigkeit vom Risiko des Kreditnehmers mit Eigenkapital zu unterlegen. Die massgeblichen Bonitätseinstufungen erfolgen dabei durch interne oder externe Ratings.

Risiken mit Eigen-kapital unterlegen

Aufschläge auf Kreditzinssatz

Der Kreditzinssatz von Banken an die kreditnehmenden Unternehmen wird demzufolge umso höher, je höher die Risiken des Unternehmens sind. Damit erhält der Kreditzinssatz aufgrund der Risiken zusätzliche Aufschläge (s. Abbildung 4.2).

---

[*]   Titel: International Convergence of Capital Measurement and Capital Standards – A Revised Framework [Bisf04].

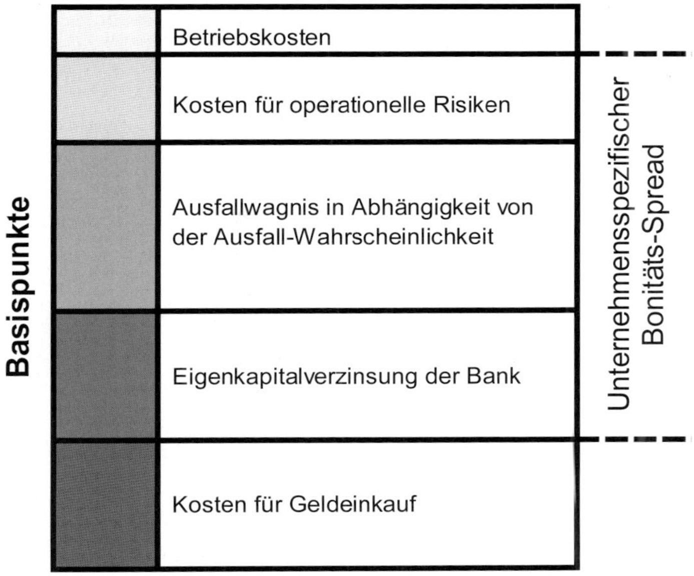

Abbildung 4.2:   Zusammensetzung Kreditzinssatz infolge
                  Basel II ([Bein03], S. 30)

Im Sinne stabiler Finanzmärkte werden zudem Vorschriften über „aufsichtliche Prüfverfahren" sowie „Marktdisziplin durch Offenlegung" erlassen.

Drei Säulen

Somit wird die Vereinbarung auf den drei Säulen: „Mindestkapitalanforderungen", „aufsichtlicher Überprüfungsprozess" und „Marktdisziplin" getragen.

Bessere Risiko-
management-
Praktiken

Die Rahmenvereinbarung sollte vor allem die Anwendung besserer „Risiko-Management-Praktiken" durch den Bankensektor fördern und eine weitere Stärkung der Solidität und Stabilität des internationalen Bankensystems unter Beibehaltung hinreichender Konsistenz sicherstellen.

Der Vereinbarung haben die Zentralbank-Gouverneure und Leiter der Bankenaufsichtsbehörden der G-10-Länder zugestimmt und war für international tätige Banken der Mitgliedstaaten des Baseler Ausschusses bis Ende 2006 umzusetzen. Für Institute, welche sog. „fortgeschrittene" Messansätze zur „Risiko-Messung" verwenden, gelten die Bestimmungen ab Ende 2007. (Aufgrund von Verzögerungen in den USA hat der Baseler Ausschuss die Inkraftsetzung des fortgeschrittenen internen ratingbasierenden

Ansatzes zur Eigenmittelbemessung auf den 1.1.2008 verschoben).

Die Inkorporierung von Basel II in Europäisches Gemeinschaftsrecht wurde inzwischen durch den Rat am 14. Juni 2006 in Form der „Capital Requirement Directive" erlassen[*]. Die nationale Umsetzung der EU-Richtlinie ist beispielsweise in Deutschland in einem entsprechenden Gesetz vom 17.11.2006 erfolgt und per 1.1.2007 in Kraft gesetzt worden. In der Schweiz erfolgte die Umsetzung in schweizerisches Recht anhand der Rundschreiben der Eidg. Bankenkommission[†] (EBK 06/1 bis EBK 06/5) per 1.1.2007.

Bei den zu bewertenden Risiken spielen nicht nur die Markt- und Kreditrisiken, sondern auch die operationellen Risiken, sowohl der Banken als auch der Kreditkunden, eine massgebliche Rolle.

Operationelles Risiko

Das operationelle Risiko definiert der Baseler Ausschuss in Basel II wie folgt:

> Operationelles Risiko ist die Gefahr von Verlusten, die in Folge der Unangemessenheit oder des Versagens von internen Verfahren, Menschen und Systemen oder in Folge externer Ereignisse eintreten.
>
> Diese Definition schliesst Rechtsrisiken ein, beinhaltet aber nicht strategische Risiken oder Reputationsrisiken.

Von den mit Basel II vorgegebenen Ansätzen zur Bestimmung der Eigenkapital-Unterlegung interessieren im Rahmen dieses Buches die Ansätze für operationelle Risiken, die im Folgenden kurz zusammengestellt sind:

---

[*]   Obwohl die EU-Richtlinie stark an die Baseler Vereinbarungen angelehnt ist, ergeben sich bei der Umsetzung einzelner Anforderungen Unterschiede (vgl. [Foll07], 35 u. 36).

[†]   Seit 1.1.2009 liegt Zuständigkeit bei „Finma".

Basisindikatoransatz (BIA):

- Banken mit geringen operationellen Risiken;

- 15% der durchschnittlichen Bruttoerträge der vergangenen 3 Jahre als Eigenkapitalunterlegung.

Standardansatz (STA):

- Einstiegsansatz für international tätige Banken sowie Banken mit signifikantem OpRisk;

- Bruttoerträge im Dreijahresdurchschnitt auf acht Geschäftsfelder differenziert, mit festgesetzten bankenaufsichtlichen „Beta-Faktoren" multipliziert;

- Gesamtkapitalunterlegung für operationelle Risiken resultiert aus Summierung über die Geschäftsfelder;

- Alternativer Standardansatz (ASA) für Nicht-G-10-Banken verwendet statt Bruttoerträge die durchschnittlichen Portfolio-Volumen.

Fortgeschrittene (ambitionierte) Messansätze (AMA):

- Billigung durch nationale Bankenaufsicht (in der Schweiz Finma, in Deutschland BaFin und in Österreich FMA);

- Ermittelt die bankspezifischen, individuellen Risiken einer Bank, was zu einem optimierten Eigenmittelbedarf führt;

- Interne Ermittlung der Eigenmittelanrechnungsbeträge mittels Verlustdaten über mindestens 5 Jahre (übergangsweise 3 Jahre), Externe Verlustdaten, Szenarien-Analysen sowie qualitative Komponenten (Ratings, Key Risk Indikatoren, Selfassessments etc.);

- Bis zu 20 % Minderung durch Anerkennung von Versicherungen.

Als **fortgeschrittene Bemessungsansätze** für das **operationelle Risiko** wurden in einem Arbeitspapier des Baseler Ausschusses ([Bisw01], S. 33-35) einige Verfahren vorgeschlagen, die in Abbildung 4.3 im Überblick dargestellt werden:

Interner Bemessungs-Ansatz (IMA=Internal Measurement Approach)[*]:

$$UL = \sum_{i=1}^{n} \sum_{j=1}^{m} \gamma_{i,j} \times EI_{i,j} \times PE_{i,j} \times LGE_{i,j}$$

UL : Unerwarteter Gesamtverlust

mit

$\gamma_{i,j}$: Gamma-Faktor für Geschäftsfeld i und Schadensereignistyp j

$EI_{i,j} \times PE_{i,j} \times LGE_{i,j}$: Erwarteter Verlust (p.a.) im Geschäftsfeld i für den Schadensereignistyp j

  mit

  $EI_{i,j}$: Exposure Indikator für Geschäftsfeld i und Schadensereignistyp j

  $PE_{i,j}$: Eintrittswahrscheinlichkeit von Schadensereignistyp j im Geschäftsfeld i

  $LGE_{i,j}$: Mittlerer Verlust eines Schadensereignisses

Verlustverteilungs-Ansatz (LDA=Loss Distribution-Approach):

Die Interne Berechnung der Höhe des zu unterlegenden Eigenkapitals wird auf der Basis interner historischer Daten sowie des „Operational Value-at-Risk" und allenfalls mit Hilfe der Monte-Carlo-Simulation durchgeführt.

Scorecard-Ansatz (SCA=Scorecard-Approach):

Anhand eines intern definierten Kennzahlensystems wird die Höhe des zu unterlegenden Eigenkapitals berechnet.

(Anm.: Die Variablen-Bezeichnungen sind im Rahmen von Basel II standardisiert.)

Abbildung 4.3: Vorgeschlagene Bemessungsansätze für operationelle Risiken

Inwieweit diese fortgeschrittenen Ansätze für seltene Schadens-fälle mit hohem Ausmass aufgrund der in einer Bank vorhande-nen Datenbasis zu akzeptablen Ergebnissen führen, unterliegt dem Urteil der nationalen Bankenaufsicht. Als hoffnungsvoller Ansatz kann die auf einer Expertenbefragung beruhenden **Sze-**

---

[*] Anhand eines „γ-Faktors" werden die analysierten erwarteten Verlus-te in unerwartete Verluste umgerechnet. Der γ-Faktor ist in Abhän-gigkeit der Häufigkeitswerte für ein bestimmtes Konfidenzintervall (z.B. 99.9 % Quantil) in Form einer Tabelle vorgegeben. Zum Ge-nauigkeitswert dieser relativ einfachen Berechnungsmöglichkeit für relativ „seltene" Ereignisse gilt es zu berücksichtigen, dass die Hoch-rechnung der „unerwarteten Verluste" mittels Gammafaktor nicht auf aktuellen Daten im „Verteilungsschwanz" beruht und die Summation der Einzelrisiken ein zu hohes Gesamtrisiko vorgibt.

nario-Analyse erwähnt werden, da damit insbesondere für die IT-Risiken auch Prognosen für die Zukunft angemessen berücksichtigt werden (s. Abschnitt 3.2.6.).

Mindestanforderungen bei Standardansatz

Wählt eine Bank beispielsweise den sogenannten Standardansatz für die Eigenkapitalunterlegung, dann müssen, wie der folgende Auszug zeigt, bestimmte Mindestanforderungen erfüllt werden:

- Die oberste Leitungsebene (oberstes Verwaltungsorgan und Geschäftsleitung) ist in angemessenem Umfang aktiv in die Überwachung des Management-Systems für operationelle Risiken involviert.

- Die Bank verfügt über ein konzeptionell solides Risiko-Management-System für operationelle Risiken, das vollständig umgesetzt und integriert wurde.

- Die Bank verfügt über ausreichende Ressourcen zur Umsetzung des Ansatzes, sowohl in den wichtigsten Geschäftsfeldern als auch in den Kontroll- und Revisionsbereichen.

Zusätzliche Anforderung für international tätige Bank

Zur Anwendung des vorerwähnten Standard-Ansatzes muss eine international tätige Bank noch zusätzlich die folgenden Anforderungen erfüllen:

---

a) Die Bank muss für den Bereich der operationellen Risiken über ein Management-System verfügen, das einer für das Management der operationellen Risiken verantwortlichen Stelle klare Verantwortungen zuweist. Diese Einheit ist dafür verantwortlich, dass Strategien zur Identifikation, Bewertung, Überwachung und Steuerung/Minderung operationeller Risiken entwickelt werden; dass unternehmensweit geltende Grundsätze und Verfahren für Management und Kontrolle der operationellen Risiken niedergelegt werden; dass eine Methodik zur Bewertung der operationellen Risiken entwickelt und umgesetzt wird; und dass ein Berichtssystem für operationelle Risiken entwickelt und implementiert wird.

---

b)   Als Teil des bankinternen Systems zur Bewertung der operationellen Risiken muss die Bank systematisch die relevanten Daten zum operationellen Risiko einschliesslich erheblicher Verluste je Geschäftsfeld sammeln. Das System zur Bewertung der operationellen Risiken muss eng in die Risiko-Managementprozesse der Bank integriert sein. Dessen Ergebnisse müssen fester Bestandteil der Risikoprofilüberwachungs- und Kontrollprozesse sein. Zum Beispiel müssen diese Informationen im Risiko-Bericht, im Management-Bericht und in der Risiko-Analyse eine wesentliche Rolle spielen. Die Bank muss Methoden zur Schaffung von Anreizen zur Verbesserung des Managements operationeller Risiken innerhalb der Gesamtbank verfügen.

Zulieferer und Geschäftspartner

Die Bewertung nach Risiken erfolgt nicht nur für Finanzinstitute und deren Kreditkunden, sondern auch für Zulieferer und Geschäftspartner der Bankkunden.

Risiko-management-System

Es gehört deshalb zum ureigensten Interesse nicht nur der Finanzinstitute, sondern auch aller anderen in die Finanzmärkte eingebundenen Unternehmen, sich ein Risiko-Management-System aufzubauen, das zu den Geschäftsrisiken auch die operationellen Risiken nach prüfbaren Standards unter Kontrolle umfasst.

Die Ausgestaltung des Managements und der Überwachung von operationellen Risiken wird durch den Baseler Ausschuss für Bankenaufsicht mit zusätzlichen Papieren unterstützt. So werden in den „Sound Practices for the Management and Supervision of Operational Risk" zehn Grundsätze zur Ausgestaltung angegeben [Biss03]. Auch werden die Typen von operationellen Risiko-Ereignissen spezifiziert und mit Beispielen untermauert (Abbildung 4.4).

Basel II Ereignis-Typen	Beispiele
Interne betrügerische Handlungen	• Nicht gemeldete Transaktionen (vorsätzlich) • Unzulässige Transaktionen (mit finanziellem Schaden) • Falschbezeichnung einer Position (vorsätzlich) • Betrug / Kreditbetrug / Einlagen ohne Wert • Diebstahl / Erpressung / Unterschlagung / Raub • Veruntreuung von Vermögenswerten • Böswillige Vernichtung von Vermögenswerten • Fälschung
Externe betrügerische Handlungen	• Diebstahl / Raub / Betrug • Fälschung • Schäden durch Hackeraktivitäten • Diebstahl von Informationen (mit finanziellem Schaden)
Beschäftigungspraxis und Arbeitsplatzsicherheit	• Probleme aufgrund Löhne, Gehälter, Sozialleistungen, Kündigung • Gewerkschaftsaktivitäten • Haftpflicht (Ausrutschen und Stürzen usw.) • Verstoss gegen Gesundheits- und Sicherheitsbestimmungen • Diskriminierung
Kunden, Produkte und Geschäftsgepflogenheiten	• Verstoss gegen treuhänderische Pflichten • Verletzung von Informationspflichten gegenüber Kunden • Verletzung von Datenschutzbestimmungen • Missbrauch vertraulicher Informationen • Insidergeschäfte (auf Rechnung des Arbeitgebers) • Unerlaubte Geschäftstätigkeit • Geldwäsche • Produktmängel • Versagen bei der Kundenprüfung gemäss Richtlinien
Physische Schäden	• Verluste durch Naturkatastrophen (Wasser, Erdbeben usw.) • Personenschäden aufgrund von externen Ereignissen
Geschäftsunterbrechungen und Systemausfälle	• Hardware, Software oder Telekommunikation • Ausfall/Störung der Versorgungseinrichtungen
Abwicklung, Lieferung und Prozessmanagement	• Verständigungsfehler • Fehler bei der Dateneingabe, -pflege oder -speicherung • Nichterfüllung von Vertragspunkten • Buchungsfehler / falsche Kontozuordnung • Fehlerhafte Lieferung • Fehlerhafte Verwaltung von Besicherungsinstrumenten • Nichteinhaltung zwingender Meldepflichten • Fehlende/unvollständige Rechtsdokumente • Unberechtigter Zugriff auf Konten • Fehlerhafte Kundenunterlagen (Schaden eingetreten) • Outsourcing • Auseinandersetzungen mit Lieferanten oder Geschäftspartnern

Abbildung 4.4: Operationelle Verlust-Ereignis-Typen (vgl. [Bisr06], S. 305-307)

IT-Risiken

Wie aus der Liste der operationellen Verlust-Ereignis-Typen ersichtlich ist, gehören die IT-Risiken zu den operationellen Risiken. Die Kontrolle und Bewältigung der IT-Risiken erfolgt weitgehend nach standardisierten Methoden, wie sie im dritten Teil dieses Buches behandelt werden (z.B. CobiT oder ISO 27002).

4.3.5 Sarbanes-Oxley Act (SOX) der USA

Am 30. Juli 2002 wurde in den USA der Sarbanes-Oxley Act (SOX) in Kraft gesetzt. Das Gesetz ist nach den beiden Kongress-Abgeordneten und Initianten Paul S. Sarbanes und Michael G. Oxley benannt.

Massnahme der US-Regierung

Das Gesetz ist eine Massnahme der US-Regierung gegen Pleiten namhafter Firmen (z.B. Enron und Worldcom), die auf mangelhafte und manipulierte Buchführung sowie Unzulänglichkeiten bei der Wirtschaftsprüfung (z.B. Arthur Anderson) zurückzuführen waren. Die massiven Bilanzfälschungen der Worldcom in Höhe von 11 Mrd. US $ hatten 2002 zum grössten Konkurs in der amerikanischen Geschichte geführt. Von einem einstigen Börsenwert des Unternehmens auf dem Höhepunkt von 180 Mrd. US $ ist für die Aktionäre lediglich ein kleines „symbolisches Trostpflaster" übrig geblieben.

Die bei solchen Firmenzusammenbrüchen entstandenen Schäden hatten ihren Niederschlag besonders in der Finanz- und Volkswirtschaft der USA, aber auch in anderen Ländern. Ziel des Gesetzes ist, den Kapital-Anlegern mehr Sicherheit zu bringen.

Corporate Governance, Berichterstattung und Interne Kontrolle

Das Gesetz enthält neue Bestimmungen der „Corporate Governance", der „Berichterstattung" und der „Internen Kontrolle". Diese Bestimmungen müssen von bestimmten Firmen des öffentlichen Sektors und solchen, die an der amerikanischen Börse (US Securities Exchange Commission) registriert sind, strikt eingehalten werden.

Entzug Börsenkotierung und hohe Haftstrafen

Verstösse gegen das Gesetz können den Entzug der Börsenkotierung und hohe Haftstrafen (10 bis 20 Jahre) für Mitglieder der Unternehmensleitung (Board Members und Executive Management) zur Folge haben.

Section 404 SOX-Gesetz

Die Section 404 des Sarbanes-Oxely-Gesetzes behandelt die „Interne Kontrolle" des „Financial Reportings" (Überprüfung der Berichterstattung und Offenlegung der Geschäftätigkeit des Unternehmens). Die Wirtschaftprüfer müssen entsprechend diesem Gesetz nicht nur die Richtigkeit der im Finanzergebnis ausgewiesenen Zahlen überprüfen, sondern auch den unternehmensinternen Prozess und die Fehlerfreiheit der Systeme beurteilen, die zu diesen Zahlen geführt haben. Genau dieser Punkt Punkt hat in jüngster Zeit zu heftigen Kontroversen geführt und ist durch Wirtschaftsprüfer, nicht zuletzt als Selbstschutz, aussergewöhnlich breit interpretiert worden. Der SEC[*]-Vorsitzende Christopher Cox habe sich in einem Gespräch mit Journalisten dahingehend geäussert, *„die Vorschriften (…) neu zu interpretieren und die Dinge, die keinen Bezug auf die finanziellen Ergebnissen hätten, nicht länger als wesentlich anzusehen"*[†].

COSO-Standards zur internen Kontrolle

Das Sarbanes-Oxley Gesetz fordert die Unternehmen auf, eine passende „Internal Control Structure", zu wählen und einzusetzen. Diese „Internal Control Structure" muss jährlich auf ihre Wirksamkeit hin überprüft und durch das Management berichtet werden. Die mit der Überwachung der SOX-Compliance beauftragte „US Securities and Exchange Commission" (SEC) macht konkret zur Auflage, ein anerkanntes Framework für interne Kontrolle anzuwenden und referenziert dabei die COSO-Standards zur internen Kontrolle (COSO=Committee of Sponsoring Organisation of the Treadway Commission)[Cosa02].

Die Reporting-Zahlen werden meist aus den IT-Systemen der gesamten Wertekette des Unternehmens extrahiert und mit den Buchhaltungssystemen des Unternehmens aufbereitet, daher ist auch das Management der Informations-Risiken eine wesentliche Anforderung der Section 404 des Sarbanes Oxley Act.

Section 302 SOX-Gesetz

Section 302 des Sarbanes Ocley Acts fordert das Management auf, sowohl vierteljährlich als auch jährlich zu bescheinigen, dass die interne Kontrolle unter ihrer Aufsicht und Verantwortung die für die Finanz-Berichterstattung wesentlichen Informationen ordnungsgemäss offenlegt. Die Offenlegungen müssen autorisiert, komplett, korrekt aufgezeichnet, und in der durch die SEC geforderten Regeln, Formularen und Fristen zusammengefasst und berichtet werden.

Unternehmen, die Dienstleistungen für andere Unternehmen erbringen, welche der SOX-Pflicht unterliegen, müssen ebenfalls SOX einhalten.

---

[*] SEC=Securities and Exchange Commission: US-amerikanische Wertpapier-und Börsenaufsicht.

[†] Revision von Sarbanes-Oxly angestrebt, Neue Zürcher Zeitung, 12. November 2006.

IT-Kontroll-Framework CobiT

Das „IT Governance Institut" der ISACA mit seinem umfassenden IT-Kontroll-Framework CobiT (Control Objectives for Information and related Technology) hat die Kontroll-Prozesse des COSO Frameworks zur Erfüllung des SOX-Gesetzes im IT-Bereich auf IT-relevante Kontroll-Ziele des CobiT Frameworks abgebildet.

COSO/CobiT-Mapping

Die nachfolgende Abbildung 4.5 zeigt anhand von Beispielen die Erfüllung der fünf „COSO-Komponenten" durch CobiT-Kontrollziele. Ausführliche „Mapping"-Tabellen können dem Dokument „IT Control Objective for Sarbanes-Oxley, 2nd Edition" des IT Governance Instituts entnommen werden [ITgs06].

COSO Kontroll-komponenten	CobiT-Kontrollziele (ausgewählte Beispiele)	Ebene Umgebung	Ebene Aktivität
Kontroll-Umgebung	PO 4.2: „Organisatorische Einordnung der IT-Funktionen"	x	
	PO 6.1: „Positive Informations-Kontrollumgebung"	x	
	PO 6.2: „Verantwortung des Managements für Weisungen"	x	
	…		
Risiko-Assessment	PO 9.0: „Risikobeurteilung"	x	
	…		
Kontroll-Aktivitäten	AI 1.4: „Anforderungen Drittparteien-Dienstleistungen"		x
	AI 6.0-6.8: „Änderungswesen"		x
	DS 5.0-5.21: „Systemsicherheit"		x
	DS 10.0-10.5: „Problem- und Incidentmanagement"		x
	DS 11.0-11.30: „Verwaltung von Daten"		x
	…		
Information und Kommunikation	PO 6.0-6.11: „Kommunikation von Zielsetzungen und Richtung des Managements"	x	
	DS 10.0-10.5 „Problem- und Incidentmanagement"		x
	…		
Überwachung	ME 2.0-2.4: „Überwachung und Beurteilung der internen Kontrollen"	x	
	DS 10.0-10.5 „Problem- und Incidentmanagement"		x
	…		

Abbildung 4.5: Erfüllung von COSO-Komponenten durch CobiT-Kontrollziele

4.3.6 EuroSOX

8. EU-Richtlinie

Wie in den USA haben Skandale weltweit tätiger europäischer Unternehmen wie Parmelat oder Ahold eine Verschärfung und Vereinheitlichung der gesetzlichen Anforderungen an die Prüfung und Berichterstattung von Unternehmen auf europäischer Ebene deutlich gemacht. Zur Wiederherstellung des Vertrauens der Investoren in die Märkte und Unternehmen hat, ähnlich dem amerikanischen SOX, das Europäische Parlament und der Rat die Neufassung der 8. EU-Richtlinie („Abschlussprüfer-Richtlinie") im Juni 2006 verabschiedet. Der Zweck der Richtlinie ist „eine Harmonisierung der Anforderungen an die Abschlussprüfung auf hohem Niveau, wenn auch eine vollständige Harmonisierung nicht angestrebt wird".

Die Änderungen zweier bestehender Richtlinien (4. und 7. EU-Richtlinie), die in der neuen 8. Richtlinie angesprochen werden, sind ebenfalls seit dem Juli 2006 in Kraft. Darin wird beispielsweise eine Erklärung über die Unternehmensführung im Lagebericht, der die wichtigsten Merkmale des Internen Kontrollsystems (IKS) und des Risiko-Management-Systems beschreibt, verlangt.

Die Umsetzung der neuen 8. Richtlinie (auch EuroSOX genannt) in lokales Recht war durch die Mitgliedstaaten bis zum 29. Juni 2008 durchzuführen.

Qualität der Audits, Abschlussprüfer und Prüfgesellschaften

Zu den vielen neuen Regelungen hinsichtlich Qualität der Audits, der Abschlussprüfer und Prüfungsgesellschaften wird die Einführung eines Prüfungsausschusses (wie das „Audit Committee" bei SOX) und ein wirksames internes Kontrollsystem verlangt, mit denen die finanziellen und betrieblichen Risiken sowie das Risiko von Vorschriftsverstössen auf ein Mindestmass begrenzt und die Qualität der Rechnungslegung verbessert werden.

Direkt betroffen von der neuen Richtlinie sind Unternehmen, die unter das Recht eines Mitgliedstaates fallen und deren übertragbaren Wertpapiere zum Handel auf einem geregelten Markt eines Mitgliedstaates zugelassen sind. Die Mitgliedstaaten können auch zusätzlich „Unternehmen des öffentlichen Interesses" bestimmen, auf welche die Richtlinie anzuwenden ist, wenn ein solches Unternehmen aufgrund der Art, der Tätigkeit, dessen Grösse oder Zahl der Beschäftigten von erheblicher öffentlicher Bedeutung ist.

4.4   Risiko-Management: Anliegen der Kunden und der Öffentlichkeit

Vermehrt übergeben Personen in Treu und Glauben irgendwelchen Unternehmen ihre persönlichen Informationen und Vermögenswerte zur Bearbeitung, Aufbewahrung und Übermittlung.

So werden beispielsweise Kreditkarten und Kreditkartennummern bei einer Vielzahl von tagtäglichen Vorgängen irgendwelchen Unternehmen ausgehändigt (z.B. Hotels, Restaurants, Läden). Aber auch die leibliche Sicherheit wird einigen Unternehmen anvertraut, so vertrauen die Passagiere von Verkehrsmitteln, wie dem Flugzeug, der Bahn oder dem Bus ihre Gesundheit und ihr Leben der Transportfirma und ihren Mitarbeitern an. In der öffentlichen Diskussion ist auch immer wieder das Vertrauen zum Unternehmen „Spital", dem wir oft „Leib und Leben" für eine entsprechende Behandlung anvertrauen.

Öffentliche Meinung bezüglich Risiko-Ereignissen

Es ist deshalb nicht verwunderlich, dass sich die öffentliche Meinung in Form der Medien (Zeitung, Fernsehen, Radio usw.) besonders den Risiko-Ereignissen annimmt.

So konnten beispielsweise am 8. Februar 2005 in der Schweizer Presse zwei grosse Unternehmens-Risiken zur Kenntnis genommen werden:

> Zürich: Ein Computer-Absturz im Hauptbahnhof Zürich sorgte gestern ab 8.45 für Chaos im Schienenverkehr. Erst gut vier Stunden später konnte die Panne behoben werden. Betroffen waren Tausende Pendler und hunderte Züge.

> Zürich: Fast-Crash mit Jumbo wegen Missverständnis. (…) Grund für den Fast-Crash am 21. März 2003 waren Missverständnisse, wie aus einem gestern veröffentlichten Bericht des Büros für Flugunfalluntersuchungen (BFU) hervorgeht. (…) Im Frühling 2003 wurden im Raum Zürich zwei weitere Fast-Zusammenstösse registriert (…).

Berichterstattung durch Medien

Die Medien halten es für ihre Aufgabe, über solche Ereignisse zu berichten. Finden sie bei ihren Recherchen Schwachstellen, d.h. Zustände, die entsprechend der gängigen Praxis nicht vorkommen sollten, dann werden diese unbarmherzig verbreitet.

Kontrollfunktion und Risiko-Offenlegung

Die Medien, als Sprecher der öffentlichen Meinung, nehmen somit auf der einen Seite eine wichtige Kontrollfunktion über Risiken in unserer Gesellschaft wahr. Auf der anderen Seite wird das durch die Risiko-Offenlegung betroffene Unternehmen mit hoher Wahrscheinlichkeit einen Image-Verlust davontragen.

*Folge-Schäden
durch Image-
Verluste*

Die Image-Verluste führen oft zu Kundenabfall und Umsatz-
schwund. Solche indirekten Folge-Schäden sind manchmal grösser als die direkten Schäden und dürfen bei den Massnahmen für
die Risiko-Minderung oder- vermeidung keinesfalls vernachläs-
sigt werden.

*Risiko-
Management für
nachhaltigen
Erfolg*

Ein vollständiges Risiko-Management, und dazu gehört auch der
Umgang mit den Medien, ist also nicht nur Pflichtfach, sondern
steht im ureigensten Interesse eines Unternehmens, wenn es
nachhaltigen Erfolg verzeichnen will.

4.5   Hauptakteure im unternehmensweiten Risiko-Management

Das Management der Risiken gehört in einer Aktiengesellschaft
nach schweizerischem Recht zu den „unübertragbaren und unentziehbaren Aufgaben" des Verwaltungsrats ([Obli95], Art. 716a):
„(...) der Verwaltungsrat allein entscheidet am Schluss und trägt
die Verantwortung" ([Böck04], S. 1533) in seiner Aufgabe der
Oberleitung der Gesellschaft.

*Verwaltungsrat,
Audit-Komitee,
Revisionsstelle
und Interne
Revision*

Der **Verwaltungsrat**[*] wird das Unternehmen an der Spitze so
strukturieren, dass die Risiken adäquat analysiert, berichtet und
mit Massnahmen angemessen bewältigt werden können. Zu
diesem Zweck wird er sich zusätzlich zur Revisionsstelle ein
„Audit-Komitee" und eine „Interne Revision" einrichten.

Geschäftsleitung

Der Verwaltungsrat hat die Aufgabe, für die Geschäftsabwicklung
eine **Geschäftleitung** zu bestellen, doch wird er sich die wichtigsten Entscheide vorbehalten, wie Strategiebeschlüsse, Formulierung wichtiger Unternehmensziele und die Allokation aufwän-
diger Ressourcen. Solche Entscheide basieren u.a. auch auf den
Vorstellungen des Verwaltungsrats über Integrität und ethische
Werte (vgl. [Cose04], S. 83).

Bezüglich der Risiken wird sich der Verwaltungrat die Übersicht
verschaffen über (vgl. [Cose04], S. 83):

❑   den Umfang des durch das Management effektiv eingerich-
ten Risiko-Managements,

❑   das Bewusstsein über die Risiko-Bereitschaft (Risiko-
Appetit),

---

[*]   Hier ist das Gremium für die „Oberleitung" des Unternehmens gemeint, das in der Schweiz durch den „Verwaltungsrat", in Deutschland durch den „Aufsichtsrat" in den USA durch das „Board of Directors" wahrgenommen wird.

- ☐ die Überprüfung des Geschäfts-Portfolios im Hinblick auf die Risiken und Risiko-Bereitschaft im Unternehmen,

- ☐ über die grössten Risiken und ob das Management diese in angemessener Weise bewältigt.

Ultimative Ownership-Verantwortung des CEO

Der **„Chief Executive Officer" (CEO**) hat die ultimative Ownership-Verantwortung über das Risiko-Management im Unternehmen. Er trägt die Verantwortung, dass alle Komponenten eines Unternehmens-Risiko-Managements eingerichtet sind (vgl. [Cose04], S. 83 ff.). Dabei formuliert er die Werte, Grundsätze, wichtigsten Betriebs-Policies, welche das Fundament für das Unternehmens-Risiko-Management darstellen. Auch wird der CEO eine für sein Unternehmen geeignete Risiko-Management-Organisation zusammenstellen.

Dazu gehören beispielsweise folgende Funktionen:

- ☐ Chief Risk Officer (CRO)
- ☐ Chief Compliance Officer (CCO)
- ☐ Risk Owner
- ☐ Risk Manager
- ☐ Chief Financial Officer (CFO)
- ☐ Chief Operation Officer (COO)
- ☐ Linien-Manager

In Unternehmen mit entsprechend hohen IT-Abhängigkeiten kommen folgende Funktionen dazu:

- ☐ Chief Information Officer (CIO)
- ☐ Chief Security Officer (CSO)
- ☐ IT-System Owner

(Anm.: Die IT-Funktionen werden im Teil C des Buches näher betrachtet.)

An dieser Stelle betrachten wir die Funktionen eines Chief Risk Officer und eines Risk Owner noch genauer:

Chief Risk Officer

Der **„Chief Risk Officer" (CRO**) hat die zentrale Funktion, den Unternehmens-Risiko-Management-Prozess in Gang zu halten und zu koordinieren. Seine Aufgaben erstrecken sich von der Gestaltung und Einführung bis hin zur Aufrechterhaltung und Anpassung des Risiko-Management-Prozesses. Dazu verfügt er über die notwendigen Ressourcen und Kompetenzen.

Chief Risk Officer bei Banken	Bei den Banken stehen dem Chief Risk Officer und seiner Organisationseinheit oft umfassende Analyse- und Bewertungssysteme für Markt-Risiken zur Verfügung. (Aufgrund der oben gezeigten Anforderungen gibt es solche Informations-Systeme inzwischen auch für Kredit-Risiken und Operationelle Risiken.) In den Banken kommt besonders aus regulatorischen Gründen dieser Funktion ein hoher Stellenwert zu, da beispielsweise die Unterlegung mit Eigenkapital in Abhängikeit von der Risiko-Situation dem Ziel einer hohen Eigenkapital-Rendite entgegenwirkt.
Gewaltentrennung zu Geschäfts- und Supporteinheiten	Besonders in grossen Unternehmen sind die „Checks and Balances", wie sie durch das Sarbanes-Oxley Gesetz gefordert werden, sehr wichtig. Ein unabhängiger, ausserhalb der Linie, direkt dem CEO unterstellter Risk Officer ist in der Lage, ähnlich wie die Interne Revision, seine Aufgaben in Gewaltentrennung zu den Managern der Geschäfts- und Support-Einheiten ausführen.
Steuerung der Risiko-Analyse und der Risiko-Kontrolle	Das Schwergewicht der Aufgaben dieser Stelle liegt in der Steuerung der Risiko-Analyse und der Risiko-Kontrolle. Die Aufgaben der Risiko-Bewältigung hingegen sollten durch die Linie resp. die operativen Fachabteilungen ausgeführt werden. Ansonsten würde das Prinzip der Gewaltentrennung wiederum verletzt werden.
Risk Owner	Der **„Risk Owner"** ist eine Führungsperson und ein Entscheidungsträger in der Linie, welcher in dem ihm anvertrauten Bereich unternehmerische Verantwortung trägt. Mit seinen Entscheiden trägt er Verantwortung sowohl über die Risiken als auch über die in seinem Aufgabengebiet wahrzunehmenden Chancen. Der oberste Risk Owner ist der CEO. Risk Owner sind vor allem die Führungs-Personen von Geschäfts- und Unterstützungsprozessen oder IT-Systemen. Die Ernennungen der Owner sollten durch die Geschäftsleitungen erfolgen.
Risk Manager	Die Funktion eines **„Risk Manager"** wird oft in kleineren Unternehmen anstelle eines Chief Risk Officer eingesetzt. Eine wesentliche Aufgabe dieser Funktion ist es, den unternehmensweiten Risiko-Management-Prozess zu unterhalten. Oft wird diese Funktion mit der Unterhaltung des Strategie-Prozesses kombiniert. Es versteht sich von selbst, dass der Risiko-Manager die notwendigen Fähigkeiten und Instrumente besitzen muss, um mit Hilfe der Risk Owner die unternehmensweiten Risiken zu erheben und sie anschliessend zu konsolidieren (vgl. [Brüh03], S. 185).

4.6 Zusammenfassung

An die Unternehmen und deren oberste Leitungs-Organe werden unter dem Begriff „Corporate Governance" verschiedene Anforderungen bezüglich Rechte und Verantwortlichkeiten gestellt.

Kurz gefasst, muss die Unternehmensführung im Interesse des Unternehmens, der Anspruchsgruppen und vor allem der Anteilseigner handeln. Zu einem solchen Interesse gehört der sorgfältige Umgang mit den möglichen Unternehmens-Risiken.

Aufgrund von Missbräuchen und falschem Risiko-Verhalten der letzten Jahre haben Gesetzgeber und Regulatoren Vorschriften erlassen. Vorschriften dieser Art sind: Gesetz KonTraG in Deutschland, Obligationenrecht und „Swiss Code of best Practices for Corporate Governance" in der Schweiz, Basel Capital Accord (Basel II), Sarbanes-Oxley Act (SOX) in den USA und EuroSOX in Europa.

Das KonTraG-Gesetz verlangt u.a. vom Vorstand einer Aktiengesellschaft, „geeignete Massnahmen zu treffen, insbesondere ein Überwachungssystem einzurichten, damit den Fortbestand der Gesellschaft gefährdende Entwicklungen früh erkannt werden."

Die Eigenkapitalvereinbarung von Basel II verpflichtet die Banken, die Kreditrisiken in Abhängigkeit vom Risiko des Kreditnehmers mit Eigenkapital zu unterlegen. Dies hat u.a. zur Folge, dass kreditnehmende Unternehmen mit hohen Risiken (einschliesslich operationellen Risiken), höhere Aufschläge auf Kreditzinsen zu erwarten haben. Zur Bemessung der Eigenkapital-Unterlegung für operationelle Risiken kommt entsprechend der Bank-Struktur einer der drei Ansätze zum Einsatz:

- Basisindikatoransatz

- Standardansatz (ggf. auch alternativer Standardansatz)

- Fortgeschrittene (ambitionierte) Messansätze

  Für die fortgeschrittenen Ansätze, die eine risikogetreue Kapital-Unterlegung gestatten, müssen von der Aufsichtsbehörde genehmigte Risiko-Assessment-Verfahren eingesetzt werden. In einem Arbeitspapier des Baseler Ausschusses wurden für operationelle Risiken die folgenden Verfahren vorgeschlagen:

    o Interner Bemessungs-Ansatz (IMA=Internal Measurement Approach) o Verlustverteilungs-Ansatz (LDA=Loss Distribution-Approach)

    o Scorecard-Ansatz (SCA=Scorecard-Approach)

Das US-amerikanische Sarbanes-Oxley Gesetz verlangt von den betroffenen Unternehmen, dass bestimmte Mindest-Standards der Informatiossicherheit und der internen Kontrolle im Zusammenhang mit der Aufbereitung der Zahlen für das „Financial Reporting" zu erfüllen sind.

Euro-SOX ist eine EU-Richtlinie, mit der die Anforderungen an die Abschlussprüfung mit entsprechenden Regelungen hinsichtlich Qualität der Audits, der Abschlussprüfer und der Prüfungsgesellschaften harmonisiert werden. Damit sollen die finanziellen und betrieblichen Risiken sowie das Risiko von Vorschriftsverstössen auf ein Mindestmass begrenzt und die Qualität der Rechnungslegung verbessert werden.

Auch die anderen im Zusammenhang mit Corporate Governance existierenden Vorschriften nehmen sich dem Thema Risiko-Management in der einen oder anderen Form an. Die Risiken von Unternehmen und ihren Produkten werden vermehrt auch durch die Kunden und die öffentliche Meinung überwacht.

Für das Management der Risiken im Unternehmen sind vorweg einige Hauptakteure verantwortlich, so der Verwaltungsrat (Aufsichtsrat), der Chief Executive Officer und je nach Unternehmensgrösse und -ausprägung spezielle Risiko-Verantwortliche wie Chief Risk Officer, Chief Compliance Officer, Risk Owner und Risk Manager.

4.7   Kontrollfragen und Aufgaben

1. Was Verstehen Sie unter Corporate Governance?

2. Was hat Corporate Governance mit Risiko-Management zu tun?

3. Welche Rolle spielt das IT-Risiko-Management in den Anforderungen an die Corporate Governance?

4. Welche Rollen kommen dem Verwaltungsrat (Aufsichtsrat) und dem CEO eines Unternehmens bezüglich dem Risiko-Management zu?

5. Warum ist das IT-Risiko-Management im Zusammenhang mit dem Sarbanes-Oxley Gesetz wichtig?

5 Risiko-Management integriert in das Management-System

Die Risiken, die wir in diesem Buch behandeln, wirken in der einen oder anderen Weise dem Erreichen von Unternehmens-Zielen und dem Erhalten von Unternehmens-Werten entgegen. Dies gilt auch für die IT-Risiken. Ein effektives Risiko-Management muss deshalb im Management-System des Unternehmens verankert sein, gilt es doch die Chancen und die Risiken in einem ausgewogenen und für die Lebensfähigkeit des Unternehmens richtigen Verhältnis wahrzunehmen. Den Prozess eines solchen ganzheitlichen Risiko-Managements bezeichnen wir als „Integrierten Risiko-Management-Prozess".

Chancen und Risiken im richtigen Verhältnis wahrnehmen

In Anlehnung an zur Zeit gebräuchliche Management-Konzepte, wie das integrierte Management System nach ISO 9001:2000, das St. Galler-Management-Konzept [Bleic92] und das Balanced Scorecard-Konzept [Kapl01], werden im Folgenden die Management-Anforderungen an ein integriertes Risiko-Management diskutiert.

Integrierter Risiko-Management-Prozess

In einem integrierten Risiko-Management-Prozess wird das Risiko-Management in den normativen, den strategischen und den operativen Managementprozess eingegliedert (Abbildung 5.1).

Normatives Management	Langzeit-Perspektive (5 bis 20 Jahre)
Strategisches Management	Mittelfrist-Perspektive (1 bis 5 Jahren)
Operatives Management (Gewinn Management)	Kurzfrist-Perspektive (Jahresplan)

Abbildung 5.1:   Grundsätzliche Ebenen der Unternehmensführung

Diese im St. Galler Management-Konzept ([Bleic92], [Rüeg02]) ausführlich behandelten Ebenen sind nicht als Ebenen einer hierarchischen Führungsstruktur, sondern als „systemische" Ebenen zu verstehen. Dabei ist zu bemerken, dass die wesentlichen Anforderungen aus einem solchen Management-Konzept für verschiedene Unternehmensgrössen skalieren, d.h., sowohl für kleinere, mittlere als auch grosse Unternehmen tauglich sein sollten. Selbstverständlich sind die für ein kleineres Unternehmen relevanten Prozesse mit wesentlich geringerem bürokratischem Aufwand durchzuführen.

5.1   Integrierter unternehmensweiter Risiko-Management-Prozess

Ein unternehmensweites Risiko-Management lässt sich als Prozess, wie in Kapitel 3 ausführlich behandelt, durchführen und in den Management-Prozess des Unternehmens integrieren.

Zweck unternehmensweiter RM-Prozess

Bevor wir diesen Prozess in seinen Einzelheiten festlegen und beschreiben, legen wir seinen Zweck fest:

> Der unternehmensweite Risiko-Management-Prozess muss sicherstellen, dass alle wesentlichen Risiken des Unternehmens systematisch identifiziert, bewertet, bewältigt und laufend überwacht werden.

Subprozesse

Dazu muss der unternehmensweite Risiko-Management-Prozess auf dezentralen Sub-Prozessen der operativen Organisationseinheiten (Geschäftsbereiche, Abteilungen, etc.) aufbauen. Umgekehrt müssen sich die dezentralen Sub-Prozesse in die Struktur und die Vorgaben des unternehmensweiten Risiko-Management-Prozesses einfügen.

In einem integrierten Risiko-Management ist der unternehmensweite Risiko-Management-Prozess Teil des Mangement-Systems und damit Teil des Strategieprozesses. Wie im Teil D des Buches gezeigt wird, empfiehlt es sich, die IT-Risiken auf zwei Ebenen zu behandeln: Auf der strategischen Ebene, wo die generellen Ziele für die IT und die Sicherheit der Informationen zu definieren sind und auf der operativen Ebene wo die Risiken im notwendigen Detail der einzelnen Prozesse, Systeme und Objekte analysiert und bewältigt werden. Die „Restrisiken" der operativen Ebene werden wiederum auf der strategischen Ebene konsolidiert, wo sie allenfalls strategische Bedeutung haben.

Fallweise oder kontinuierlich laufend

Zu unterscheiden ist ein fallweiser durchzuführender Risiko-Management-Prozess von einem kontinuierlich laufenden (rollenden) Risiko-Management-Prozess.

Für den kontinuierlich laufenden (rollenden) Risiko-Management-Prozesse wird im Teil D dieses Buches sowohl die Initialisierung (resp. der Aufbau des Prozesses) als auch seine fortlaufende Weiterführung und seine Anpassung an die Risikosituation des Unternehmens behandelt.

Prozess im Management-System
Es liegt nahe, das Risiko-Management als Prozess im Management-System, ähnlich dem Qualitätssystem (ISO 9001:2008), zu organisieren. Das Risiko-Management steht mitunter im Spannungsfeld zwischen den Kundenforderungen, der Kundenzufriedenheit, dem Wettbewerb in den Märkten sowie der Anforderungen und Leistungen der Anspruchsgruppen (Stakeholders). Eine dafür prozessorientierte Organisation des Unternehmens ist in Abbildung 5.2 dargestellt (vgl. [Brüh01], S. 159).

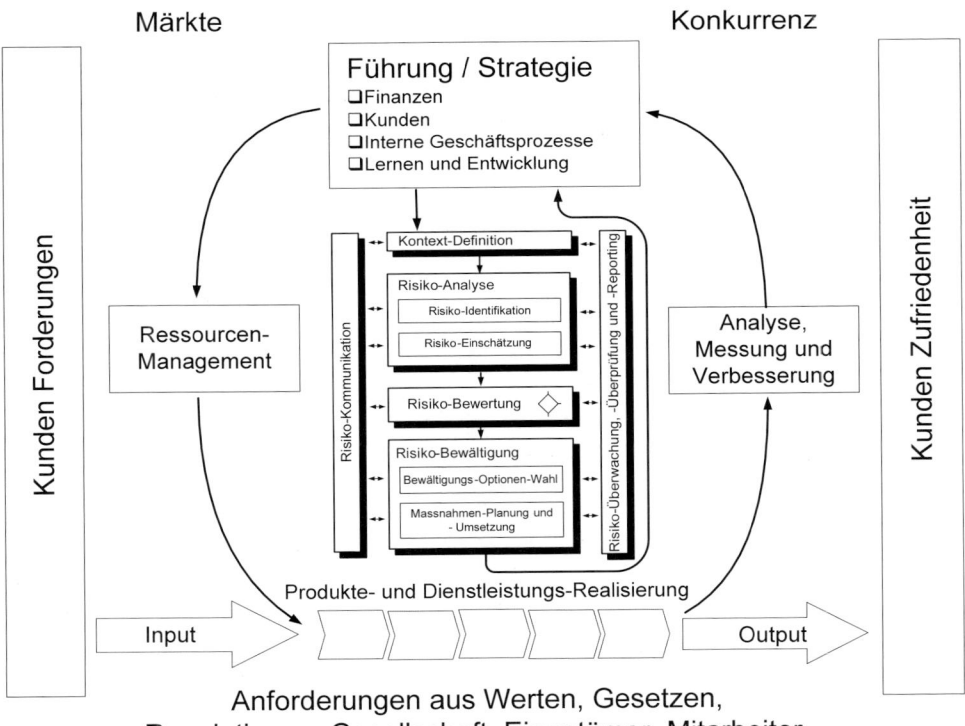

Abbildung 5.2: Risiko-Management-Prozess im strategiefokussierten Führungssystem

*Ausgewogene,
ganzheitliche
Behandlung der
Unternehmens-
Sichten*

Wie wir in den späteren Ausführungen sehen, bedarf es, neben der im Qualitätssystem betonten Kundensicht, die ausgewogene ganzheitliche Behandlung der Sichten „Lernen und Entwickeln", „Interne Prozesse", „Kunden" und „Finanzen". Die Ausgewogenheit dieser Sichten kann mit einem entsprechenden Strategie-Operationalisierungs-Konzept unter der Bezeichnung „Balanced Scorecards" erreicht werden.

5.2 Normatives Management

*Generelle
Merkmale*

Das „normative Management" beinhaltet die generellen Merkmale eines Unternehmens in der Form von Normen, Werten, Vorstellungen und Verhaltensweisen.

*Unternehmens-
Vision*

Ausgangspunkt für die Entwicklungsfähigkeit sowie als Bezugsrahmen für die vorausschauende Vorstellung eines Zukunftbildes des Unternehmens ist eine **Unternehmens-Vision**. Die Unternehmens-Vision ist im Normativen-, Strategischen- wie auch Operativen Management zu konkretisieren (vgl. [Bleic92], S. 84).

*Beispiel einer
Unternehmens-
Vision*

Beispiel der Unternehmens-Vision einer Fluggesellschaft:

> Unsere Kunden sollen die beste Welt-Klasse-Airline erleben, wie wir auch die beste Qualität für jeden bieten, der mit unserem Unternehmen in Verbindung steht: Passagiere, Airlines, Konzessionäre, Lieferanten und die eigenen Angestellten.

Auf der Ebene des normativen Managements werden neben der Unternehmens-Vision die folgenden Ausprägungen unterschieden (vgl. [Bleic92], S. 68-87):

- Unternehmens-Politik
- Unternehmens-Verfassung und
- Unternehmens-Kultur

5.2.1 Unternehmens-Politik

*Abstimmung der
inneren und äus-
seren Interessen*

Die Unternehmens-Politik enthält die Festlegungen für die Abstimmung der äusseren für das Unternehmen relevanten Interessen mit den inneren Interessen im Hinblick auf ein langfristiges, autonomes Überleben.

*Unternehmens-
grundsätze*

Sie enthält die Unternehmensgrundsätze über das Verhalten bezüglich Werten, Normen und Idealen.

5.2.2   Unternehmens-Verfassung

Grundsätzliche Einstellung zu Risiken

Da es im normativen Management u.a. um die gesetzlichen Randbedingungen und vor allem um die Voraussetzungen für ein langfristiges Überleben des Unternehmens geht, muss die grundsätzliche Einstellung des Unternehmens zu Risiken bereits in der „Unternehmens-Verfassung" zum Ausdruck gebracht werden.

Auflagen von aussen sowie eigene Statuten und Reglemente

Die Unternehmens-Verfassung enthält die von aussen durch Gesetze und Regulative gegebenen Auflagen und die vom Unternehmen selbst geschaffenen Statuten und Reglemente. Darin festgelegt wird u.a. die „Corporate Governance", wie sie für das Unternehmen erforderlich ist. Im Vordergrund stehen dabei die Verantwortlichkeiten und Kompetenzen der Geschäftsleitung sowie die wesentlichen organisatorischen Gestaltungen wie Geschäftsordnung, Rechtsform, Rechnungslegungsstandard. Daneben werden auch grundsätzliche Organisations-Konzepte wie das Management-System und das Risiko- und Qualitätsmanagement verankert.

5.2.3   Unternehmens-Kultur

Rahmen für Perzeptionen und Präferenzen

Die Unternehmens-Kultur soll die verhaltensbezogenen Werte und Normen aus der Vergangenheit in die Zukunft „transportieren", indem sie den Rahmen für die Perzeptionen und Präferenzen der Mitglieder eines Unternehmens bei der Definition der Ziele und deren Umsetzung bildet.

5.2.4   Mission und Strategische Ziele

Mission

Die Unternehmens-Politik liefert an der Schnittstelle zum strategischen Management die sog. „Mission" als wichtige Vorgabe für die im Strategie-Prozess zu definierenden strategischen Ziele.

Unternehmenszweck

Die Mission gibt Auskunft über den Unternehmenszweck und kann mit der der Beantwortung der Frage definiert werden:

> ⇨   **Weshalb existiert unser Unternehmen?**

Die Antwort auf diese Frage sollte zumindest die **Definition der Geschäfte** des Unternehmens mit den folgenden drei Dimensionen beinhalten:

- **Produkte (resp. Dienstleistungen)**

- **Funktionen oder Aktivitäten** und

- **Märkte,** in denen die Geschäfte abgewickelt werden.

*Beispiel eines
Mission State-
ments*

> Wir entwerfen, entwickeln, produzieren, vertreiben und war-
> ten mikroprozessorbasierte Personal-Computer weltweit für
> anspruchsvolle Nutzer von Desktop-Multimedia-Anwen-
> dungen.

Die Mission ist in der Regel über eine längere Zeitspanne (5 bis
10 Jahre) des Unternehmens mit entsprechend generellen Aussagen angelegt. Werden die Geschäfte durch verschiedene „strategische Geschäftseinheiten" eines Unternehmens durchgeführt,
dann sollten diese ebenfalls aus der Mission hervorgehen.

*Anpassung bei
Veränderungen*

Die Mission muss insbesondere den äusseren Unternehmensver-
hältnissen entsprechen, d.h. bei entsprechenden Veränderungen
angepasst werden.

5.2.5   Vision als Input des Strategischen Managements

*Konkretisierte
Vision für Strate-
giefindung*

Unter Abschnitt 5.2 wurde gefordert, dass die Unternehmens-
Vision auf allen Managementebenen zu konkretisieren ist. Gerade in neueren Management-Konzepten, die dem raschen Wandel
in den Unternehmen-Anforderungen Rechnung tragen sollen,
wird der Strategiefindung eine sehr konkrete und teilweise sogar
mit Messgrössen versehene Vision vorgeschaltet.

Die Konkretisierung der Vision kann beispielsweise so erfolgen,
indem der Fokus auf messbare Operationen und auf eine grundlegende Änderung der Wettbewerbs-Situation gelegt wird.

Beispiel

Dazu das Beispiel der Federal Express: „Wir werden die Pakete
bis 10:30 des nächsten Morgens liefern." ([Hamm93], S. 156).

Eine Konzern-Strategie mit einer Konzern-Vision wird sich aus
mehreren Bereichs- oder Geschäftsfeld-Strategien zusammenset-
zen, die ihre eigenen konkreten Visionen aufweisen.

5.3   Strategisches Management

Das „Strategisches Managements" sowie das „Operative Management", mit dem die Wertschöpfung im Unternehmen generiert
wird, interagieren mit der Umwelt des Unternehmens und sind in
das unter Abschnitt 5.2 beschriebene Normative Management
„eingebettet" (s. Abbildung 5.2).

*Horváth & Part-
ner - Schalenmo-
dell*

Diese für das „Strategische Management" wichtigen Zusammenhänge wurden im „Horváth & Partner - Schalenmodell" veranschaulicht ([Horw04], S. 126).

Normatives Management in der äusseren Schale

Das Normative Management mit Werten, die Mission, die Vision usw. befindet sich in diesem Schalenmodell als strategischer Rahmen in der äusseren Schale um das „klassische" Strategische Management herum (Abbildung 5.3).

Strategisches Management

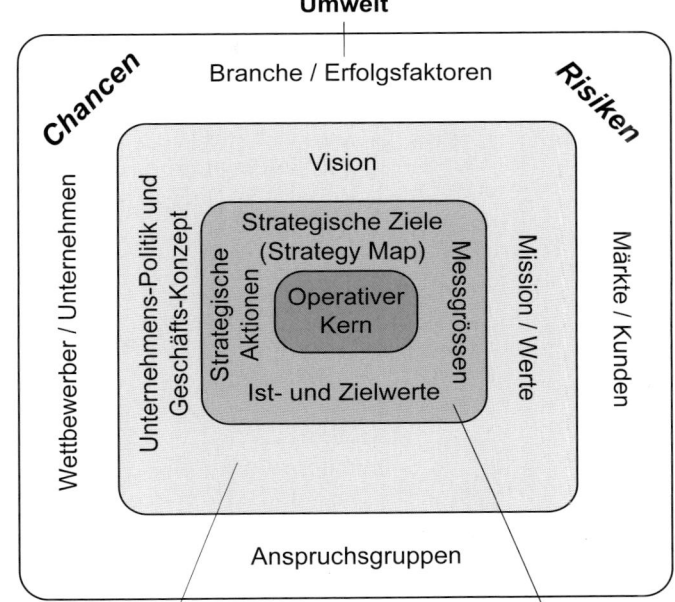

Abbildung 5.3:   Einbettung des Strategischen Managements in das Schalenmodell (vgl. [Horw04], S. 126)

Im „Strategischen Management" behandeln wir die Elemente:

- Strategische Ziele,
- Strategien und (abgeleitete) Geschäftsziele,
- Strategische Aktionen, Politiken und Strategie-Grundsätze

Strategische Ziele

Im Rahmen des Strategischen Managements werden vor allem die „Strategischen Ziele" gesetzt und die entsprechenden strategischen Entscheide gefällt. Die solchermassen zu fällenden Strategie-Entscheide basieren auf der Mission und sind weitere Konkretisierungen der Vision.

Umsetzung mit strategischen Aktionen

Die Umsetzung der Strategischen Ziele und abgeleitetn Geschäftsziele erfolgt mittels „Strategischen Aktionen". Die Richtlinien zur Umsetzung dieser Entscheide werden mittels Strategischen Plänen und Politiken (Policies) erlassen. Das „Balanced Scorecard"-Konzept definiert das Ergebnis aus dem Strategie-Prozess als Vorgabe zur operationellen Umsetzung in Form einer „Strategy Map" (s. Abschnitt 5.4.1).

5.3.1   Strategische Ziele

Ziele

Ziele sind aus verschiedenen Gründen für das strategische Management wichtig:

- ⮡   Ziele drücken aus, was das Unternehmen durch sein Dasein und seinen Leistungsprozess erreichen soll.

- ⮡   Ziele helfen das Unternehmen in seiner Umgebung zu definieren und die strategischen Entscheidungen zu koordinieren.

- ⮡   Ziele stellen Standards dar, gegen welche die Unternehmensleistung gemessen werden kann (vgl. [Jauc88], S. 65).

Nachfolgend sind einige Beispiele von „Strategischen Zielen" aufgeführt:

Beispiele

- • Rendite steigern
- • Wachstum steigern
- • Shareholder-Value erhöhen
- • Marktposition ausbauen
- • Kundenzufriedenheit erhöhen
- • Kapazitätenerhöhung erreichen
- • Fixkosten senken
- • Flexiblität und Anpassungsfähigkeit erhöhen
- • Sicherheit der Produkte und Dienstleistungen verbessern
- • Strategische Partnerschaften aufbauen
- • Qualität der Produkte und Dienstleistungen verbessern
- • Mitarbeiterzufriedenheit verbessern
- • Leistungsanreize schaffen
- • Soziale Verantwortung erhöhen
- • Umweltverantwortung erhöhen

Die Strategischen Ziele sollen formalisiert und spezifisch, herausfordernd aber erreichbar sein. Wenn immer möglich, sollten die

Strategischen Ziele mit entsprechenden Messgrössen versehen werden.

Messgrösse / Risiko-Toleranz

Die Messgrössen sollen sowohl den Zielwert als auch die Zeitperiode für die Zielerreichung angeben. Den Zielwerten können auch „Risiko-Toleranzen" zugeordnet werden (s. Abbildung 5.4).

Ein Strategisches Ziel könnte beispielsweise mit folgenden Messgrössen definiert werden:

Beispiel

Strategisches Ziel	Messgrösse	Zielwert / Periode	Risiko-Toleranz
Rendite steigern	ROE	15 % / in 2 Jahren	–/- 5 %

Ein Strategisches Ziel repäsentiert meist eine für das Unternehmen anzustrebende positive Veränderung. Das Erreichen des Ziels kann somit als wahrgenommene Chance ausgelegt werden. Hingegen können die negativen Folgen von Abweichungen solcher Ziele als „Risiken" definiert werden.

Risiko-Indikatoren

Häufig werden den Zielen auch „Risiko-Indikatoren" zugeordnet. Die Risiko-Indikatoren geben Aufschluss darüber, inwieweit der ursprünglich erwartete positive Effekt des Ziels nicht eintritt.

Oft rufen die zu erreichenden strategischen Ziele an anderen Stellen hohe Risiken hervor. Z.B. kann eine Kosteneindämmung mittels „Strategischem Sourcing" Risiken, bezüglich Wahrung der Vertraulichkeit (Geschäftsgeheimnis, Bankgeheimnis usw.) zur Folge haben. Oder eine kurzfristige Gewinnmaximierung durch Abbau von Forschungsaufwendungen kann im langfristigen Rahmen zu existenzgefährdenden Risken führen. Aus dem Betrachtungswinkel des Risiko-Managements ist es deshalb wichtig, entsprechend langfristige strategische Ziele zur Gewährleistung der nachhaltigen Profitabilität sowie sogenannte Risiko-Ziele einzuführen, deren Einhaltung den Risiken entgegenwirken.

Risiko-Ziele

Prioritäten

Die Ziele können auch mit Prioritäten versehen werden. Ein solches Vorgehen hilft beispielsweise, wenn auf Grund äusserer Zwänge (z.B. hohe Zinsen, Rezession oder Börsenflaute) einzelne Ziele gegenseitig in Widerspruch geraten. In einer solchen Situation könnte beispielsweise ein Profitabilitäts-Ziel über das Ziel „Erweiterung des Marktanteils" Vorrang erhalten. Auch könnte ein Risiko-Ziel (z.B. Liquidität) Vorrang über ein Expansions-Ziel erhalten. Für eine Fluggesellschaft wäre es beispielsweise ratsam, dem Risiko-Ziel „Sicherheit der Passagiere" eine höhere Priorität als dem Ziel „Komfort der Passagiere" zu geben. Würden sich bei einer Fluggesellschaft „Sicherheitsprobleme" für Passagiere häufen, dann würde dies mit hoher Wahrscheinlichkeit zu Umsatzeinbussen bis hin zur Zahlungsunfähigkeit der Fluggesellschaft führen. Für das Unternehmens-Management ergeben sich somit folgende Beweggründe für Zielsetzungen:

Beweggründe für
Zielsetzungen

Zielsetzungen...
✧ erlauben die strategischen Aktionen aus verschiedenen Perspektiven eines Unternehmens für einen grösstmöglichen Gesamtnutzen aufeinander abzustimmen;
✧ erleichtern die Entscheidungsfindung;
✧ helfen, die Unternehmensleistung und den Erfolg zu bewerten;
✧ helfen, Chancen und Risiken gegeneinander abzuwägen;
✧ helfen, für überlebenswichtige Anforderungen (z.B. Just-in-time-Produktion) die geeigneten Organisations-Formen zu finden;
✧ kommunizieren den Führungskräften und Mitarbeitern, was für das Unternehmen wichtig ist und in erster Linie erreicht werden soll;
✧ helfen, kontraproduktive Aktivitäten und Ressourcen-Verschleiss zu verhindern;
✧ erlauben, die Aufgaben sachgerecht an Management und Mitarbeiter zu delegieren und diese an der sogenannten „langen Leine" zu führen;
✧ machen den Führungskräften und Mitarbeitern die der Firma eigenen Verhaltensmuster und Standards bewusst;
✧ helfen, die Erwartungen der Kunden sowie der anderen Anspruchsgruppen (Stakeholders) zu erfüllen;
✧ helfen, veränderten äusseren Bedingungen (z.B. Steuergesetzgebung) in möglichst optimaler Weise gerecht zu werden.

Die angegebenen Beweggründe für Zielsetzungen sind an die interne Belegschaft adressiert. Selbstverständlich ist es für die Reputation einer Firma auch wichtig, Ziele nach aussen zu kommunizieren. Solche nach aussen kommunizierten Ziele sind jedoch meist grobe Zusammenfassungen der internen Ziele und heben die im äusseren Erscheinungsbild der Firma wichtigen Aspekte hervor.

Bildung von risikobehafteten Zielen

Die Bildung von risikobehafteten Zielen und Strategien im Strategieprozess sowie die Behandlung der Risiko-Akzeptanz ist an einem Beispiel in Abbildung 5.4 gezeigt.

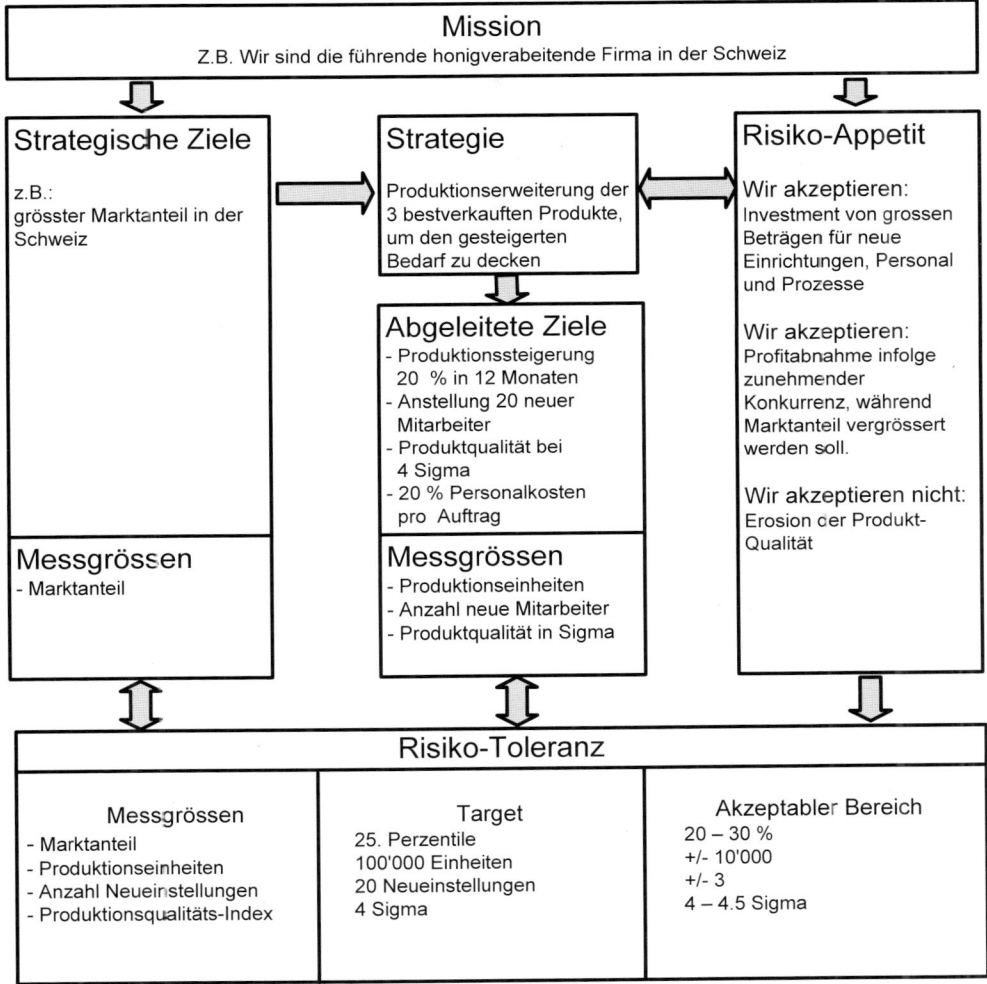

Abbildung 5.4:   Beispiel der Zielbildung im Strategie-Prozess (vgl. [Cose04], S. 20)

Zur Bildung der strategischen Ziele liegen die Vorgaben des normativen Managements, der Mission der Vision sowie die Ergebnisse einer SWOT-Analyse zugrunde. Für die Ziele auf der

Ebene der Geschäftsfeld-Strategien ist zudem das entsprechende Geschäftskonzept massgeblich.

SWOT-Analyse

Mit der SWOT*-Analyse werden die Chancen und Gefahren der Umwelt sowie die Stärken und Schwächen des Unternehmens resp. des Geschäftsfeldes analysiert.

5.3.2   Strategien

Strategien sind die Mittel zur Erreichung der Ziele

Die Strategien sind Aktionen, Handlungen und Massnahmen, mit anderen Worten die Mittel, um die im vorherigen Abschnitt angeführten Ziele in einer gegebenen Situation erreichen zu können.

Die Ziele und ihre Definition sind zwar Bestandteil des Strategieprozesses, sind jedoch nicht die Strategien selbst. Diese „klassische" Unterscheidung ist für die Gestaltung des Strategieprozesses, in welchen wir das Risiko-Management einbeziehen wollen, wichtig, zumal verschiedene Strategien mit unterschiedlichen Risiken möglich sind, um dieselben Ziele erreichen zu können†. Im Strategie-Prozess werden diejenigen Strategien ausgelotet und beschlossen, welche für alle Nebenbedingungen die besten Lösungen darstellen. Z.B. könnte das Ziel „hohe Flexibilität bei der Produktegestaltung" durch die Strategie „Einführung einer neuen Organisationsform" und/oder eines „neuen IT-Systems" erreicht werden. Für die „Operationalisierung" der Strategien werden diese in „strategische Aktionen" umgesetzt. Die strategischen Aktionen werden wiederum, wie in Abschnitt 5.4 gezeigt, in Policies und Pläne umgesetzt. Die Pläne werden meist in Form von Projekten realisiert.

5.4   Strategie-Umsetzung

5.4.1   Strategieumsetzung mittels Balanced Scorecards (BSC)

Für ein integriertes Risiko-Management gehört die Strategiefindung und Strategieumsetzung zu den wichtigsten Bestandteilen. Gilt es doch bei der Strategiefindung die Chancen und auch die Risiken in einem Unternehmen zu erkennen und mit entspre-

---

*   SWOT: Strengths, Weaknesses, Opportunities and Threats.

†   Oft werden die gesamten Resultate des Strategie-Prozesses einschliesslich SWOT-Analysen, Strategischen Ziele und strategischen Aktionen als „Strategie" zu bezeichnen.

chenden Massnahmen für ein nachhaltiges Gedeihen des Unternehmens umzusetzen.

Misserfolgsquoten von Strategien

Das oben bereits erwähnte Konzept der Balanced Scorecard sollte insbesondere die hohen Misserfolgsquoten von Strategien bei ihrer Umsetzung reduzieren.

Die Balanced Scorecard wird wie die Strategischen Ziele aus der SWOT-Analyse, den normativen Vorgaben, der Mission und der Vision des Unternehmens oder des Geschäftsfeldes abgeleitet.

Perspektiven der Balanced Score-card

Dabei werden die Strategischen Ziele in vier Perspektiven eingeordnet [Kapl01]. Dies sind:

- Finanzielle Perspektive
- Kundenperspektive
- Interne Prozessperspektive
- Lernen- und Entwicklungsperspektive

Ursache-Wirkung-Beziehung

Diese Perspektiven mit ihren Zielen stehen untereinander in bestimmten Ursache-Wirkung-Beziehungen. Beim Entwickeln der „Balanced Scorecard" als Output aus dem Strategie-Prozess ist insbesondere auf die Ausbalancierung der kurzfristigen mit den langfristigen Zielen, der monetären mit den nichtmonetären Kennzahlen, der Frühindikatoren mit den Spätindikatoren und der internen mit den externen Gegebenheiten zu achten.

Strategy Map

Für die wichtige Kommunikation zur Umsetzung der Strategien dient eine sog. „Strategy Map", welche, in graphischer Darstellung, die Ursachen-Wirkungszusammenhänge der Strategischen Ziele logisch und umfassend widerspiegelt (s. Beispiel in Abbildung 5.5).

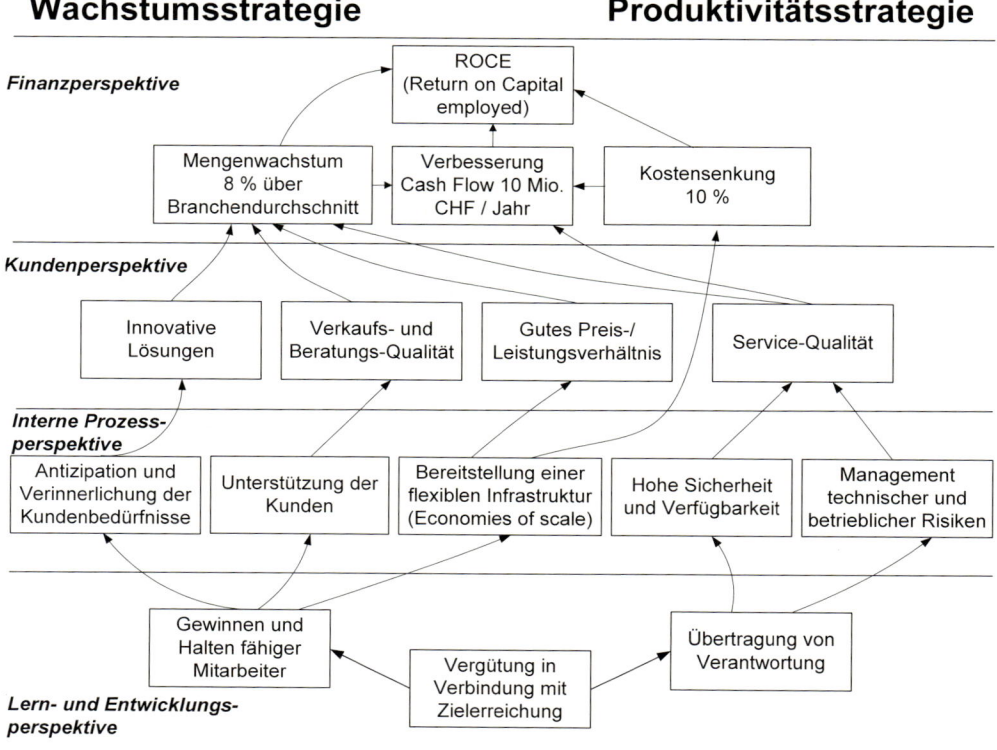

Wachstumsstrategie   Produktivitätsstrategie

Abbildung 5.5: Beispiel „Strategy Map" eines IT-Dienstleistungsunternehmens

Das Konzept der Balanced Scorecard (BSC) wird der Anforderung gerecht, das Risiko-Management, und speziell das IT-Risiko-Management, in die Management-Prozesse eines Unternehmens zu integrieren. Deshalb ist das BSC-Konzept nachfolgend in groben und wesentlichen Zügen wiedergegeben.

Dimensionen der BSC

Das BSC-System hat die folgenden drei Dimensionen [Kapl01]:

1. **Strategie:** Gemäss dem BSC-System ist es jeder Person im Unternehmen möglich, die Strategien zu verstehen und danach zu handeln;

2. **Fokus:** Sämtliche Unternehmensressourcen und -aktivitäten sind auf die Strategie ausgerichtet (s. Abbildung 5.6);

3. **Organisation:** Die BCS liefert Logik und Struktur, zur Vernetzung zwischen Geschäfteinheiten, Shared Services* und einzelnen Mitarbeitern.

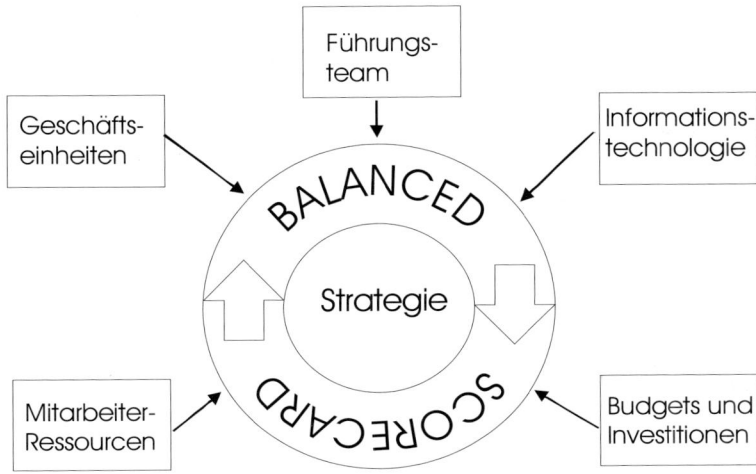

Abbildung 5.6:   Ausrichtung und Fokussierung der Ressourcen auf die Strategie [Kapl01]

Fünf Grundsätze   Die Ausrichtung und Fokussierung mit der BSC beruht auf folgenden fünf Grundsätzen [Kapl01]:

1. **Operationalisierung der Strategie:** Im Rahmen der BSC wird die Strategie in verständlicher Weise vermittelt, sodass sämtliche Mitarbeiter vom Top-Management bis zur Ausführungsebene die Strategie umsetzen und an der Verbesserung der Strategie mitwirken können. Das Rahmengerüst dazu ist eine logisch strukturierte und umfassende Struktur, die als „Strategy-Map" bezeichnet wird. Mit der Strategy Map wird gezeigt, wie „immaterielle Vermögen" in materielle (finanzielle) Erfolge transformiert werden. Der Einsatz quantitativer, aber nicht finanzieller Werte in der Scorecard – wie Zykluszeiten,

---

*   Dienstleistungen, die zusammen mit einem anderen Unternehmen erstellt oder angeboten werden.

Marktanteile, Innovationen, Kompetenzen und Kunden-zufriedenheit – erlaubt es, wertschaffende Prozesse nicht nur zu vermuten sondern zu beschreiben und zu messen.

2. **Ausrichtung der Organisation an der Strategie:** Die Kommunikationsbarrieren funktional srukturierter Orga-nisationseinheiten werden durchbrochen. Die Unter-nehmensführung ersetzt formale Berichtsstrukturen durch strategische Themen und Prioritäten, welche die Kommunikation einer konsistenten Botschaft und eines konsistenten Satzes von Prioritäten über die verschiede-nen Organisationseinheiten des Unternehmens ermög-licht.

3. **Strategie als „Everyone's Everydays Job":** Das strate-gie-fokussierte Unternehmen bedarf des Verständnisses der Strategie durch alle Mitarbeiter bei der Durchführung ihrer tagtäglichen Aufgaben. Dadurch sind alle Mitarbei-ter aufgefordert, zum Erfolg der Strategie beizutragen. Damit ist nicht „Top-down-Anweisung" sondern „Top-down-Kommunikation" gemeint.

4. **Strategie als kontinuierlicher Prozess:** Der Manage-ment-Prozess darf sich nicht alleine um das Budget und die operative Planung kümmern, sondern muss das stra-tegische Management (d.h. die langfristigen Initiativen) nahtlos und kontinuierlich integrieren. Damit die lang-fristigen Aktionsprogramme nicht vor den kurzfristigen Erfolgen zu kurz kommen, sind zwei Arten von Budgets, ein „strategisches" und ein „operatives", denkbar. Die Strategie sollte nicht nur einmal jährlich, sondern mehr-mals (monatlich oder vierteljährlich) in den Manage-ment-Meetings behandelt werden. Ein Lern- und Adapti-onsprozess der Strategie, ausgehend von den ursprüngli-chen strategischen Hypothesen bis hin zu Feedback- und Reporting-Systemen, soll die Erkennung und Fein-abstimmung der strategischen Chancen und Risiken er-möglichen.

5. **Mobilisierung des Wandels durch die Führung:** Für eine erfolgreiche Balanced Scorecard ist die Erkenntnis wichtig, dass es dabei nicht um ein Leistungsmessungs-Projekt, sondern um ein Projekt des Wandels geht. Mit der Scorecard wird die Strategie beschrieben, während das Managementsystem die einzelnen Teile des Unter-

nehmens mit der Scorecard verknüpft. Für gute Manager gibt es keinen „Stillstand": Die Wettbewerbs-Landschaft verändert sich ständig, daher müssen sich die Strategien entfalten und sich ständig an den veränderten Chancen und Gefahren widerspiegeln. Dazu bedarf es eines ständigen Prozesses. Die Kunst des Führens besteht dabei in der feinfühligen Ausbalancierung des Spannungsfeldes von Stabilität und Veränderung.

5.4.2 Unternehmensübergreifende BSC

Unternehmens-weite BSC

Unternehmen mit mehreren strategischen Geschäfteinheiten (z.B. Gruppengesellschaften) verwenden eine übergeordnete sog. **„Corporate Scorecard"**, mit der die unternehmensweiten strategischen Prioritäten definiert werden.

Eigene BSC für jede Strategische Geschäftseinheit

Zusätzlich definiert jede **„Strategische Geschäftseinheit"** des Unternehmens eine eigene Strategie und eine eigene Balanced Scorecard, die auf die Corporate Strategie abgestimmt sind.

BSC für jede Support-Einheit

Ebenso entwickelt jede **„Support-Einheit"** eines Unternehmens (z.B. Finance, Marketing und Information Technology) einen strategischen Plan und eine Balanced Scorecard, um die möglichen Synergien über die strategischen Geschäftseinheiten zu verwirklichen.

BSC für strategisch wichtige externe Partner

Pläne und Balanced Scorecards werden auch im Zusammenspiel mit **strategisch wichtigen externen Partner** (z.B. Joint Ventures, Outsourcer, Distributers) entwickelt. Damit werden die Beziehungen zu den Partnern im Kontext zu den „srategischen Geschäftseinheiten" aufgezeigt.

5.4.3 Balanced Scorecard und CobiT für die IT-Strategie

BSC zur Umsetzung der Geschäftsziele durch die IT

Die Informationstechnologie ist hauptsächlich „Enabler" für die Geschäftstätigkeiten eines Unternehmens (Abbildung 5.7). Das CobiT-Framework (CobiT: Control Objektives for Information and related Technology) zeigt einen Ansatz, wie unter Zuhilfenahme der Balance Scorecard die im Strategieprozess erarbeiteten Geschäftsziele in messbare und kontrollierbare Handlungen, bezogen auf den IT-Bereich eines Unternehmens, umgesetzt werden können [Cobm00]. Umgekehrt zeigt der Ansatz auch, wie die Leistungen der IT die Erreichung von Geschäftszielen optimal unterstützen.

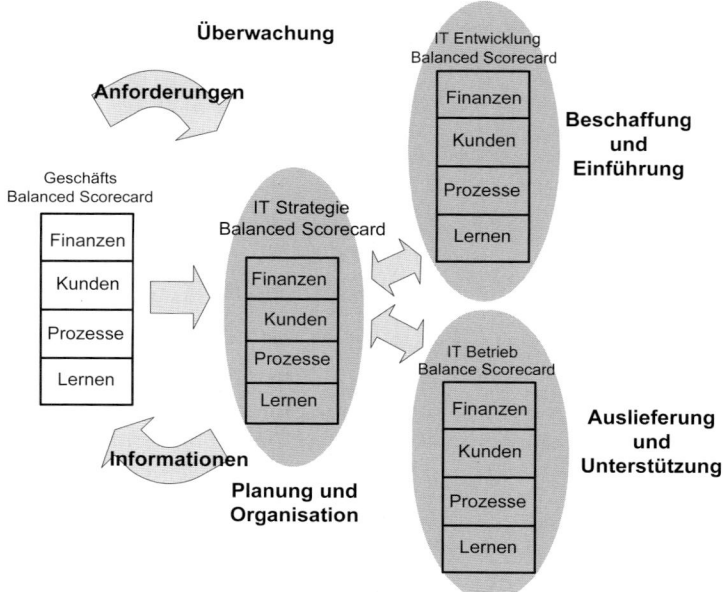

Abbildung 5.7:   IT-Prozesse als Enabler für Geschäftsziel
                   [Cobm00]

Informationskriterien

Die durch die Prozesse der IT für die Geschäftsanforderungen zu erreichenden Ziele (Goals) werden gemäss CobiT durch die sogenannten „Informationskriterien" beeinflusst.

Informationskriterien-Profil

Die Bedeutung und das Mass eines jeden Informationskriteriums sind vom Geschäft und seinen Umgebungsanforderungen abgeleitet. Dies wird der Forderung gerecht, dass die IT in einem Unternehmen die durch die Geschäfte verlangten Informationen und Informations-Funktionen so zu liefern hat, dass die Geschäftsziele erreicht werden können. Die Anforderungen dazu werden mit einem „Informationskriterien-Profil" eines Geschäfts festgehalten (s. Abbildung 5.8).

> Das Informationskriterien-Profil widerspiegelt somit die Positionierung des Geschäfts (der Geschäftseinheit oder des Unternehmens) bezüglich seiner IT-Risiken.

Hat ein Informationskriterium den Wert „Null", dann besteht für das betrachtete Geschäft für dieses Kriterium keine Anforderung. Hat ein Kriterium den Wert „Eins" (z.B. für „Integrität" in Abbildung 5.8), dann ist durch das Geschäft die höchstmögliche Einhaltung dieses Kriteriums gefordert.

Sollanforderungen an die Informationen

In dieser Weise stellt das Informations-Kriterien-Profil die Sollanforderungen des Geschäfts an die Informationen und ihre Prozesse dar, gegen die der Ist-Zustand der Informationen und Prozesse gemessen werden kann.

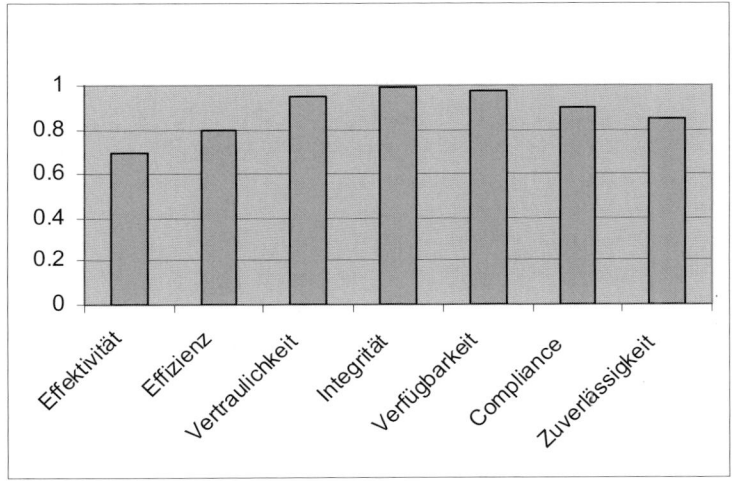

Abbildung 5.8:   Beispiel „Informationskriterien-Profil"

5.4.4   IT-Indikatoren in der Balanced Scorecard

Messung durch Indicators und Critical Success Factors

Für die Zieldefinition und Messung der Strategie-Umsetzung durch die IT-Organisation verwendet CobiT [Cobm00] die beiden Indikatoren,

- Key Goal Indicator (KGI)
- Key Performance Indicator (KPI)

sowie die

- Critical Success Factors (CSF)

Messgrössen

Der „**Key Goal Indicator**" (KGI) definiert das Mass, mit dem ein IT-Prozess die Geschäfts-Anforderungen (Business Requirements) bezüglich der Informationskriterien (s. Abbildung 5.9) erfüllt.

Damit drückt dieser Indikator den (möglichst) messbaren Erfolg des IT-Prozesses hinsichtlich der Geschäftsanforderungen aus und ist damit auf die Finanzperspektive und auf die Kundenperspektive der Balanced Scorecard fokussiert.

Es leuchtet ein, dass der beste IT-Prozess unnütz ist, wenn er die Geschäftsanforderungen nicht erfüllen kann.

Der „**Key Performance Indicator**" (KPI) definiert das Mass, „wie gut" die Leistung eines IT-Prozesses für das Erreichen eines Ziels (Goal) in der Lage ist und damit eine Voraussage für die Zielerreichung ermöglicht.

Damit drückt er in präzisen und messbaren Begriffen die Wahrscheinlichkeit für den zukünftigen Erfolg oder Misserfolg aus und ist auf die „Interne Prozess-Perspektive" und die „Lern- und Entwicklungs-Perspektive" der Balanced Scorecard fokussiert.

Die „**Critical Success Factors**" (CSF) repräsentieren die wichtigsten Dinge, die getan werden müssen, um den Erfolg des Prozesses in der Erfüllung seiner Ziele zu erhöhen. Sie sind meist messbar und werden in Begriffen des Prozesses und weniger in Begriffen des Geschäfts ausgedrückt.

Beispiel:

Die IT-Prozesse sind definiert und an der IT-Strategie und den Geschäftszielen ausgerichtet.

Befähungsfunkti-on der IT

Da die IT-Prozesse in erster Linie als Unterstützungs-Prozesse für die Geschäftsprozesse anzusehen sind, kann mit den beiden Indikatoren, KGI und KPI, gezeigt werden, inwiefern die IT-Prozesse eine „Befähigungs"-Funktion (enabling function) für die Erfüllung der Geschäftsziele ausüben (s. Abbildung 5.9).

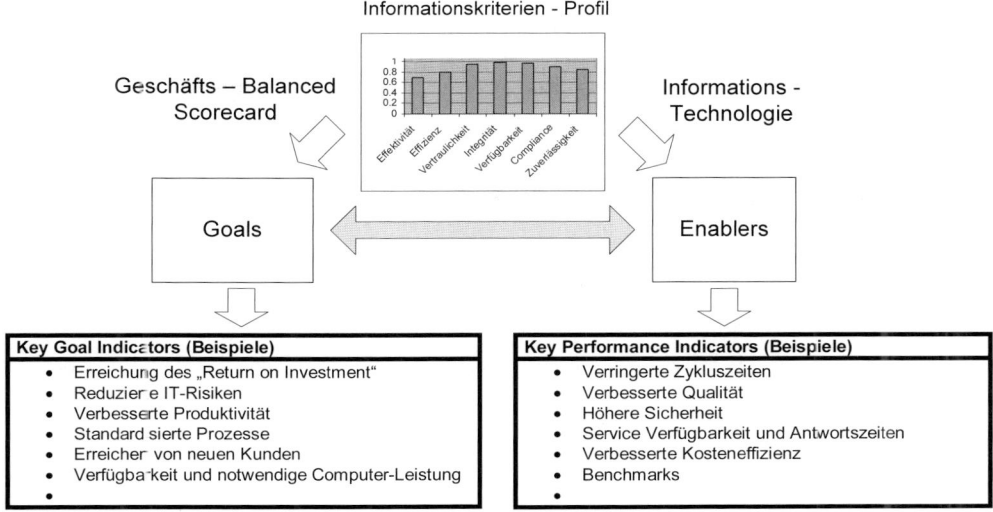

Abbildung 5 9: Key Goal und Key Performance Indicators in der BSC

Beispiel:

Bei der Festlegung der Geschäftsstrategie eines IT-Dienstleistungs-Unternehmens wird festgestellt, dass ein Geschäftsprozess an erheblichen Umsatzeinbussen leidet. Die Analyse zeigt, dass sowohl durch Kunden wahrgenommene Sicherheitsprobleme und längere System-Ausfälle als auch hohe Preise für das Umsatz-Problem massgeblich verantwortlich sind. Im Rahmen der IT-Strategie werden deshalb in einer Balanced Scorecard (s. Abbildung 5.10) die Geschäfts-Ziele, IT-Ziele sowie die für die Strategie notwendigen KGIs und KPIs nach CobiT dargestellt.

	Finanz-Perspektive		
	KGI		
	Ständige Kostenoptimierung der Informationsleistungen durch die IT-Organisation		
	Anteil der IT-Investitionen, die den erwarteten Nutzen erreichen		
	Produktionskosten im Verhältnis zum Verarbeitungsvolumen		

Kunden-Perspektive	Geschäfts-Ziele/IT-Ziele		Interne Perspektive
KGI	**Geschäfts-Ziele**	**IT-Ziele**	**KPI**
Kundenzufriedenheit mit erbrachten Leistungen	Bessere Kundenzu-friedenheit	Reduktion IT-Kosten	Relative Verbesserung in der IT-Ressourcen-nutzung
Kundenzufriedenheit bezüglich der Erfüllung von erwarteten Service Levels	Schnellere Reaktionen auf Kunden-anforderungen	Verbesserung Verfügbarkeit	Regelmässige Prüfung der Katastrophenpläne
Implementierung von Vertraulichkeits-, Verfügbarkeits- und Integritätsanforderungen	Halten des Umsatzes durch tiefere Preise	Verbesserung Qualität	Aufwand der erforderlich ist, um definierte Service-Levels zu liefern

Lernen- und Entwicklungs-Perspektive
KPI
Anzahl von Trainingstagen, um das Bewusstsein für IT-Sicherheit zu erhöhen
Anteil von MitarbeiterInnen mit Mehrfachqualifikation und Einsatzmöglichkeit als Backup-Personal
Befragungsergebnis über Geschäftsorientierung, Motivation und Job-Zufriedenheit von IT-MitarbeiterInnen

Abbildung 5.10: Beispiel für Ziele und Indikatoren in einer IT Balanced Scorecard

Risiko-Indikatoren Als **Risk-Indikatoren** für die Zielerfüllung können die KGIs und KPIs in ihrer Aussage invertiert werden. Mittels dieser invertierten KGIs und KPIs, zusammengestellt in einer Checkliste, kann die Strategie-Umsetzung kontrolliert werden:

- ❏ Fehlende Kostenoptimierung der Informationsleistungen
- ❏ Ungenügende Verbesserung in der IT-Ressourcen-Nutzung
- ❏ Wenige der IT-Investitionen erreichen das erwartete Nutzenresultat
- ❏ Vertraulichkeits-, Integritäts- und Verfügbarkeitsanforderungen der Kunden ungenügend umgesetzt
- ❏ Mangelnde Kundenzufriedenheit infolge nicht erfüllter Service Levels

Diese „Risk-Indikatoren" zeigen die „Schwachstellen" auf, wo die strategischen Massnahmen ungenügend umgesetzt wurden.

5.4.5 Operatives Management (Gewinn-Management)

Umsetzung der Vorgaben
Die durch das normative und strategische Management festgelegten Vorgaben bedürfen der Umsetzung durch das operative Management. Das operative Management steuert, lenkt und kontrolliert die leistungs-, finanz- und informationswirtschaftlichen Prozesse in einem Unternehmen.

Zielbezogene Problemlösung-Prozesse
Die Problemlösungs-Prozesse des operativen Managements sind zielbezogen auf die Lenkung einzelner Aufträge, die Anpassung der Management- und Organisationsstrukturen sowie auf das Mitarbeiterverhalten in Bezug auf die situativen Gegebenheiten ausgerichtet.

Risiko-Bewältigung
Die Bewältigung der Risiken durch Dispositionen, Aktivitäten und Kontrollen fallen in die Aufgaben des Operativen Managements.

5.4.6 Policies und Pläne

Mit der Balanced Scorecard und ihrer Strategy Map verfügen wir bereits über Instrumente, um die Strategie im Unternehmen zu kommunizieren.

Policies: Guides to Action
Für das „Tagesgeschäft" im Unternehmen braucht es zudem eine Reihe anderer Instrumente, um die Forderungen aus der Strategie und den veschiedenen Management-Prozessen zu kommunizieren und umzusetzen. Darunter nehmen die Policies (Politiken)

eine wichtige Stellung ein. „Policies" sind gemäss anglo-amerikanischer Management-Begrifflichkeit „Guides to Action" ([Jauc88], S.30) was wir als „Leitlinien zum Handeln" verstehen.

Policies zur Umsetzung von Zielen und Anforderungen

Polcies sind Vorgaben für das Verhalten von Führungspersonen und Mitarbeitenden und deren Handlungen im Unternehmen. Sie können sowohl als Vorgaben von der Ebene des normativen, als auch als Vorgaben von den Ebenen des strategischen wie des operativen Managements erlassen sein. Als solche kommunizieren sie, wie die Ziele und Anforderungen der jeweiligen Ebene umzusetzen sind.

Damit enthalten sie auch die Festlegungen, wie die Aufgaben, Verantwortlichkeiten, Kompetenzen und Ressourcen im Unternehmen zugeteilt werden.

Die Policies sollen bewirken (vgl. [Jauc88], S. 332), dass

- die strategischen Entscheide sowie die sonstigen verpflichtenden Anforderungen (Gesetze, Regulationen, Verträge etc.) umgesetzt werden,

- eine Basis zur Überwachung und Kontrolle gegeben ist,

- ähnliche Situationen konsistent behandelt werden können und

- die Koordination zwischen den Bereichen, Organisations- und Geschäftseinheiten erleichtert wird.

Es versteht sich von selbst, dass die auf verschiedenen Ebenen erlassenen Policies den jeweils übergeordneten Zielen und Anforderungen entsprechen müssen. Die Policies wiederholen oft die auf den verschieden Ebenen definierten Ziele (z.B. Ebene Strategisches Management) und kommunizieren mit Grundsätzen und weiteren Handlungsanweisungen die Umsetzung (s. Beispiel Informations-Sicherheits-Politik in Abschnitt 8.1.2).

Auf der Ebene des normativen Managements wird beispielsweise die allgemeine Geschäftpolitik, sowie die Sicherheits- und Risikopolitik erlassen. Folgerichtig werden solche Policies auch vom obersten Führungs- und Kontrollgremium, dem Verwaltungsrat (Aufsichtsrat) in Kraft gesetzt und deren Einhaltung kontrolliert.

Policies

Die Policies stellen Leitplanken dar und können je nach den sachlichen Erfordernissen enger oder weiter gefasst werden. So werden beispielsweise die gesetzlichen und regulativen Anforderungen oder die Vorgaben bezüglich der Sicherheit und des Risiko-Managements in eng gefasste Policies gekleidet.

Weisungen

Solche Policies werden oft auch als „Weisungen" bezeichnet und sind im definierten Gültigkeitsbereich unter Sanktionsandrohungen einzuhalten.

Ausführungsbe-stimmungen

Andere Policies sind weiter gefasst. Solche weiter gefassten Policies können auch die Ausführungsbestimmungen für notwendige Regelungen sein. Die weiter gefassten Policies werden oft auch als „Richtlinien" bezeichnet. Als solche können sie beispielsweise als Umsetzungsanleitungen der Strategien dienen.

Pläne

Zur operationellen Umsetzung der Strategien werden neben den Policies auch Pläne entworfen. Die Pläne spiegeln die konkrete Ausgestaltung der Strategie (z.B. Umsetzung einer Expansions-Strategie) in den einzelnen Bereichen des Unternehmens wieder (z.B. Geschäftsbereichen, Marketing, Finanz oder IT)

Für jeden einzelnen Plan kann wiederum eine Reihe von Policies dafür sorgen, dass der Plan in der beabsichtigten Weise umgesetzt wird, um die strategischen Ziele erreichen zu können. Eine wesentliche Anforderung an die Pläne und Policies ist, dass sie untereinander keine Widersprüche enthalten.

Praxistipp

Policies

- so kurz und prägnant wie möglich fassen
- Inhalte auf das Wesentliche beschränken
- Instrumente zur ständigen Kommunikation einsetzen, z.B. Intranet

---

5.4.7 Risikopolitische Grundsätze

Der Risikobezug der strategischen Unternehmens-Ziele muss mit den „Risikopolitischen Grundsätzen" des Unternehmens im Einklang stehen.

Grundlegende Merkmale einer Risiko- und Sicherheits-Politik

Die Risikopolitischen Grundsätze sind meist innerhalb einer Policy abgefasst (z.B. in einer Risiko- und Sicherheits-Politik). Mit den Risikopolitischen Grundsätzen werden die grundlegenden Merkmale der Risiko- und Sicherheits-Politik im Unternehmen festgelegt. Sie zeigen u.a. die grundlegende Haltung der Unternehmensleitung zur Handhabung der Risiken.

Haltung
bezüglich Risiko-
Freude oder Risi-
ko-Aversion

Sie bringen auch zum Ausdruck, inwieweit das Eingehen von Risiken erwünscht oder unerwünscht und was die Risiko-Freude oder Risiko-Aversion des Unternehmens ist. Sie sollen die grundsätzlichen Verhaltensregeln für die Führungskräfte und die Mitarbeitenden im Umgang mit bedeutenden Risiken kommunizieren. Da die Risikopolitischen Grundsätze für das Unternehmen grundlegenden und langfristigen Charakter haben, sind sie Bestandteil der Unternehmenpolitik auf der Ebene des normativen Managements. Für einzelne Unternehmensbereiche und Teilbereiche werden die Risikopolitischen Grundsätze in spezifische Policies (Weisungen), die den operativen Anforderungen entsprechen, aufgefächert.

Informations-
Sicherheits-Politik

Die Informations-Sicherheits-Politik ist eine solche von den „Risikopolitischen Grundsätzen" des Unternehmens abgeleitete Policy.

5.5   Zusammenfassung

Im integrierten Risiko-Management-Prozess ist das Risiko-Management in das Management-System (Führungs-System) des Unternehmens integriert. Dabei muss der unternehmensweite Risiko-Management-Prozess sicherstellen, dass alle wesentlichen Risiken des Unternehmens systematisch identifiziert, bewertet, bewältigt und laufend überwacht werden.

Neben der Kundensicht werden sowohl für die Chancen als auch für die Risiken eine ausgewogene, aufeinander abgestimmte Behandlung der Unternehmens-Perspektiven „Finanzen", „Kunden", „Interne Prozesse" und „Lernen / Entwicklung" angestrebt. Die Integration des Risiko-Managements findet auf der normativen-, der strategischen- wie auch der operativen Ebene des Management-Systems statt.

Insbesondere bei der Strategiefindung und der Strategieumsetzung helfen geeignete Zielsetzungen, Messgrössen und Indikatoren (u.a. Risiko-Ziele und Risiko-Indikatoren) die Risiken in den Strategiefindungs- und -umsetzungs-Prozess einzubeziehen. Den aus den strategischen Zielen über die Strategien abgeleiteten Geschäftszielen werden neben den Messgrössen oft auch Risiko-Toleranzen zugeordnet, innerhalb derer eine Zielabweichung akzeptiert werden kann.

Die Wirkungs-Zusammenhänge für ausgewogene und effektive Zielsetzungen können mit einer „Strategy-Map" der „Balanced Scorecard" abgebildet werden. Die Strategy Map stellt gleichzeitig ein wichtiges Darstellungs-Mittel zur Strategie-Kommunikation dar. Eine geeignete Methode zum Einbringen der Informatik-Unterstützung und der Informations-Risiken in die Balanced Scorecard des Strategie-Prozesses ist durch das CobiT-Framework mittels der Informations-Kriterien und entsprechenden Indikatoren (Key Goal Indicator und Key Performance Indicator) möglich.

Die Massnahmen zur Behandlung der Risiken durch Dispositionen, Aktivitäten und Kontrollen fallen in die Aufgaben des „Operativen Managements".

Mit Policies und Plänen werden die strategischen Entscheide umgesetzt. Die Policies stellen dabei die Leitplanken dar und können je nach den sachlichen Erfordernissen enger oder weiter gefasst werden. Policies können auf der normativen, strategischen und operativen Ebene erlassen werden. Die Pläne spiegeln die konkrete Ausgestaltung der Strategie wider. Der Risikobezug der strategischen Unternehmens-Ziele muss mit den normativen „Risikopolitischen Grundsätzen" des Unternehmens im Einklang stehen; diese zeigen vor allem die grundlegende Haltung der Unternehmensleitung zur Handhabung der Risiken und bringen u.a. zum Ausdruck, inwieweit das Eingehen von Risiken erwünscht oder unerwünscht ist

5.6 Kontrollfragen und Aufgaben

1. Welche Zeithorizonte haben das „Normative"-, das „Strategische"- und das „Operative" Management?

2. Welche Unternehmens-Perspektiven sollen im Strategie-Prozess miteinander abgestimmt werden?

3. Ihr Unternehmen hat die Mission, „das führende Unternehmen für das Outsorcing von IT-Dienstleistungen in Deutschland" zu sein.

   Definieren Sie eine Strategie mit fiktiven Zahlen:

   a) strategische Ziele und Messgrössen

   b) Strategie

   c) Abgeleitete Geschäftsziele und Messgrössen

   d) Risiko-Appetit

   e) Risiko-Toleranz

4. In welchen Perspektiven der Balanced Scorecard kommen die KGIs und die KPIs zur Geltung?

Teil C

IT-Risiken erkennen und bewältigen

6 Informations- und IT-Risiken

Bevor wir in die Einzelheiten der IT-Risiken eintauchen, besinnen wir uns auf die im ersten Teil dieses Buches getroffenen Grundlagendefinitionen.

Schutzobjekte

Zum Risiko-Management bei Informationen und IT-Systemen werden vorteilhaft Schutzobjekte gebildet. In der angelsächsischen Literatur wird ein Schutzobjekt als „Asset" bezeichnet. Mit diesem englischen Begriff wird gleichzeitig ausgedrückt, dass es um Werte geht, die zu schützen und zu erhalten gilt. Für das in unserem Buch behandelte IT-Risiko-Management im Unternehmen sind diese „Assets" Unternehmenswerte. Solche Unternehmenswerte können materielle Werte (z.B. Hardware) oder immaterielle Werte (z.B. Informationen) sein.

Modellvorstellung

In diesem Kapitel wird die für das Risiko-Management von Informationen und IT-Systemen geeignete Modellbildung vorgestellt. Es wird ein Einblick in die Bedeutung der IT-Risiken ganz allgemein gezeigt. Dazu werden die für die Informationsrisiken und deren Behandlung wichtigen Kriterien und Begriffe erläutert. Auch wird sozusagen als Vorspann zu den in den nächsten Kapiteln zu behandelnden konkreten Methoden und Verfahren ein genereller Einblick in die Möglichkeiten des IT-Risiko-Managments vermittelt.

6.1 Veranschaulichung der Risikozusammenhänge am Modell

Auswirkungen der Bedrohungen über Schwachstellen

Bedrohungen können sich über Schwachstellen an Objekten (Schutzobjekte) als Schäden auswirken. Die Risiken sind die mit den Eintrittswahrscheinlichkeiten (Häufigkeiten) gewichteten negativen Folgen der Abweichungen von System-Zielen.

In Abbildung 6.1 sind diese Modellvorstellungen veranschaulicht. Anhand dieser Modellvorstellungen lassen sich die wesentlichen Aspekte eines praktischen, auf die Informations-Technologie (IT) angewandten Risiko-Managements erklären und einordnen. Als Schutzobjekte können sich dabei Informationen aber auch ganze Systeme, Dienstleistungen oder Prozesses anbieten.

Risiken bei
Informationen

Das Sicherheits-Risiko bei den Objekten **„Informationen"** lässt sich aufgrund der drei folgenden primären[*] System-Ziele bestimmen:

- „Vertraulichkeit",
- „Integrität" und
- „Verfügbarkeit".

Massnahmen

Mit dem Begriff „Massnahmen" bezeichnen wir sämtliche Vorkehrungen, Anordnungen und Eigenschaften, die ein Schutzobjekt zu schützen vermögen. Daher bezeichnen wir die Stellen mit ungenügenden oder fehlenden Massnahmen als „Schwachstellen".

Schwachstellen

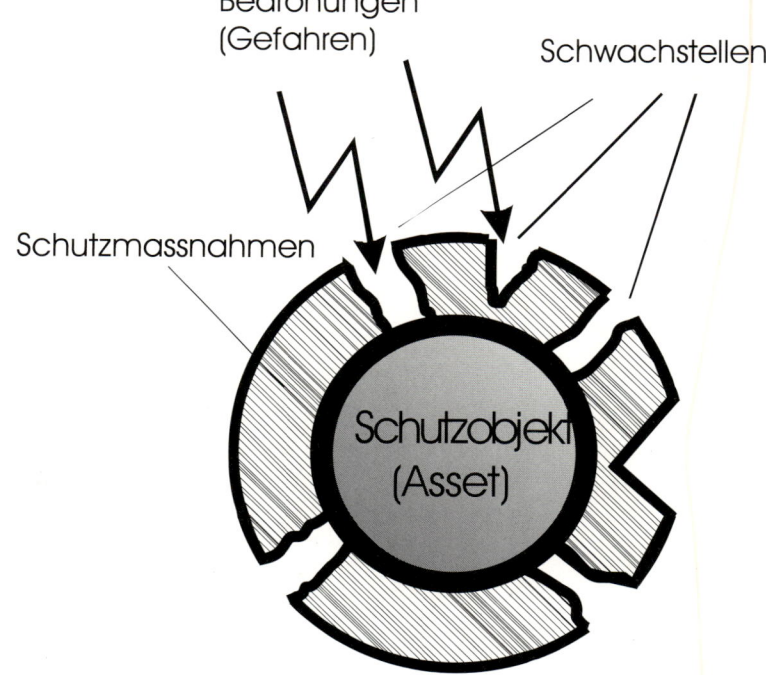

Abbildung 6.1:   Modellvorstellungen für Risiken von Schutzobjekten (vgl. [Isoi03], S. 12)

---

[*]   Das oft angeführte System-Ziel „Non-Repudiation" wird nicht zu den primären System-Zielen gezählt, da es erst durch eine integre Prozedur zustande kommt (z.B. Digitale Unterschrift). Das Ziel-System kann jedoch auf Prozeduren und Prozesse erweitert werden.

ISO-Begriffe

Die internationale Standardisierung der ISO verwendet die in Abbildung 6.2 gezeigten Begriffe.

ISO Begriff	Begriff im deutschsprachigen Raum
Asset	Schutzobjekt (=schützenswerter Gegenstand[*])
Threat	Bedrohung (=Ursache für potentiellen Schaden)
Safeguard	Massnahme (=Mittel zur Behandlung von Risiken)
Vulnerability	Verletzlichkeit oder Schwachstelle (=durch Bedrohungen ausnützbare Schwäche)
Impact	Auswirkung eines Schadensereignisses
Probability	Wahrscheinlichkeit eines Ereignisses
Likelihood	Wahrscheinlichkeit, relative Häufigkeit oder Häufigkeit des Auftretens innert einer Zeitperiode
Frequency	Häufigkeit des Auftretens innert einer Zeitperiode
Residual Risk	Restrisiko (=Risiko nach der Behandlung mit Massnahmen)

Abbildung 6.2:   Begriffe der ISO-Standardisierung (vgl. [Isog02], [Isoi03])

6.2   Informationen – die risikoträchtigen Güter

Abhängigkeiten von Informationen

Sämtliche heutigen Unternehmen sind in der einen oder anderen Weise von Informationen abhängig oder mit Informationen konfrontiert, sei es zur Aufbereitung, Kommunikation oder zur Aufbewahrung wichtiger Sachverhalte. Die Informationen eines Versicherungsausweises dienen beispielsweise der Kommunikation und dem späteren Nachweis einer getroffenen Vereinbarung zwischen dem Versicherungsanbieter und dem Versicherungsnehmer. Oder am Beispiel eines Hochregallagers sind es die Informationen, die über digitale Steuerbefehle und Zustandswerte ermöglichen, die Lagervorgänge automatisch durchzuführen.

---

[*]   Der Begriff „Gegenstand" wird in diesem Buch synonym zu „Objekt" sowohl für greifbare als auch für abstrakte Güter, Objekte und Strukturen verwendet.

Eine unabsehbare Anzahl von meist abstrakten Informationsarten ist für das reibungslose Funktionieren der Prozesse in unserer technisierten Gesellschaft notwendig.

Davon einige Beispiele:

- Finanz- und Zahlungsinformationen ermöglichen die bargeldlosen Finanz- und Zahlungsströme in unserer Wirtschaft.

- Informationen im Transportwesen dienen der Planung und Kommunikation der Fahrzeiten sowie der Steuerung und allenfalls Sicherung von Transport-Vehikeln, wie z.B. dem Flugzeug.

- Häuser, Maschinen, Geräte werden anhand von Informationen konstruiert und gebaut.

Die Kommunikation, Darstellung, Bearbeitung und Speicherung solcher Informationen erfolgt weitgehend mit technologischen Mitteln. Dabei sind nicht nur die Informationen selbst, sondern auch ihre „technologischen Gefässe" (z.B. Computer, Eingabe-Geräte, Bildschirme, Netzwerke) für heutige Unternehmen zu lebenswichtigen Ressourcen geworden. Die Abhängigkeit von Informationen und ihren „technologischen Gefässen", zusammen mit der elektrischen Energie, ist in unserer industrialisierten Welt an die vorderste Stelle gerückt.

Überleben der industrialisierten Welt

In diesem Zusammenhang stellte eine durch den damaligen US-Präsidenten Bill Clinton 1997 eingesetzte Kommission fest, dass Sicherheit, Wirtschaft, die Art zu Leben und überhaupt das Überleben der industrialisierten Welt von elektrischer Energie, Kommunikation und Computern, die untereinander in Wechselbeziehungen stehen, abhängig ist.[*]

Kritische Infrastrukturen

Inzwischen sind in vielen Industrie-Nationen Bemühungen im Gange, die „kritischen Infrastrukturen" (CIP = Critical Infrastructure Protection) und darin auch die „kritischen Informations-Infrastrukturen" (CIIP = Critical Information Infrastructure Protection) auf nationaler Ebene zu sichern [Dunn04].

Informationen und Daten

Die Informationen in ihrer codierten, für IT-Systeme verständlichen Form bezeichnen wir als „Daten". Nur die Daten zu schützen und zu sichern, würde aber zu kurz greifen, da es letztend-

---

[*] President's Commission on Critical Infrastructure Protection (PCCIP). Critical Foundations: Protecting America's Infrastructures. (Washington, October 1997).

lich die Informationen sind, die für die verschiedenen Prozesse benötigt werden.

Die Risiken schlagen hauptsächlich bei den Informationen selbst zu Buche oder bei den Übergängen (Schnittstellen) von der einen Informationsform in eine andere (z.B. bei der Postsortierung mittels Schriftenerkennung oder bei der Personen-Authentifizierung mittels Passwort). Ein ganzheitliches Risiko-Management in einem Unternehmen muss deshalb primär an den Informationen und nicht an den Daten oder gar nur an den Informations-Systemen angesetzt werden.

Beispiel:

In einer Bank ist das Wissen um eine Bank-Kundenbeziehung eine zu schützende Information. Die Informationen über diese Bank-Kundenbeziehung (z.B. Bonität, abgewickelte Transaktionen, Vermögenswerte) unterliegen in der Schweiz dem Gesetz über das Bankkundengeheimnis. Hier lediglich die Risiken im Umfeld der Informationen oder der IT-Systeme zu betrachten, würde den Anforderungen eines ganzheitlichen, für die Bank sinnvollen Risiko-Managements nicht genügen.

Aus dem Blickwinkel des Unternehmens „Bank" sind daher das „Wissen um die Bankkundenbeziehung", und „die Geschäftsvorgänge in ihrer Vertraulichkeit, Richtigkeit und Pünktlichkeit" die primär zu schützenden Güter. Der Schaden einer Bank bei Bekanntwerden von Informations-Lecks kann von Strafen, Schadensersatz bis hin zu Sanktionen durch die Bankenaufsichtsbehörde sowie damit einhergehenden Reputationsschäden für die Bank bedeuten.

6.3 System-Ziele für den Schutz von Informationen

Schützenswerte Eigenschaften

Als schützenswerte Eigenschaften der Information definieren wir für unsere Risikobetrachtungen die folgenden System-Ziele:

- **Vertraulichkeit**

  Die Informationen sind ausschliesslich dem durch den Besitzer autorisierten Personenkreis zugänglich.

- **Integrität (und Authentizität)**

  Die Informationen werden lediglich in der vorgesehenen Weise erzeugt, verändert oder ergänzt und sind somit weder fehlerhaft noch verfälscht.

Verfügbarkeit der Informationen

- **Verfügbarkeit**

  Die Informationen stehen dem Benutzer in der erforderlichen Weise (in vereinbarter Darstellung und Zeit) zur Verfügung.

  Die Verfügbarkeit der Informationen hängt dabei meistens von der Verfügbarkeit der Systeme ab.

Verfügbarkeit (Availability) der Systeme

Die Verfügbarkeit der Systeme wird oft aus aus dem Mittelwert der Zeit, in der das System verfügbar ist (MTTF) und der mittleren Reparatur-Zeit (MTTR) berechnet. Mit den gebräuchlichen englischen Begriffen errechnet sich die Verfügbarkeit (Availability) mit der folgenden Formel:

$$\text{Availability} = \frac{\text{MTTF}}{\text{MTTF} + \text{MTTR}}$$

MTTF: Mean Time to Failure
MTTR: Mean Time to Repair

Der Nachteil dieser Formel ist, dass sie lediglich einen Durchschnittswert angibt, aber über die „lästigen" langanhaltenden Ausfälle nur ungenügende Auskunft gibt. Um die langanhaltenden Ausfälle besser zu quantifizieren oder Anforderungen an die System-Verfügbarkeit stellen zu können, bietet sich der in Abschnitt 3.2.3 behandelte „Value at Risik" in der Form eines „Systemausfall at Risk" an. Die für eine solche Statistik benötigten Daten werden oft als „Qualitätsnachweise" erhoben. Dabei kann es auch sinnvoll sein, die Ausfalldauern zusätzlich mit den korrespondierenden monetären Verlusthöhen zu bewerten.

Die oben genannten drei primären System-Ziele der Informations-Sicherheit (Vertraulichkeit, Integrität und Verfügbarkeit) werden oft um das folgende Ziel erweitert:

Nachweis von Informations- inhalten

- **Verbindlichkeit**

  Der Benutzer der Information kann sich auf das Ergebnis seiner Informations-Interaktionen verlassen, z.B. dass die digital festgehaltenen Informationsinhalte nachweislich nicht verändert worden sind und deshalb vom Urheber nicht bestritten werden können (non-repudiation of Origin).

Dieses über einige prozedurale Massnahmen (z.B. Digitale Unterschrift) erreichbare Ziel wird oft auch unter dem System-Ziel Integrität (und Authentizität) behandelt.

System-Ziele für Leistung, Qualität und Vertrauens- würdigkeit

Zu den oben angeführten System-Zielen bezüglich Risiken der Informations-Sicherheit sind weitere Ziele bezüglich Risiken der Leistungsfähigkeit, Qualität und Vertrauenswürdigkeit der IT-Prozesse wichtig (vgl. [Cobf00], S. 14).

- **Effektivität**

  Es werden die für die Geschäftsprozesse relevanten und wichtigen Informationen in zeitgerechter, aktueller, fehlerfreier, konsistenter und verwendbarer Form geliefert.

- **Effizienz**

  Die Bereitstellung der Informationen erfolgt mit einer optimalen Verwendung von Ressourcen.

- **Zuverlässigkeit**

  Bereitstellung der geeigneten Informationen zur Geschäftsausübung und der finanziellen und regulativen Berichterstattung im Unternehmen (Ziel nicht zu verwechseln mit der im Verfügbarkeits-Ziel enthaltenen System-Zuverlässigkeit).

- **Compliance**

  Bereitstellung der geeigneten Informationen zur Erfüllung der rechtlichen, regulativen und vertraglichen Erfordernisse im Rahmen der Geschäfts- und IT-Prozesse.

Im Weiteren müssen die für einen Geschäftsprozess festzulegenden „System-Ziele" den „Informations-Anforderungen" des Geschäftsprozesses gerecht werden (s. Abschnitte 5.4.3 und 5.4.4).

System-Ziele für das IT-Projekt- Management

Je nach Abgrenzung der im Rahmen des IT-Risiko-Managements zu behandelnden Risiken kann das Ziel-System entsprechend erweitert werden. So können beispielsweise auch System-Ziele für das Projekt-Management von IT-Projekten eingeführt werden.

6.4 Informations-Sicherheit versus IT-Sicherheit

Ziel der Informations-Sicherheit

Ziel der „Informations-Sicherheit" ist es, sowohl die Informationen selbst als auch die Daten, Systeme, Kommunikationen, Prozeduren und Einrichtungen zu schützen, welche die Informationen enthalten, verarbeiten, speichern oder liefern.

Fokus der Informations-Sicherheit

Der Fokus der Informations-Sicherheit ist somit breiter als derjenige der IT-Sicherheit und umfasst die IT-Sicherheit (Abbildung 6.3). So trägt die Verfügbarkeit der IT-Systeme auch zur Verfügbarkeit der Information bei, geht es doch bei der Verfügbarkeit der Informationen darum, dass sie zur vorgesehenen Zeit dem Benutzer zur Verfügung stehen.

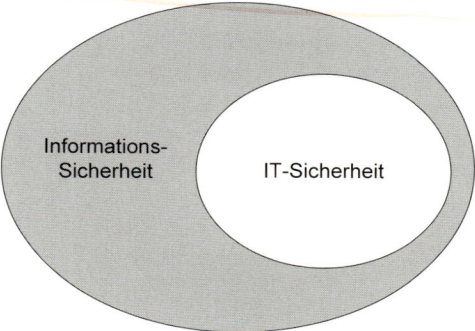

Abbildung 6.3:   Fokus der Informations-Sicherheit

Im weiteren Verlauf des Buches verwenden wir den übergeordneten Begriff „Informations-Sicherheit" einerseits und den Begiff „IT-Risiken" andererseits. Wobei in der Kategorie „IT-Risiken" meist nicht nur Informations-Sicherheits-Risiken bezüglich „Verfügbarkeit", „Integrität" und „Vertraulichkeit", sondern auch weitere Risiken, z.B. hinsichtlich Compliance oder Effektivität der IT-Prozesse, behandelt werden.

Begriff „IT-Risiken"

Im praktischen Umgang mit den Informations-Sicherheits-Risiken hat sich jedoch eingebürgert, die Informations-Sicherheits-Risiken in die Kategorie der IT-Risiken einzubeziehen, da die Informationen auch meist in einem technologischen „Aggregat-Zustand" vorliegen und kommuniziert werden. So behandelt dieses Buch, wie übrigens auch die heute verfügbaren Standards zur Informations-Sicherheit, die Informations-Risiken aus der Perspektive der Informations-Technologie (IT); dies geschieht im Bewusstsein, dass Informations-Sicherheit nicht auf die Informations-Technologien, welche lediglich die „Gefässe" für die Informationen darstellen, beschränkt ist.

> Wenn wir also im weiteren Verlauf dieses Buches vom Management der „IT-Risiken" sprechen, dann schliessen wir dabei die „Informations-Risiken" ein.

6.5 IT-Risiko-Management, Informations-Sicherheit und Grundschutz

Sprechen wir von der Sicherheit irgend einer Sache, dann knüpfen wir an den Begriff „Sicherheit" automatisch die Vorstellung, dass die Sache „angemessen" sicher ist, wohlwissend, dass es keine absolute (100 %-ige) Sicherheit geben kann. Wir gehen dabei von einer „normalen" Bedrohungslage aus und wirken dieser mit „normalen" Sicherheits-Massnahmen entgegen.

Grundschutz-massnahmen

Die bei einem solchen Vorgehen zum Einsatz gelangenden Massnahmen bezeichnen wir als „Grundschutzmassnahmen" (Baseline security controls).

In Situationen mit speziellen Gefahrenpotenzialen und hohen Schadensmöglichkeiten sind solche „Grundschutzmassnahmen" meist nicht ausreichend, da sie die spezifisch notwendige Sicherheit nur in beschränktem Umfang bieten können.

In diesen Fällen ist es notwendig, die Bedrohungslage sowie die spezifischen Werte der Schutzobjekte und die Wirksamkeit der bereits vorhandenen Massnahmen in einer systematischen Art und Weise zu analysieren.

Aufgrund des Analyse-Resultats können dann die über den Grundschutz hinausgehenden Massnahmen im Hinblick auf ein „tragbares" Restrisiko bestimmt werden.

Grundschutz, Sicherheit und Risiko-Management

Der internationalen Grundschutzstandard (Code of Practice for Information Security Management) ISO/IEC 27002: 2005 drückt in seiner Einleitung diese Positionierung von Grundschutz, Sicherheit und Risiko-Management wie folgt aus [Isoc05]:

„It should be noted that although all controls in this document are important and should be considered, the relevance of any control should be determined in the light of the specific risks an organization is facing. Hence, although the above approach is considered a good starting point, it does not replace selection of controls based on a risk management."

6.6   Zusammenfassung

Die Risiko-Zusammenhänge von IT-Risiken können vorteilhaft an einem Modell dargestellt werden: Die Bedrohungen wirken sich über Schwachstellen an Objekten (Schutzobjekten) als Schäden aus. Die Risiken sind die mit den Eintrittswahrscheinlichkeiten (Häufigkeiten) gewichteten Folgen der Abweichungen von den System-Zielen. Die primären System-Ziele sind „Vertraulichkeit", „Integrität" und „Verfügbarkeit". Weitere Systeme-Ziele wie Verbindlichkeit, Zuverlässigkeit und Effektivität können definiert werden. Schwachstellen sind die Stellen mit ungenügenden Massnahmen. Der Fokus der Informations-Sicherheit ist weiter gespannt als jener der IT-Sicherheit. Im praktischen Umgang mit den Informations-Risiken hat sich jedoch eingebürgert, die Informationsrisiken in die Kategorie der IT-Risiken einzubeziehen, da die Informationen auch meist in einem technologischen „Aggregat-Zustand" vorliegen und kommuniziert werden.

Bei normalen Verhältnissen vermögen Grundschutzmassnahmen eine gute Sicherheit zu gewährleisten. Das IT-Risiko-Management wird aber dort wichtig, wo neue und spezifische Risiken angemessene Massnahmen notwendig machen und wo die Kosten aufgrund der Risiken und notwendigen Massnahmen gerechtfertigt werden müssen. In solchen Fällen und dort, wo IT-Risiken zu Geschäftsrisken führen, wird ein IT-Risiko-Management erforderlich.

6.7   Kontrollfragen und Aufgaben

1. Wie hoch ist das Risiko wenn keine Schwachstelle vorhanden ist? (Zur Veranschaulichung dient das Risiko-Modell Abbildung 6.1).

2. Wie gehen die Komponenten des Modells in die Risiko-Formel ein? (Lösungshilfe s. Abbildung 10.8)

   a) Welche Komponenten ergeben auf welche Art das Schadensausmass?

   b) Welche Komponente ergibt auf welche Art die Eintrittswahrscheinlichkeit?

3. Nennen Sie Gründe, die ein IT-Risiko-Management notwendig machen.

7 Informations-Sicherheit und Corporate Governance

Führungsaspekte

Zum IT-Risiko-Management gehören an vorderster Stelle die Führungsaspekte, die in der Governance, der Aufbauorganisation und den Führungsinstrumenten zum Ausdruck kommen.

Organisatorische Positionierung des IT-Risiko-Managements

Im Teil B dieses Buches haben wir bereits die Anforderungen eines Unternehmens-Risiko-Managements aus der Sicht der Corporate-Covernance behandelt. Bevor wir uns nun den Inhalten, Methoden und Verfahren des IT-Risiko-Managements widmen, halten wir fest, wo das für ein Unternehmen immer wichtiger werdende IT-Risiko-Management im Verhältnis zur Disziplin „IT-Sicherheit" zu positionieren ist.

Weiter werden die für ein IT-Risiko-Management wesentlichen Aspekte der IT-Governance und Informations-Sicherheits-Governance aufgezeigt.

7.1 Management von IT-Risiken und Informations-Sicherheit

Risiko als Mass der Unsicherheit

Aus der Sicht „IT-Sicherheit" gilt es festzuhalten, dass hundertprozentige Sicherheit nicht möglich ist. Um über die Höhe der Sicherheit überhaupt eine Aussage machen zu können, kommt das Risiko als ein Mass für die „Unsicherheit" zur Anwendung. Aussagen über das Mass der nicht erreichten Sicherheit machen zu können, wird umso wichtiger, wenn es darum geht, die Kosten von Massnahmen gegen ihren Nutzen, sprich Risiko-Verminderung, abzuwägen.

Begründung des Nutzens für Sicherheits-Massnahmen

Werden Budgets für Sicherheitsmassnahmen bei der Geschäftsleitung eines Unternehmens beantragt, dann sind die Massnahmenkosten vermehrt mit dem zu erzielenden Nutzen zu begründen. Bei der Nutzen-Argumentation genügt meist eine Erläuterung der vorhandenen Bedrohungen nicht, sondern es müssen anhand von Szenarien die eingeschätzten und nach unternehmesspezifischen Kriterien bewerteten Risiken aufgezeigt werden können. Der Prozess der IT-Sicherheit im Unternehmen wird damit zum Risiko-Management-Prozess, wie wir ihn im Kapitel 3 in seiner allgemeinen Form bereits kennen gelernt haben. In diesem Prozess werden die Entscheide, ob und welche Art von Sicherheitsmassnahmen eingesetzt werden, erst aufgrund der Ergebnisse aus der vorgelagerten Risiko-Analyse und Risikobewertung ge-fällt. In diesen Prozessschritten wird auch entschieden und fest-gehalten, inwieweit Restrisiken toleriert werden können.

Risikosituationen angemessen bewältigen

> In der Realität hat also die Disziplin „Informations-Sicherheit" nicht die Aufgabe „Sicherheit per se" zu erzeugen, sondern die zum Teil wechselnden Risikosituationen im Zusammenhang mit Informationen in einem ständigen Prozess festzustellen und den Umständen entsprechend angemessen zu bewältigen.

Aus den strategischen Optionen „Risiken verhindern", „- reduzie-ren", „-transferieren" oder „- selbst tragen" wird klar, dass das IT-Risiko-Management, wie auch jedes andere Risiko-Management in einem Unternehmen, nicht die alleinige Aufgabe einer Fachab-teilung sein kann, sondern eine strategische Aufgabe des Unter-nehmens ist.

Gute Corporate Governance und Management-Praxis

IT-Risiko-Management ist somit ein integraler Teil guter Corpora-te Governance und Management-Praxis und leitet sich von den Wertvorstellungen, der Politik, den Strategien und Zielen des Unternehmens ab. Dies schliesst nicht aus, dass IT-Risiko-Management unmittelbar an den einzelnen Objekten (z.B. an den Informationsbeständen, Systemen, Handlings, Prozessen, Projekten), durchgeführt werden muss und dort Teil der Diszip-lin „IT-Sicherheit" ist. Doch kann die Frage über das notwendige Mass an Sicherheit letztlich nur über das eingeschätzte und im Kontext bewertete Risiko beantwortet werden.

Die Leistung der „IT-Sicherheit" äussert sich daher vor allem in einem an den Geschäfts-Strategien und -Zielen ausgerichteten IT-Risiko-Management, welches die Risiken und Massnahmen-kosten im Geschäftskontext optimiert.

7.1.1   IT-Governance und Informations-Sicherheit-Governance

Das IT-Governance Institut, gegründet durch die „Information and Systems Audit and Control Association" (ISACA), widmet sich der IT-Governance, indem es Richtlinien, Anleitungen, Fra-meworks und Berichte erstellt sowie Befragungen zum aktuellen Stand der IT-Governance durchführt.

Das IT Governance Institut definiert IT-Governance wie folgt ([Itgb03], S. 10):

Definition IT-
Governance

> IT-Governance ist die Verantwortlichkeit des **Board of Directors**[*] und des **Executive Management**[†]. Sie ist integraler Bestandteil der Corporate/Enterprise-Governance und besteht aus Führung, organisatorischen Strukturen und Prozessen, welche sicherstellen, dass die IT des Unternehmens die Unternehmens-Strategien und -Ziele aufrechterhält und ausbaut.

Dabei sind folgende Herausforderungen zu bewältigen:

- Ausrichtung der IT-Strategie nach der Geschäftsstrategie
- Kaskadierung der Strategie und Ziele „top-down" in das Unternehmen
- Schaffung von Organisations-Strukturen, welche die Umsetzung der Strategien und Ziele erleichtern
- Durchsetzung eines IT Control Frameworks
- Messung der IT-Leistung

Das „IT Governance Institut" hat für Verwaltungsräte und Geschäftsleitungen eine Anleitung herausgegeben, wie die **„Information Security Governance"** verstanden und umgesetzt werden soll [Isac01], [Isac06][‡].

---

[*] Das „Board of Directors" hat in anglo-amerikanischen Ländern die Oberleitung und Überwachungsfunktion des Unternehmens inne. In Deutschland fällt diese Rolle dem „Aufsichtsrat" und in der Schweiz dem „Verwaltungsrat" zu (vgl. [Böck04], S. 1759).

[†] Das „Executive Management" nimmt die „Führungsfunktion" im Unternehmen ein. In Deutschland wird diese Funktion durch den „Vorstand" und in der Schweiz durch die „Geschäftsleitung" wahrgenommen (vgl. [Böck04], S. 1759).

[‡] Nach der ersten Ausgabe von 2001 liegt inzwischen eine zweite Ausgabe aus dem Jahre 2006 vor. Wenngleich die zweite Ausgabe verstärkt auf die Wertegenerierung durch effektive Investitionen der IT eingeht, behält die erste Ausgabe in vielen Punkten nach wie vor Gültigkeit.

7.1.2 Informations-Sicherheit-Governance

Informations-Sicherheit-Governance

Gemäss der Anleitung des IT-Governance Instituts über „Informations-Sicherheit-Governance" ist die Information Security Governance ein Subset der „Enterprise Governance". Das Information Security Framework soll beinhalten [Isac06]:

- Eine Informations-Sicherheit-Risiko-Management-Methode;

- Ein umfassende Sicherheits-Strategie, die explizit mit den Geschäfts- und den IT-Zielen verbunden ist;

- Eine effektive Sicherheits-Organisationsstruktur;

- Eine Sicherheits-Strategie, die sich auf zu liefernde und schützende Informationswerte bezieht;

- Sicherheits-Policies, die alle Aspekte der Strategie, der Überwachung und der Regulierung adressieren;

- Eine kompletter Satz an Sicherheitsstandards für jede Policy, welche die Compliance von Verfahrensregeln und Richtlinien zu den Policies garantieren;

- Ein institutionalisierter Monitoring-Prozess, welcher die Comliance sicherstellt und und Rückschlüsse auf die Wirksamkeit der Risiko-Überwachung und Bewältigung erlaubt;

- Ein Prozess, mit dem die kontinuierliche Beurteilung und Anpassung der Sicherheits-Policies, -Standards, -Verfahren und -Risiken gewährleiste wird.

Dabei sollten „Board of Directors" und „Executive Management" hinsichtlich der Informations-Sicherheit

⮞ verstehen, warum Infomations-Sicherheits-Bedürfnisse Bestandteil der Governance ist;

⮞ sicherstellen, dass sich Informations-Sicherheit in das Governance Framework einfügt;

⮞ bewirken, dass auf den Ebene „Board of Directors" und „Executive Management" über Informations-Sicherheit, ihre Angemessenheit und Effektivität, Bericht erstattet und entsprechende Direktiven gegeben werden.

Die Sicherheitsanforderungen und -lösungen sollen durch die Unternehmens-Anforderungen und die Unternehmens-Strategie getrieben und auf das Risikoprofil des Unternehmens abgestimmt werden. Somit unterteilt das IT Governance Institut die „IT Governance" und die „Information Security Governance" in die folgenden fünf grundlegenden Bereiche von „Ergebnissen" (Abbildung 7.1):

❑ **Strategische Ausrichtung**

⟳ Gewährleistung von Transparenz und Verständnis von Kosten, Nutzen, Strategien, Policies und Service Levels der IT-Sicherheit

⟳ Entwicklung einer gemeinsamen und umfassenden Anzahl von IT-Sicherheits-Policies (Weisungen, Richtlinien, Ausführungsbestimmungen usw.)

⟳ Kommunikation der IT-Strategie, der Policies und des Überwachungs-Frameworks.

⟳ Durchsetzung der IT-Sicherheits-Policies

⟳ Definition von Sicherheitsereignissen in einer Sprache, wie sie sich auf das Geschäft auswirken

⟳ Schaffung von Klarheit über den Geschäfts-Impact der Risiken hinsichtlich IT-Zielen und – Ressourcen.

⟳ Einrichtung eines IT-Kontinuitäts-Plans, der die Geschäftskontinuitäts-Pläne unterstützt

❑ **Risiko-Management**

⟳ Berücksichtigung und Schutz aller IT-Werte (Assets)

⟳ Ermittlung und Reduktion der Wahrscheinlichkeit und des Impacts der IT-Sicherheitsrisiken

⟳ Regelmässige Durchführung von Risiko-Assessments mit dem verantwortlichen Management und mit Schlüsselpersonen

⟳ Zugriffs-Erlaubnis auf kritische und sensitive Daten nur für berechtigte Benutzer

⟳ Gewährleistung, dass kritische und vertrauliche Informationen vor unbefugtem Zugriff geschützt sind

⟳ Identifikation, Überwachung und Berichterstattung über Sicherheits-Schwachstellen und Sicherheitsereignisse

⟳ Entwicklung eines IT-Kontinuitäts-Plans, der umgesetzt, getestet und unterhalten wird.

❑ **Ressourcen-Management**

⟳ Unterhalt der Unversehrtheit der Information und der Verarbeitungs-Infrastruktur

⟳ Berücksichtigung und Schutz aller IT-Werte (Assets)

⟳ Gewährleistung, dass IT-Services und –Infrastrukturen wiederstandsfähig sind und sich von Fehlern, Attacken oder Katastrophen wieder

⟳ Gewährleistung von richtiger Benutzung und Leistung der Anwendungen und Technologie-Lösungen.

❑ **Leistungs-Messung**

⟳ Messung, Überwachung und Berichterstattung über Informations-Sicherheits-Prozesse sollen die Erreichung der Unternehmensziele gewährleisten.

⟳ Beispiele von Messwerten sind: Anzahl Ereignisse von öffentlichen Reputationsschäden; Anzahl von Systemen, die nicht den Sicherheitsanforderungen entsprechen.

❑ **Wertbeitrag (Value Delivery)**

⟳ Gewährleistung, dass den automatisierten Geschäftstransaktionen und dem Informationsaustausch vertraut werden kann

⟳ Gewährleistung, dass die IT Services entsprechend der Anforderungen verfügbar sind

⟳ Minimierung der Wahrscheinlichkeit einer Unterbrechung von IT Services

⟳ Minimierung der Auswirkungen von Sicherheits-Schwachstellen und –Ereignissen

⟳ Gewährleistung eines minimale Geschäfts-Impact im Falle von Unterbrechungen oder Veränderungen bei den IT Services

⟳ Einrichtung eines kostenwirksamen Aktion-Plans für die kritischen IT-Risiken.

Abbildung 7.1: Ergebnisse der Information Security Governance ([Isac06], S. 29-31)

Empfehlungen
IT-Governance
Institut

Zur erfolgreichen Umsetzung der Informations-Sicherheit-Governance werden in der Anleitung des „IT Governance Instituts" eine Reihe von Empfehlungen abgegeben. Davon sind die Empfehlungen für „Best Practices" des „Board of Directors" und des „Executive Management" nachfolgend aufgeführt (Abbildungen 7.2 und 7.3).

Best Practices auf der Ebene „Board of Directors":

❏ Einrichtung von „Ownership" für Sicherheit und Kontinuität im Unternehmen.

❏ Einrichtung eines „Audit-Komitees", welches seine Rolle betreffend Informations-Sicherheit und die Zusammenarbeit mit den Revisoren (Auditors) und dem Management klar versteht.

❏ Sicherstellung, dass externe und interne Revisoren (Auditors) mit dem Audit-Komitee und dem Management übereinstimmen, wie die Informations-Sicherheit in den Audits behandelt werden soll.

❏ Fordern, dass der Leiter IT-Sicherheit die Anliegen und den Fortschritt an das Audit-Komitee berichtet.

❏ Entwicklung von Krisen-Management-Praktiken, in welche das „Executive Management" und das „Board of Directors" von einer vereinbarten Eskalationsstufe an einbezogen werden.

Abbildung 7.2:   Informations-Sicherheit-Governance auf der Ebene „Board of Directors" ([Isac01], S. 18)

Die Anleitung enthält eine Anzahl weiterer wertvoller Hinweise zur Positionierung und Umsetzung von Informations-Sicherheit.

Information
Security
Maturity Model

So wird darin das mit dem CobiT - Framework eingeführte „Information Security Maturity Model" empfohlen. Nach diesem Maturity-Modell können die Unternehmen in Form einer Selbst-Beurteilung den Grad ihres erreichten Informations-Sicherheitsstandes in einer Skala von fünf Stufen einreihen (Abbildung 7.4).

Best Practices auf der Ebene „Executive Management":

❏ Einrichtung einer Sicherheits-Funktion, welche das Management bei der Entwicklung von Policies und das Unternehmen bei deren Umsetzung unterstützt.

❏ Erstellung einer messbaren und transparenten Sicherheits-Strategie, basierend auf Benchmarking, Maturity-Modellen, Gap-Analysen und fortlaufendem Leistungs-Reporting.

❏ Einrichtung eines klaren, pragmatischen Geschäfts- und Technologie-Kontinuitäts-Plans, welcher kontinuierlich getestet und up-to-date gehalten wird.

❏ Entwicklung von klaren Policies und detaillierten Richtlinien, unterstützt durch einen periodischen und erklärenden Kommunikations-Plan, mit dem alle Mitarbeiter erreicht werden können.

❏ Ständige Auswertung von „Vulnerabilities" durch Überwachung von System-Schwachstellen (CERT), Intrusion- und Stress-Tests sowie Tests des Notfall-Plans.

❏ Einrichtung von robusten Geschäfts-Prozessen und Support-Infrastrukturen zur Vermeidung von Ausfällen, insbesondere aufgrund von „Single point of failures".

❏ Härtung von Sicherheits-Servern und anderen kritischen Servern sowie Kommunikations-Plattformen mit entsprechend starken Sicherheits-Massnahmen.

❏ Einrichtung und rigorose Überwachung von Sicherheits-Grundschutz-Massnahmen (Security Baselines Controls).

❏ Durchführung von Sicherheits-Verständnis-Programmen und häufigen Penetration-Tests.

❏ Anpassung der Zugriffs-Autorisation an die Geschäftsvorgänge und die Authentifizier-Methode an das Geschäfts-Risiko.

❏ Einbezug der Sicherheit in die Mitarbeiter-Qualifikationen mit entsprechenden Belohnungen und Disziplinar-Massnahmen.

Abbildung 7.3:   Informations-Sicherheits-Governance auf der Ebene „Executive Management" ([Isac01], S. 18-19)

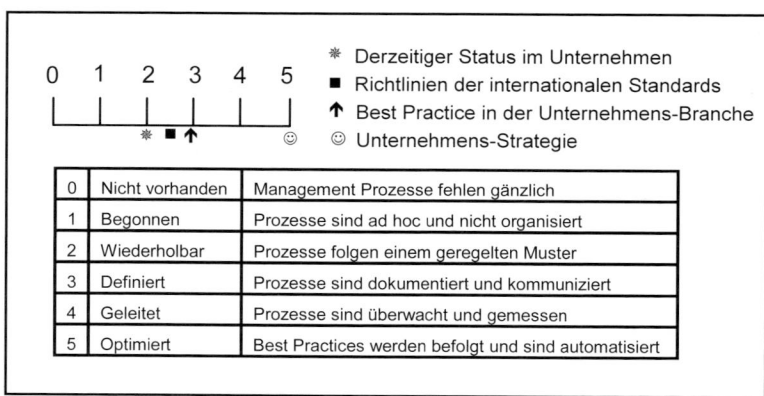

0	Nicht vorhanden	Management Prozesse fehlen gänzlich
1	Begonnen	Prozesse sind ad hoc und nicht organisiert
2	Wiederholbar	Prozesse folgen einem geregelten Muster
3	Definiert	Prozesse sind dokumentiert und kommuniziert
4	Geleitet	Prozesse sind überwacht und gemessen
5	Optimiert	Best Practices werden befolgt und sind automatisiert

Abbildung 7.4:   Informations-Sicherheit-Maturity-Modell

7.2   Organisatorische Funktionen für Informations-Risiken

Im Abschnitt 4.4 haben wir die wichtigen organisatorischen Funktionen im Rahmen eines Unternehmens-Risiko-Managements behandelt. Für die IT-Governance fallen insbesondere dem CIO (Chief Information Officer) und dem CSO (Chief Security Officer) wichtige Rollen zu. Um dem Schutz der Informationen besonderen Nachdruck zu verleihen, ist auch oft die die Funktion eines CISO (Chief Information Security Officer) anzutreffen.

Die Bedeutung des Risiko-Managements für die Informations-Sicherheit haben wir im vorangegangenen Kapitel bereits behandelt. Ebenfalls behandelt wurden die Anforderungen an eine IT-Governance auf den Ebenen des Verwaltungsrats und der Geschäftsleitung.

In den folgenden Abschnitten behandeln wir einige organisatorischen Funktionen, die spezifisch die Informations-Sicherheit und damit das IT-Risiko-Management im Unternehmen steuern.

Dies sind vor allem:

❏   Chief Information Officer

❏   Chief Information Security Officer und

❏   Prozess- und System-Owner bei IT-unterstützten Prozessen

❏   IT-Administratoren und IT-Sicherheits-Administratoren

7.2.1   Chief Information Officer (CIO)

Verantwortlichkeit für Information-Technologie

Um dem hohen Stellenwert der Informationen gerecht zu werden, setzen Unternehmen mit hohen Abhängigkeiten von Informationen (z.B. Banken, Versicherungen, Verwaltungen) einen Verantwortlichen für die Informations-Technologie (IT) auf der obersten Management-Ebene des Unternehmens ein. Diese meist dem CEO (Chief Executive Officer) des Unternehmens direkt unterstellte Führungsperson wird oft als Chief Information Officer bezeichnet. Häufig ist dieser Chief Information Officer auch Mitglied der Geschäftsleitung. Diese Führungsperson übernimmt im Auftrag des Verwaltungsrates und der Geschäftsleitung vor allem Verantwortlichkeiten über „strategische" und „zentrale" Fragen im Zusammenhang mit Konzeption, Aufbau, Betrieb, Nutzung und Abbau von Informations-Technologien im Unternehmen. In vielen Fällen obliegt diesem CIO auch gleichzeitig die operative Verantwortung für die Informationstechnologie im Unternehmen.

Strategische Belange

Die Zuordnung der Verantwortlichkeiten zu einem CIO ist stark von der Struktur des Unternehmens abhängig. So werden in einem Unternehmen mit komplexen und wechselhaften Informations-Anforderungen dem CIO in erster Linie die strategischen IT-Belange zugeordnet.

Operative Aufgaben

Hingegen werden in einem Unternehmen mit einfacheren und stabilen Informationsanforderungen dem CIO meist sowohl die strategischen als auch die operativen Aufgaben und Verantwortlichkeiten der Unternehmens-IT übertragen.

CIO als Katalysator

In jedem Falle muss der CIO die Rolle eines Katalysators zwischen den Geschäfts-Anforderungen und den IT-Lieferungen des IT-Bereichs einnehmen können. In seiner strategischen Aufgabe wird er Owner der IT-Strategie-Risiken, IT-Technologie-Risiken und IT-Projektrisiken sein.

7.2.2   Chief (Information) Security Officer

Die Funktion eines (unternehmensweiten) Chief Information Security Officer beruht, wie die des CIO, auf dem hohen Stellenwert der Information und der IT-Systeme in vielen Unternehmen. Zudem bedarf es auf Grund der wichtigen IT-Risiken und der zum Teil komplexen Risiko-Zusammenhänge einer Funktion mit der notwendigen Fachkompetenz, die für die Geschäftsleitung Garant dafür ist, dass den IT-Risiken in angemessener Weise Rechnung getragen wird.

Garant der Geschäftsleitung

Bezeichnung Chief Information Security Officer

Die Bezeichnung „Chief Information Security Officer" ist deshalb beliebt, weil sie zum einen eine deutliche Abgrenzung gegenüber anderen Sicherheitsaspekten im Unternehmen trifft (z.B. der physischen Objekt-Sicherheit) und zum anderen die Sicherheit der IT-Systeme als Voraussetzung für die Informations-Sicherheit in das Verantwortlichkeitsgebiet einzubeziehen vermag. Die Abgrenzung gegenüber den anderen Sicherheitsaspekten wird oft so getroffen, dass dem CISO die Informations-Sicherheit bezüglich Vertraulichkeit, Integrität und Verfügbarkeit der Informationen und IT-Systeme obliegt.

Policy-Erstellung, Durchsetzung und Kontrolle

Seine Aufgaben werden sich auf die Strategiefindung bezüglich Informations-Sicherheit und Informations-Risiken (IT-Risiken) im Strategie- und Risiko-Management-Prozess sowie die Sicherheits-Policy-Erstellung und deren Durchsetzung und Kontrolle im Unternehmen konzentrieren. Mit diesen Aufgaben legt der CISO, im Rahmen der Management-Prozesse, die Leitplanken für die operativen Verantwortlichkeiten betreffend Informations-Sicherheit fest.

Bewilligungs- und Anordnungs-befugnisse

In seiner Kontroll- und Überwachungsfunktion können ihm durch den Verwaltungsrat oder die Geschäftsleitung auch Bewilligungs- und Anordnungbefugnisse für besondere Prozess-Schritte oder Situationen (z.B. während der System-Entwicklung oder bei akuten Gefahren) zugeteilt sein. Aus der Führungs-Pyramide der Informations-Sicherheit (s. Abbildung 8.1) sind weitere Führungs-Verantwortlichkeiten ersichtlich, wie das Erlassen von Sicherheitsstandards, das Definieren einer Sicherheits-Architektur oder die Abnahme von Sicherheitskonzepten.

Steuerung und Koordination IT-RM-Prozesse

In das Aufgabengebiet des CISO gehört auch die Steuerung und Koordination der IT-RM-Prozesse bezüglich Vertraulichkeit, Integrität und Verfügbarkeit (s. Abschnitt 12.1.3). Damit fällt ihm die Aufgabe eines „Prozess-Owners" des IT-Risiko-Management-Prozesses zu. Natürlich ist er damit nicht gleichzeitig Owner der IT-Risiken oder der IT-Prozesse selbst.

Verantwortlich-keiten CISO

Dem CISO sollte neben den Verantwortlichkeiten über den IT-RM-Prozess, über die Sicherheits-Anweisungen und deren Durchsetzungen und Kontrollen, nicht gleichzeitig die Verantwortlichkeiten der Sicherheitsausführung und -umsetzung zugeordnet werden; dies aus Gründen der Gewaltentrennung, wie es im Abschnitt 7.2.5 näher dargelegt wird.

7.2.3   IT-Owner und IT-Administratoren

Bei der Behandlung des Risiko-Managements aus unternehmenssicht haben wir bereits den Risk-Owner als einen der Hauptakteure im unternehmensweiten Risiko-Management angeführt.

Ownership-Prinzip

Das Ownership-Prinzip als Führungsfunktion hat sich auch bei den IT-Risiken bewährt. So weist beispielsweise das IT Governance Institute in seinen Anleitungen über die „IT Security Governance" auf die Einrichtung von „Ownership" für Sicherheit und Kontinuität im Unternehmen hin.

Owner für Informations-Sicherheit und IT-Risiken

Als Owner für Informations-Sicherheit und IT-Risiken eignen sich Führungskräfte in der Linie, welche die Verantwortung über eine bestimmte Prozesskette oder ein IT-System (IT-Infrastruktur oder IT-Applikation) tragen. Dabei kommen zum einen Owner von IT-unterstützten Geschäfprozessen in Frage, welche vor allem mit den Konsequenzen von IT-Ereignissen vertraut sind. Zum anderen braucht es Owner von IT-Prozessen und IT-Systemen, welche für die IT-Prozesse, IT-Systeme und IT-Infrastrukturen verantwortlich sind und die Risiken dieser Bereiche kennen und bewältigen müssen.

Geschäftsprozess-Owner / IT-Prozess-Owner

Sowohl die „Geschäftsprozess-Owner" als auch die „IT-Prozess-Owner" haben im IT-Risiko-Management-Prozess für eine bestimmte Wertschöpfungskette entsprechend zugeordnete Verantwortlichkeiten.

Neben den Owner mit definierten Führungs- und Prozessverantwortlichkeiten (z.B. Kosten- und Leistungsverantwortung) sind für den gesicherten IT-Betrieb sog. Administratoren (oder Sicherheits-Administratoren) im Einsatz. Diese Administratoren nehmen Verwaltungsaufgaben wahr, wie die Erfassung und Verwaltung von Zugriffsrechten oder die Registrierung, Auswertung und Weiterleitung von Sicherheits-Ereignissen.

Administratoren erfüllen mit Policies vorgegebene Fachaufgaben

Innerhalb des IT-Risiko-Management-Prozesses haben Sie meist keine Führungsaufgaben, sondern erfüllen die mit Policies vorgegebenen Fachaufgaben. Sowohl Owner als auch Administratoren führen ihre Aufgaben zur Informations-Sicherheit und zum IT-Risiko-Management nicht in jedem Falle vollamtlich aus. Gerade in kleineren Unternehmen können diese Funktionen auch in Personalunion mit anderen Funktionen ausgeübt werden.

7.2.4 Information Security Steering Committee

Die Informations-Sicherheit berühren sämtliche Aspekte eines Unternehmens. Demnach ist es wichtig, sowohl die Analyse möglicher Risiken mit ihrer Ursachen als auch die umzusetzenden Massnahmen breit mit den entsprechenden Kenntnisträgern und den Verantwortlichen im Unternehmen abzustützen.

Das IT Govermnance Institut schlägt ein „Steering Committee" unter Beteiligung des CEO, des CFO, des CIO des CSO und CISO sowie Vertreter des Personaldienstes (HR) und des internen Audits vor ([Isac06], S. 22).

Ein solches Steering Committee soll hauptsächlich die Kommunikation der Management-Absichten und die Ausrichtung des Sicherheits-Programmes an den Unternehmenszielen gewährleisten. Auch soll das Bewusstsein im Unternehmen hinsichtlich einer guten Risiko- und Sicherheitskultur durch das Komitee und seine Mitglieder gefördert werden.

7.2.5 Checks and Balances durch Organisations-Struktur

Gewalten-trennung

Wie aus den obigen Rollenbeschreibungen erkennbar ist, sollten insbesondere die Verantwortlichkeiten für den Risiko-Managementprozess und die Risikoverantwortlichkeiten in den Geschäfts- und IT-Prozessen im Sinne einer „Gewaltentrennung" personell getrennt sein. So ist beispielsweise von der Unterstellung eines CISO mit dem oben skizzierten Aufgaben- / Verantwortlichkeitsprofil unter die Führungs-Linien der IT-Organisation oder eines Geschäftsfeldes abzuraten. In einer solchen Unterstellung würde er die im Interesse des Gesamt-Unternehmens teilweise aufwändigen Sicherheitsmassnahmen nur schwerlich durchsetzen können.

Principal/Agent-Situation

Aufgrund der Informations-Asymmetrie zwischen dem für die Unternehmens-Risiken verantwortlichen Verwaltungsrat und den für eher kurzfristige Kosteneinsparungen belohnten Linien-Manager eines Geschäftsfeldes oder IT-Prozesses wird es zwangsläufig zu einer „Principal/Agent"-Situation kommen. Dabei werden sich die Linien-Manager in der Regel für die kurzfristigen Einsparungen durch Nichtrealisierung nachhaltiger Sicherheits-Massnahmen entscheiden (vgl. [Bitr04], S. 54); dies auf dem Hintergrund, dass sich grössere IT-Risiken meist erst in der langen Sicht materialisieren.

Organisatorische Einordnung CISO

Die organisatorische Einordnung sollte deshalb dem CISO den direkten Berichtsweg zu den obersten Kontroll- und Führungsinstanzen gewährleisten. Mit der notwendigen Bewegungsfreiheit und Unbefangenheit wird er somit im Auftrag der obersten Kontroll- und Leitungsinstanzen die Informations-Sicherheit im Unternehmen durchsetzen und kontrollieren können (vgl. [Delt03], S. 10). Bei Berücksichtigung der Gewaltentrennung sind Unterstellungen des CISO unter den Verwaltungsrat, den CEO oder den CIO mögliche Varianten[*].

Chief Risk Officer   Die übergeordnete Steuerung, Koordination und Kontrolle des Gesamt-Risiko-Management-Prozesses erfolgt durch den Chief Risk Officer. Die Umsetzung des Risiko-Managements liegt bei den Risiko-Eignern (Risk Owner) der operativen Geschäfts- und Unterstützungsfunktionen.

Eine Organisations-Struktur mit den bereits unter Abschnitt 4.4 erwähnten Funktionen und mit zwei gebräuchlichen Varianten der Einordnung des CISO ist in der Abbildung 7.5 veranschaulicht. In dieser Abbildung sind zudem die wesentlichen organisatorischen Funktionen gezeigt, die in ihren jeweiligen Führungs- und Fachgebieten das Risiko-Management steuern und kontrollieren.

---

[*]   Die Unterstellung unter den CIO ist durch Regulatoren oder Gesetzgebungen nur bedingt erlaubt, z.B. in Deutschland, wenn der Datenschutz durch eine nicht dem CIO unterstellte Person gewährleistet wird.

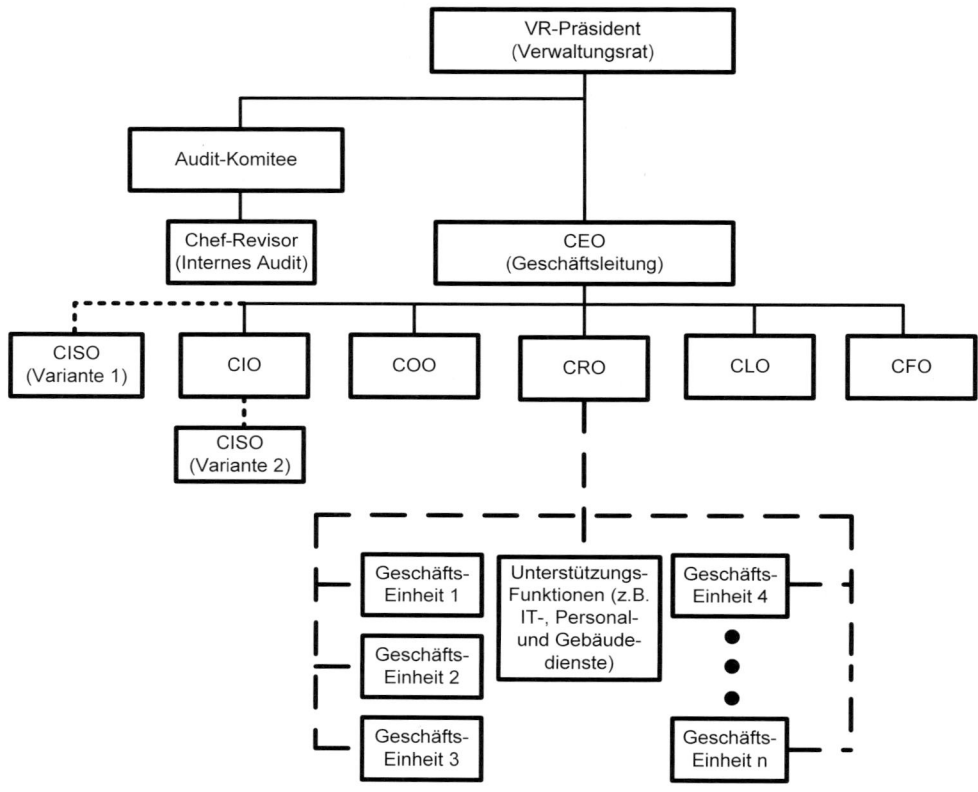

Legende:

VR: Verwaltungsrat

CEO: Chief Executive Officer

CRO: Chief Risk Officer

CISO: Chief Information Security Officer

CIO: Chief Information Officer

COO: Chief Operation Officer

CLO: Chief Legal Officer

CFO: Chief Financial Officer

Audit-Komitee

Chef-Revisor und Internes Audit

Abbildung 7.5: Risiko-Management-Funktionen in einem grossen Unternehmen

7.3 Zusammenfassung

Die Leistung der „IT-Sicherheit" äussert sich vor allem in einem an den Geschäftsstrategien und -Zielen ausgerichteten IT-Risiko-Management, welches die Risiken und Massnahmenkosten im Geschäftskontext optimiert. Das IT Governance Institut definiert IT-Governance als Verantwortlichkeit des Verwaltungsrats und der Geschäftsleitung und somit als integraler Bestandteil der Corporate-Governance.

Aufgrund der Wichtigkeit der Informations-Sicherheit hat das IT Governance Institut eine Anleitung für „Informations-Sicherheit-Governance" herausgegeben. Darin kommen "Best Practices" hinsichtlich Informations-Sicherheit für die Ebene des Verwaltungsrats und für die Ebene der Geschäftsleitung zum Ausdruck. Z.B. „Die Sicherheitsanforderungen werden durch die Unternehmensanforderungen getrieben."

Die Funktion des „Chief Information Officer" übernimmt im Auftrag des Verwaltungsrates und der Geschäftsleitung wichtige Verantwortlichkeiten bei strategischen Fragen der IT sowie die für das gesamte Unternehmen zentralen IT-Fragen. Die Zuordnung seiner Verantwortlichkeiten hängen stark von der Struktur des Unternehmens ab. In vielen Fällen trägt er gleichzeitig die operative Verantwortung für die Informationstechnologie im Unternehmen.

Die Funktion des „Chief Information Security Officer" beruht, wie die des „Chief Information Officer", auf dem hohen Stellenwert der Informationstechnologie im Unternehmen. Mit seinen Aufgaben, vor allem bei der Strategiefindung und der Policy-Ausarbeitung, für die Sicherheit der Informationen und Informationssysteme legt er die Leitplanken für die Informations-Sicherheit fest. Für die operationelle Durchsetzung und Kontrolle der Informations-Sicherheit können ihm durch den Verwaltungsrat oder die Geschäftsleitung auch Bewilligung- und Anordnungsbefugnisse für besondere Prozessschritte und Situationen zugeteilt sein.

Als Owner für IT-Sicherheit und IT-Risiken eignen sich Führungskräfte, welche in der Linie die Verantwortung über eine bestimmte Prozesskette oder ein IT-System (IT-Infrastruktur oder IT-Applikation) innehaben.

Neben den Ownern als Führungspersonen mit bestimmten Prozessverantwortlichkeiten (z.B. Kosten- und Leistungsverantwortung) sind für den gesicherten IT-Betrieb sog. Administratoren (oder Sicherheitsadministratoren) im Einsatz. Diese Administratoren nehmen Verwaltungsaufgaben wahr, wie die Erfassung und Verwaltung von Zugriffsrechten oder die Registrierung, Auswertung und Weiterleitung von Sicherheits-Ereignissen.

Ein „Steering Committee" für Informations-Sicherheit mit wichtigen Mitgliedern der Unternehmensführung (z.B. CEO, CIO und CSO) soll hauptsächlich die Kommunikation der Management-Absichten und die Ausrichtung des Sicherheits-Programmes an den Unternehmenszielen gewährleisten.

Bei der organisatorischen Einbindung der verschiedenen Risiko-Rollen in die Organisations-Struktur eines Unternehmens ist auf „Checks and Balances" zu achten.

7.4 Kontrollfragen und Aufgaben

1. Wie definieren Sie IT-Governance?

2. Nennen Sie mindestens fünf Resultate, welche eine „Information Security Governance liefern sollte.

3. Nennen Sie mindestens je drei der Best Practices zur Information Security Governance auf der Verwaltungsrat- und auf der Geschäftsleitungs-Ebene.

4. Mit welchen organisatorischen Dispositionen können „Checks and Balances" für die Informations-Sicherheit herbeigeführt werden?

5. Welche Probleme können entstehen, wenn der Chief Information Security Officer innerhalb der Linie einer Informatik-Abteilung unterstellt wird?

8 IT-Risiko-Management in der Führungs-Pyramide

Steuerung und Kontrolle IT-Risiko- management

Die Steuerung des IT-Risiko-Managements in einem Unternehmen lässt sich anhand einer Pyramide darstellen. Die Pyramide symbolisiert dabei, die von oben nach unten zunehmende Verfeinerung der zu steuernden und kontrollierenden Aspekte. Auf verschiedenen Ebenen der Pyramide sind sodann die Führungsinstrumente mit ihrer jeweiligen Führungs- und Kontrollinstanz angeordnet (Abbildung 8.1).

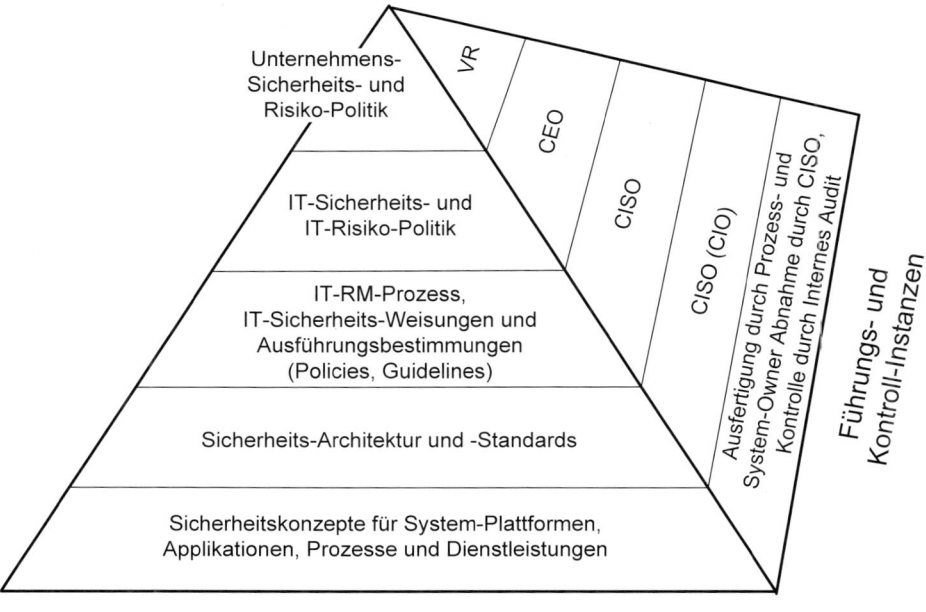

Führungs-Instrumente

Legende:
VR: Verwaltungsrat
CEO: Chief Executive Officer
CISO: Chief Security Officer
CIO: Chief Information Officer

Abbildung 8.1: Führungspyramide mit Instrumenten und Führungsinstanzen

Der Output aus einer Ebene fliesst top-down als Input in die nächst tiefer gelegene Ebene ein. Der Top-down-Ansatz garantiert eine den Unternehmens-Anforderungen entsprechende Standardisierung der Prozesse und Massnahmen. Selbstverständlich werden tiefer gelegene Ebenen aufgrund der aktuellen operativen Realität den Inhalt der höher gelegenen Ebenen wiederum beeinflussen.

8.1   Ebenen der IT-Risiko-Management-Führungspyramide

In diesem Abschnitt werden die Inhalte der Führungsinstrumente für die Sicherheit auf den einzelnen Ebenen beleuchtet. Ebenfalls werden Anhaltspunkte für die Verantwortlichkeiten bezüglich Inkraftsetzung, Ausführungsverantwortung und Kontrolle der einzelnen Ebenen gegeben.

In kleineren Unternehmen können aneinander angrenzende Ebenen und deren Instrumente miteinander verschmolzen werden. In grossen Organisationen mit komplexen Führungsstrukturen sind sogar zusätzliche Ebenen mit entsprechenden Instrumenten möglich.

8.1.1   Risiko- und Sicherheits-Politik auf der Unternehmens-Ebene

Übergeordnete Sicherheits- und Risiko-Ziele

Die Risiko- und Sicherheits-Politik ist ein durch den Verwaltungsrat (Aufsichtsrat) genehmigtes Papier. Dieses gibt die für das Unternehmen gültigen übergeordneten Sicherheits- und Risiko-Ziele sowie die dazu wichtigsten Grundsätze wieder.

Risiko- und Sicherheits-Organisation

Die Risiko- und Sicherheits-Politik legt zudem in groben Zügen die Risiko- und Sicherheitsorganisation und die einzelnen Risikobereiche sowie die Abgrenzungen untereinander fest. Informations-Sicherheit ist in der Regel einer dieser Risikobereiche, Finanzrisiken ein anderer. Ebenfalls in der Risiko- und Sicherheits-Politik enthalten sind die Grundzüge für den integrierten unternehmensweiten Risiko-Management-Prozess.

Grundzüge RM-Prozess

Die Ziele und Grundsätze beziehen sich auf die Unternehmens-Mission und die Unternehmens-Ziele und bringen wichtige Werte und Haltungen (ggf. auch ethische Grundsätze) zu Risiken und zur Sicherheit im Unternehmen zum Ausdruck. Solche Punkte können z.B. der Schutz von Kunden-Vermögen oder das Unterhalten von Ausweich-Standorten und Katastrophen-Organisationen sein.

Wesentliche Risiko-Gebiete

Die wesentlichen Risiko-Gebiete des Unternehmens sollen in dieser Risiko- und Sicherheits-Politik angeprochen sein. Diese

Politik ist übergeordnet und langfristig angelegt und ist damit ein Führungsinstrument des „Normativen Managements". Folgerichtig wird auch der Verwaltungsrat massgeblich den Inhalt bestimmen und die Politik genehmigen. Sowohl die Strategiefindung als auch die operativen Aktivitäten des Unternehmens werden sich im Rahmen dieser Risiko- und Sicherheits-Politik bewegen.

Untergeordnete Risiko- und Sicherheits-Politiken

In grösseren Unternehmen sind für kritische Risikogebiete untergeordnete Risiko- und Sicherheits-Politiken angezeigt, welche die fachspezifischen Ziele, Grundsätze und Verantwortlichkeiten des Gebiets aufzeigen. In ein solches Gebiet fallen die IT-Risiken.

8.1.2   Informations-Sicherheits-Politik und ISMS-Politik

Fachspezifische Risiko- und Sicherheits-Politik

Für das IT-Risiko-Management empfiehlt es sich, eine solche fachspezifische Risiko- und Sicherheits-Politik zu erstellen. Herkömmlicherweise wird eine solche Politik als Informations-Sicherheits-Politik bezeichnet (vgl. [Isoc05], S. 7). Vermehrt werden jedoch darin die Aspekte des IT-Risiko-Managements einbezogen.

Die Rahmenbedingungen für die Informations-Sicherheits-Politik sind durch die übergeordnete Risiko- und Sicherheits-Politik des Unternehmens vorgegeben.

Informations-Sicherheits-Politik an alle Mitarbeiter

Bei der Entwicklung einer Informations-Sicherheits-Politik sollte darauf geachtet werden, dass sie an alle Mitarbeiter gerichtet ist und deshalb verständlich und möglichst kurz gehalten werden sollte. Es sollen also nur die wichtigsten Aussagen enthalten sein. Für detaillierte Weisungs- und Ausführungsinhalte sollten, wie der nächste Abschnitt zeigt, pro Weisungs-Gebiet separate Weisungen und Ausführungsbestimmungen erstellt werden. Abbildung 8.2 zeigt beispielhaft Aufbau und Inhalte einer solchen Informations-Sicherheits-Politik.

Grundsätzliches:

☐   Geschäfte des Unternehmens und Rolle der Informationen und der IT

☐   Umwelt u.a. für Unternehmen wichtige Märkte und Technologien

☐   Hauptsächliche Bedrohungen

☐   Anspruchsgruppen (z.B. Kunden, Partner, Lieferanten) und deren Sicherheitsbedürfnisse

☐   Anforderungen gesetzlicher, regulatorischer und vertraglicher Art

☐   Für Informations-Sicherheit relevante Ziele und Grundsätze aus Unternehmens-Risiko-Politik

☐   Hinweis auf Risiko- und Sicherheitskultur, -bewusstsein, -kommunikation und Schulung

☐   Hinweis auf Mass der angestrebten „Unternehmens-Sicherheitsreife" (entspr. Maturity Modell)

☐   Begriffsdefinition Informationen, IT-Systeme und deren Komponenten

Politik-Punkte:

☐   Gegenstände, Umfang und Abgrenzung der Informations-Sicherheit
  - o   Informationen
  - o   IT-Systeme, IT-Prozesse über den gesamten Lebenszyklus
  - o   IT-Benutzer
  - o   Nicht zur Informations-Sicherheit gehörende Funktionen (z.B. physische Objekt-Sicherheit)

☐   Sicherheits- und Risikoziele und generelle Aussagen über deren Einhaltung
  - o   Vertraulichkeit (Datenschutz, Bankkundengeheimnis, Geschäfts-Geheimnis)
  - o   Integrität
  - o   Verfügbarkeit
  - o   Allenfalls auch Authentizität, Non-Repudiation und Zuverlässigkeit

☐   Risiko-Management
  - o   Methode und Hinweise auf Prozess-Beschreibungen,
  - o   Bewertungs-Schemata
  - o   Risiko-Strategie
  - o   Angabe des Frameworks, nach dem Kontrollziele überprüft werden (z.B. COBIT)

☐   Referenzierung der Prozesse für Geschäftskontinuität und IT-Notfall-Planung

☐   Referenzierung der Sicherheits-Vorschriften
  - o   für Outsourcing
  - o   für Externe und Vertragspartner

☐   Bereitstellung der erforderlichen Mittel und Ressourcen

☐   Bezugnahme auf weitere Weisungen über einzelne Risiko-Bereiche

Verantwortlichkeiten und Kompetenzen:

☐   Leiter von Geschäftseinheiten

☐   CISO

☐   CIO

☐   IT-Prozess- und IT-System-Owner

☐   Internes Audit

Geltungsbereich:

☐   Z.B. ganzes Unternehmen

Inkraftsetzung:

☐   Datum

☐   Unterschrift CEO

Abbildung 8.2:   Aufbau und Inhalte einer Informations-Sicherheits-Politik

Zur risikobasierten Behandlung der Informations-Sicherheit im Unternehmen hat sich in jüngster Zeit mit dem Standard ISO/IEC 27001 ein standardisierter Managementprozess etabliert (s. Abschnitt 9.3). Der Rahmen eines solchen, für eine kontinuierliche Verbesserung ausgelegten Managementprozesses wird mittels einer sog. „Informations-Sicherheits-Management-Politik" (ISMS-Politik) festgelegt. Dieses Politikpapier behandelt vor allem die Managementaspekte der Informations-Sicherheit und ist der zuvor erwähnten „Informations-Sicherheits-Politik" übergeordnet.

ISMS-Politik, Informations-Sicherheits-Politik und Geschäfts-kontinuitäts-Politik

Doch können die beiden Politik-Papiere, die ISMS-Politik und die Informations-Sicherheits-Politik, auch in einem einzigen Dokument zusammengefasst werden. Oft ist auch die Erstellung einer Geschäftskontinuitäts-Politik angezeigt (s. Abschnitt 13.2.1). Diese Politik kann ebenfalls in die ISMS-Politik integriert werden. Ein solchermassen gestaltete „Politik-Papier" ist den weiter detaillierten Vorschriften (s. Abschnitt 8.1.3) übergeordnet.

8.1.3 IT-Sicherheitsweisungen und Ausführungsbestimmungen

Die Zusammenhänge der Informations-Sicherheit sind oft nicht einfach zu verstehen und zu kommunizieren. Doch hängt die Sicherheit zu einem grossen Teil vom Verhalten der Mitarbeiter und Benutzer von IT-Systemen ab. Auch bedürfen der Aufbau und der Betrieb der IT-Systeme klarer auf die Organisation (Unternehmen) abgestimmter Sicherheits-Vorschriften.

Weisungskonzept

Ein gut gestaltetes Weisungskonzept stösst bei Management und Mitarbeitern meist auf Befürwortung, da es klare Auskunft über wichtige Fragen im Arbeitsprozess gibt. Die mit den Weisungen zu regelnden Aspekte bedürfen, ähnlich der Gesetzgebung, oft grundlegende, langfristige Festlegungen. Meist sind zusätzliche Anleitungen oder Anweisungen darüber notwendig, wie einzelne Weisungsinhalte durch die „Betroffenen" mit den entsprechenden Einrichtungen konkret umzusetzen sind.

Ausführungs-bestimmungen

Solche „Ausführungsbestimmungen" können einer Weisung als integraler Bestanteil „unterstellt" werden. Oft werden diese Ausführungsbestimmungen auch als Standards, Verfahrensregeln oder Richtlinien bezeichnet. Häufig besteht bereits ein generelles Weisungskonzept[*], in welches die Informations-Sicherheits-

---

[*] Im angloamerikanischen Sprachgebrauch entsprechen die Weisungen den „Policies" und die Ausführungsbestimmungen den „Standards, Procedures and Guidelines".

Weisungen und Ausführungsbestimmungen integriert werden können. In Abbildung 8.3 ist ein solches Konzept für Weisungen und Ausführungsbestimmungen ansatzweise skizziert.

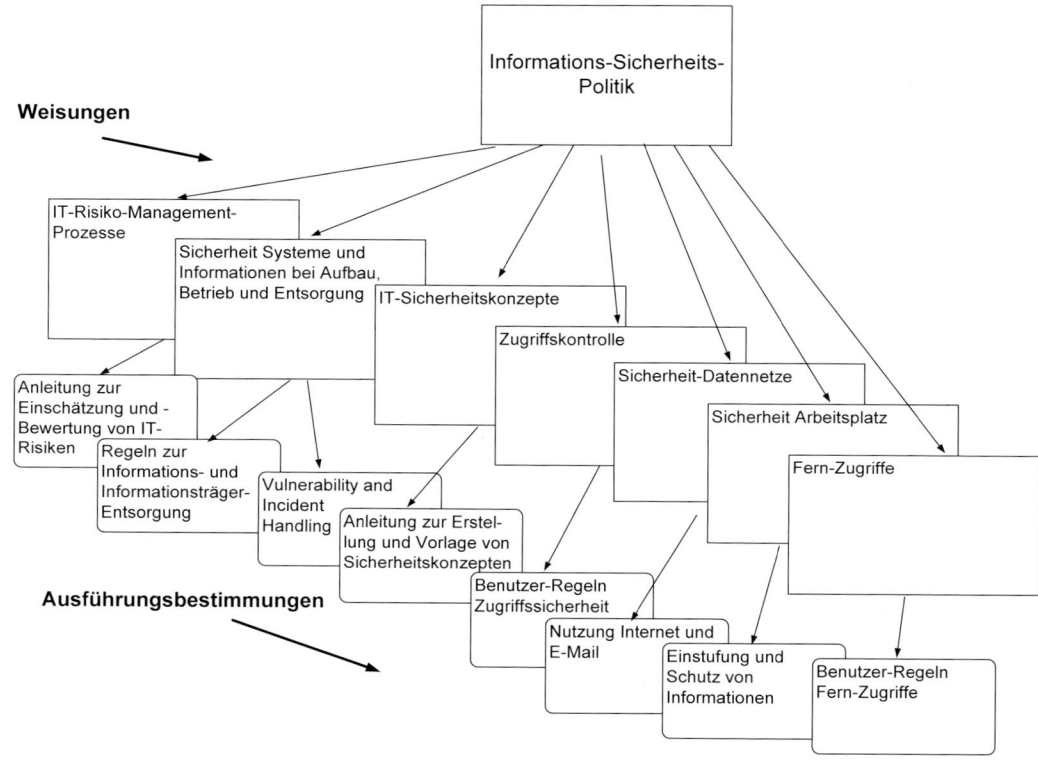

Abbildung 8.3:   Konzept der Weisungen und Ausführungsbestimmungen

Die Bereiche, für die Weisungen und Ausführungsbestimmungen erstellt werden, unterscheiden sich von Unternehmen zu Unternehmen. Auch gibt es kein allgemeingültiges Konzept dafür, welche Bereiche mit engen Vorschriften und welche mit gröberen Vorschriften zu behandeln sind. Auch der Sprach-Stil, in welchem die Weisungen kommuniziert werden, ist von der Unternehmens-Kultur, den Geschäftsprozessen und dem Stellenwert von Risiko-Management und Sicherheit im Unternehmen abhängig.

Akzeptanz der Weisungen

Die Akzeptanz der Weisungen ist sicherlich umso höher, wenn die offensichtlich wichtigen Sicherheits-Aspekte darin zum Vorschein kommen, und den aktuellen Bedrohungen in ausgewogener und konsistenter Weise begegnet werden.

8.1.4   IT-Sicherheits-Architektur und -Standards

Sicherheits-Infrastruktur

Bei mittleren bis grösseren Unternehmen empfiehlt es sich, aufgrund der für das Unternehmen typischen System-Situation eine eigene System-Architektur, eigene Sicherheits-Standard und damit eine standardisierte Sicherheits-Infrastruktur aufzubauen. Betreibt das Unternehmen beispielsweise unterschiedliche Kundensysteme und müssen diese Systeme aufgrund des Vertraulichkeits-Ziels weitgehend voneinander isoliert sein, dann können mit einer entsprechenden Sicherheits-Architektur, die erforderlichen Sicherheits-Dienste und -Mechanismen vorgesehen werden (Abbildung 8.4).

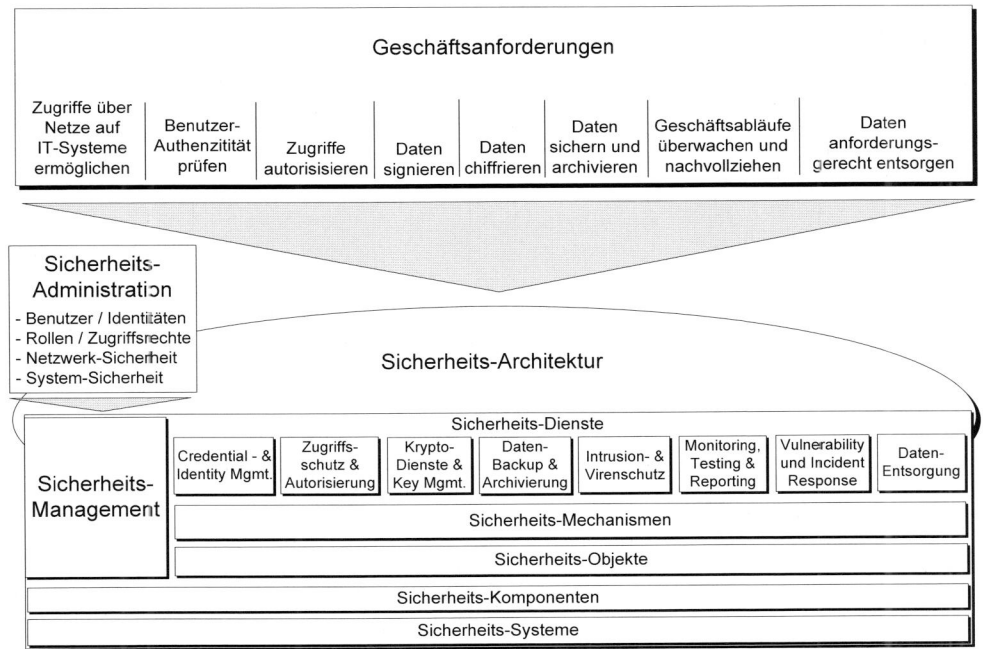

Abbildung 8.4:   Aufbau einer IT-Sicherheits-Architektur

Unternehmens-Sicherheits-Standards

Auch wird sich das Unternehmen auf ganz bestimmte Sicherheitssysteme beschränken und diese zu „Unternehmens-Sicherheits-Standards" erklären. Damit können Rationalisierungspotentiale ausgeschöpft werden. Solche Standards könnten beispielsweise ein bestimmter Authentisierungs-Token oder eine Proxy-Infrastruktur sein, mit der auf das Internet zugegriffen werden kann.

Standards in Stärkegraden und Schnittstellen-Arten

Um den spezifischen Risiken und Kosten-Beschränkungen bei einzelnen Systemen gerecht werden zu können, werden Standards für Sicherheits-Dienste in verschiedenen „Stärkegraden" und „Schnittstellen-Arten" konzipert. So wird beispielsweise ein zentral eingesetzter Authentisierungs-Server folgende unterschiedliche Authentisierungs-Methoden mit unterschiedlichen Stärken unterstützen:

⇨ „Passwort-Authentisierung",

⇨ Soft-Zertifikat- und

⇨ Hard-Token-Authentisierung.

Weitere Beispiele für solche „risiko-gerechten" Sicherheitsdienste sind:

❒ Unterschiedliche Sicherheits-Zonen im internen Datennetz, in welche die Applikations-Server je nach Sicherheitsbedürfnis (Vertraulichkeit, Integrität und Verfügbarkeit) platziert werden;

❒ Sicherheitsdienste für Kryptographie, Signatur, Zugriffskontrolle, Back-up etc. zum angemessenen Schutz von Informationen, die aufgrund der vorliegenden Vertraulichkeits- und Integritäts-Einstufungen ausgewählt und eingesetzt werden können (s. Muster einer entsprechenden Ausführungsbestimmung im Anhang 2);

❒ Rollenbasiertes Zugriffs-Kontrollsystem;

❒ Viren-Schutz auf sämtlichen Client- und Server-Systemen mit definierten Update-Perioden;

❒ Anforderungsgerchtes Ressourcen-Sharing (z.B. Unterschiedliche SAN[*]-Kategorien oder Storage-Arrays);

❒ Patch-Verteilungs- und Einspiel-Mechanismen basierend auf Kritikalität;

❒ Werkzeuge für Incident-Management (z.B. Intrusion Detection).

---

[*]   Storage Area Network

Vom Anwendungszweck her können wir die IT-Sicherheits-Architektur in einem Unternehmen pragmatisch wie folgt definieren (s. auch Abbildung 8.5):

> Die IT-Sicherheits-Architektur in einem Unternehmen ist ein Baukasten-System mit abgestimmten, standardisierten Bausteinen unterschiedlicher Sicherheitsdienste mit abgestuften Stärken und den Anforderungen entsprechenden Schnittstellen.

Technische Konzeption einer Sicherheits-Policy

Die IT-Sicherheits-Architektur ist somit die technische Konzeption eines vorab definierten, in sich schlüssigen Informations-Sicherheits-Weisungkonzepts (Policy) und zielt auf eine rationelle Umsetzung der Sicherheitsmassnahmen in Form von Komponenten und Systemen ab. Die Policy gibt vor, wo und aufgrund welcher Kriterien einzelne Architektur-Bausteine eingesetzt werden. Die einzelnen Architektur-Bausteine sind für den Anwender bezüglich ihrer Leistungen und Schnittstellen-Definitionen beschrieben.

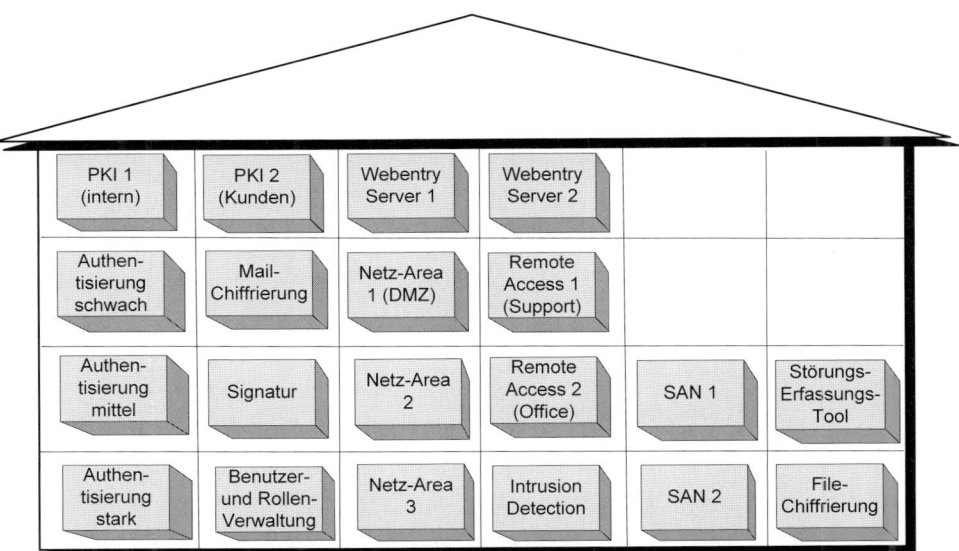

Abbildung 8.5:   Beispiel einer IT-Sicherheits-Architektur mit ihren Bausteinen

Baseline Security Standards

Ein verbreitetes Vorgehen besteht auch darin, die System-Plattformen (z.B. UNIX-Server) mit eigenen, für das Unternehmen zugeschnittenen „Baseline Security Standards" aufzusetzen und zu betreiben. Diesen Standards gehorchend werden beispielsweise beim Aufsetzen der Server gefährliche Betriebssystem-Funktionen sowie gefährliche Zugriffsfunktionen und Netzwerk-Ports beim Installations-Vorgang automatisch unterbunden.

*Öffentlich verfüg-
bare Sicherheits-
Standards*

Im Rahmen der unternehmensinternen Standardisierung werden vermehrt auch öffentlich verfügbare Sicherheits-Standards (z.B. ISO/IEC 27002, CobiT oder BSI IT-Grundschutz-Kataloge) oder Teile daraus als Unternehmens-Standards erklärt.

*Sicherheits-
Infrastruktur*

Ein grösseres Unternehmen wird sich in der Regel eine eigene „Sicherheits-Infrastruktur" aufbauen und betreiben. Zu einer solchen Sicherheits-Infastruktur gehören beispielsweise die zentralen Zugriffs-Kontrollsysteme, Webentry-Systeme, Proxy- und Firewall-Systeme, Intrusion Detection- und Content-Filter-Systeme. Da diese Infrastruktur-Einrichtungen den einzelnen Plattformen und Applikations-Systemen zur Verfügung gestellt werden, sollten diese Einrichtungen mit ihren Sicherheits-Diensten und Schnittstellen-Spezifikationen als „unternehmens-spezifische Standards" in Kraft gesetzt werden.

*Standard-
Sicherheits-
Einrichtungen
erleichtern Risiko-
Management*

Bezüglich dem Risiko-Management erleichtern solche Standard-Sicherheits-Einrichtungen die Durchführung des Risiko-Management-Prozesses, indem die Risiken für eine ganze Population von gleichartigen Systemen nur einmal analysiert und die Massnahmen nur einmal konzipiert werden müssen.

Praxistipp

Standard-Sicherheits-Einrichtungen schaffen nicht nur Transparenz für die Risikobeurteilung, sondern ermöglichen auch die Einsparung von Massnahmenkosten.

8.1.5   IT-Sicherheitskonzepte

Die Informationen sind die Kernelemente von IT-System-Plattformen, -Applikationen, -Prozesse und IT-Dienstleistungen. Die Risiken und der Schutz der Informationen und der damit verbundenen Prozesse werden vorteilhaft im Rahmen eines Sicherheitskonzepts analysiert, konzipiert, und dokumentiert. Das Sicherheitskonzept dient somit der spezifischen Analyse und Lösung eines Sicherheitsproblems.

Sicherheitskonzept garantiert ausgewogenes Massnahmenpaket

Das Sicherheitskonzept ermöglicht, durch eine ganzheitliche Betrachtung der Unternehmens-IT-Infrastruktur mit allen Prozessen und Beteiligten, ein ausgewogenes Massnahmenpaket flankiert mit den notwendige Sicherheitsrichtlinien, -vorschriften und organisatorischen Regelungen.

Es ist nützlich, wenn die im Sicherheitskonzept getroffenen Festlegungen für das betrachtete System Weisungscharakter haben. Bei einem entsprechend (durch den CISO) abgenommenen Sicherheitskonzept können für den spezifischen Fall auch Aspekte genereller Weisungen durch Aussagen im Sicherheitskonzept* übersteuert werden. Somit trägt ein für den Einzelfall ausgefertigtes Sicherheitskonzept den allfällig benötigten Ausnahmeregelungen Rechnung.

Sicherheitskonzept trägt Ausnahmeregelungen Rechnung

Der Aufbau und die Inhalte eines solchen Sicherheitskonzepts, sowie sein Stellenwert für ein IT-Risiko-Management sind im Abschnitt 10.1 ausführlich behandelt.

8.2 Zusammenfassung

Die Steuerung des IT-Risiko-Managements in einem Unternehmen lässt sich anhand einer Führungspyramide darstellen. Die Führungspyramide zeigt die Führungs-Instrumente und die dafür zuständigen Führungs- und Kontrollinstanzen.

Eine **Risiko- und Sicherheits-Politik** wird auf der obersten Ebene des Unternehmens durch den Verwaltungsrat erlassen und legt in groben Zügen die Risiko- und Sicherheits-Organisation und die einzelnen Risiko-Bereiche mit ihren Abgrenzungen fest. Darin enhalten sind auch die übergeordneten Ziele und Grundsätze zu den Risiken und zur Sicherheit im Unternehmen.

In die fachspezifisch abgegrenzte **Informations-Sicherheitspolitik** werden vermehrt Aspekte des IT-Risiko-Managements einbezogen. Insbesondere sind daraus die Grundsätze und Ziele der IT-Risiko- und Sicherheits-Politik, das System der Sicherheits-Weisungen und -Prozesse sowie die entsprechenden Verantwortlichkeiten ersichtlich. Da dieses Politik-Papier an die Mitarbeiter

---

* Das Sicherheitskonzept erfüllt somit den Zweck einer „System-Policy", wie sie im Standard ISO/IEC 13335-1:2003 erwähnt wird [Isoi03]. Der Standard ISO/IEC 13335-1:2003 soll im Jahr 2009 in den Standard ISO/IEC 27000 überführt werden.

gerichtet ist, bedarf es einer knappen und verständlichen Sprache.

Zur risikobasierten Behandlung der Informations-Sicherheit im Unternehmen hat sich in jüngster Zeit mit dem Standard ISO/IEC 27001 ein standardisierter Managementprozess etabliert. Der Rahmen eines solchen, für eine kontinuierliche Verbesserung ausgelegten, Managementprozesses wird mittels einer sog. „**Informations-Sicherheits-Management-Politik**" festgelegt. Die beiden Politik-Papiere, die ISMS-Politik und die Informations-Sicherheits-Politik, können in einem einzigen Dokument zusammengefasst werden. Eine Geschäftskontinuitäts-Politik kann ebenfalls in die ISMS-Politik integriert werden. Ein solchermassen gestaltete „Politik-Papier" ist den weiter detaillierten Vorschriften übergeordnet.

Die **IT-Sicherheitsweisungen und -Ausführungsbestimmungen** enthalten die Vorschriften und Anleitungen für die verantwortlichen Führungspersonen und Mitarbeitenden bezüglich der Informations-Sicherheit und der Durchführung und Umsetzung des IT-Risiko-Management-Prozesses. Die Weisungen und Ausführungsbestimmungen, werden in einem für das Unternehmen gebräuchlichen Weisungskonzept kommuniziert.

Die **IT-Sicherheitsarchitektur und die IT-Sicherheits-Standards** ermöglichen, insbesondere in Unternehmen mit grossen und komplexen „IT-Landschaften", die notwendige Übersicht und aus Risiko-Sicht und kostengünstige Lösungen. Dazu müssen in der Sicherheitsarchitektur die oft wiederkehrenden Dienste und Mechanismen entsprechend standardisiert sein. Liefert eine Sicherheits-Architektur Sicherheits-Dienste und -Mechanismen mit verschiedenen Stärken und Schnittstellen, dann ist es möglich, die Massnahmen an den Risiken zu orientieren. Bei den Sicherheitsstandards können für bestimmte Bereiche des Unternehmens eigene Standards (z.B. Baseline Security Standards) in Frage kommen, die sowohl der Kosteneffizienz als auch der erforderlichen Sicherheit Rechnung tragen.

Die **Sicherheitskonzepte** dienen vor allem der individuellen sicherheitsmässigen Behandlung von IT-Systemplattformen, einzelnen Applikationen und einzelnen Prozessen. Das Sicherheitskonzept behandelt dabei die Risken, Anforderungen, Massnahmen und Massnahmen-Umsetzungen analog zu den Aufgaben in einem Risiko-Management-Prozess.

Die Sicherheitskonzepte bewegen sich in der Regel im Rahmen der Vorgaben von Weisungen, Ausführungsbestimmungen,

Architekturen und Standards. Es ist jedoch nützlich, dass die im Sicherheitskonzept getroffenen konkreten Festlegungen ebenfalls Weisungscharakter haben. Für Ausnahmefälle ist es auch sinnvoll, wenn formal abgenomme Sicherheitskonzepte einzelne Punkte aus Weisungen oder Ausführungsbestimmungen übersteuern können.

8.3 Kontrollfragen und Aufgaben

1. Warum sollte die allgemeine Risiko- und Sicherheits-Politik eines Unternehmens durch den Verwaltungsrat (Aufsichtrat) erlassen werden?

2. Wie wird die IT-Sicherheits-Architektur für ein Unternehmen sinnvollerweise aufgebaut?

3. Weshalb kann es allenfalls notwendig werden, mit einem auf einen konkreten Fall bezogenes Sicherheitskonzept die Inhalte von Weisungen und Ausführungsbestimmungen zu übersteuern?

9   IT-Risiko-Management mit Standard-Regelwerken

In diesem Kapitel wird die Bedeutung der Standard-Regelwerke in der Informations-Sicherheit behandelt und gezeigt, wie solche Regelwerke dem IT-Risiko-Management dienen. Die hier als „Standard-Regelwerke" bezeichneten Regelwerke sind nationale oder internationale Standards, Rahmenwerke oder Referenzmodelle, die den Status eines „De-facto-Standards" erlangt haben. Einige der heute für die Informations-Sicherheit gültigen Standard-Regelwerke werden übersichtsweise mit ihrem Ursprung und Einsatzzweck sowie mit einigen wichtigen Merkmalen vorgestellt. Viele dieser Regelwerke weisen für ihren Anwendungszweck Überschneidungen untereinander auf. Dennoch verfügt jedes Regelwerk über bestimmte bevorzugte Gesichtszüge [Grue04]. Auch bestehen Unterschiede in der Anwendungsbreite und Unterstützungstiefe. Die Regelwerke der Reihe ISO/IEC 2700x sowie CobiT werden hinsichtlich der für das IT-Risiko-Management wichtigen Aspekte näher behandelt. Für weitergehende und tiefere Behandlung ist auf die Originalquellen und die zahlreich vorhandene Spezialliteratur verwiesen.

9.1   Bedeutung der Standard-Regelwerke

Grundschutz-massnahmen

Immer mehr kommen für Aufbau und Erhalt der Informations-Sicherheit „Standard-Regelwerke" und vor allem „Grundschutzmassnahmen" zum Einsatz. Im englischen Sprachgebrauch sind die Grundschutzmassnahmen unter dem Begriff „Baseline Security Controls" bekannt. Die Grundschutzmassnahmen existieren oft als nationale oder internationale Standards und erfahren als solche eine breite Abstützung, sowohl was ihre Erstellung als auch ihre Anwendung betrifft.

Best Practices

Viele der heute verfügbaren Standard-Regelwerke entstehen aus weit verbreiteten Praktiken, den sog. „besten Praktiken" oder „guten Praktiken" („best/good practices"). Sie enthalten die breit abgestützten Anleitungen und Massnahmen (Controls), die in der Praxis zum Einsatz gelangen sollen. Grössere Unternehmen unterhalten oft ihre eigenen Massnahmenkataloge, die den spezifischen Anforderungen des Unternehmens oder der Branche sowohl bezüglich der spezifischen Risikolage als auch bezüglich der Einbettung in die firmeneigene IT-Architektur und in die übrigen firmenspezifischen Standards Rechnung tragen. Im Teil B des Buches wurden bereits die an ein Unternehmen gestellten Anforderungen aufgezeigt, für die der Einsatz von Standard-Regelwerken geradezu prädestiniert ist.

Regelwerke für Realisierung und Kontrolle

Einige der Standard-Regelwerke geben zusätzlich Anleitungen und Hinweise, wie die Umsetzung der Massnahmen in der Praxis überprüft werden kann. Sie sind somit Regelwerke sowohl für die Realisierung als auch für die Überwachung, Überprüfung und Berichterstattung (Review / Audit).

Aus verschiedenen Gründen empfiehlt es sich, in einem Unternehmen auch allgemeine oder branchenspezifische „Grundschutz-Standards" einzusetzen.

Solche Gründe sind beispielsweise:

- Übersichtlichkeit
- Vergleichbarkeit mit anderen Unternehmen
- Überprüfbarkeit
- Gütesiegel bei Dienstleistungsangeboten (z.B. bei Offerings)
- Argumentationshilfe in der Kostendebatte

Auswahl eines Regelwerks

Die Auswahl eines bestimmten Regelwerks oder eines Grundschutz-Standards wird oft aufgrund der von aussen an das Unternehmen gestellten Anforderungen erfolgen.

Solche Anforderungen sind:

- Kundenanforderungen
- Gesetzliche und/oder regulative Anforderungen wie Sarbanes-Oxley Act in USA, Payment Card Industries (PCI)

Ausreichender Basisschutz

Wie der Begriff „Grundschutz-Standards" zum Ausdruck bringt, bieten diese Standards einen für typische IT-Systeme und Anwendungen (insbesondere bei Standardanwendungen wie E-Mail, Internet-Zugriff, Büroanwendungen) ausreichenden Basisschutz. Bei diesem Basisschutz werden jedoch die spezifischen Risiken eines Systems oder einer Anwendung nicht ausdrücklich und angemessen berücksichtigt. Mit entsprechenden Klauseln machen die Grundschutz-Standards auf diesen Umstand aufmerksam oder verlangen gar die Durchführung eines „Risiko-Assessments" mit zusätzlich spezifischen Massnahmen.

*Spezifische
Risiken*

Die angemessene Berücksichtigung von spezifischen Risiken, die einer umfasseneden Risiko-Analyse bedürfen, kann anhand eines Analysevorgehens, wie es Abbildung 9.1 zeigt, gewährleistet werden. Dabei wird mit einer einfachen Impact-Analyse festgestellt, ob die Kritikalität der Schutz-Objekte eine umfassende Risiko-Analyse erfordert oder ob der Grundschutz ausreicht.

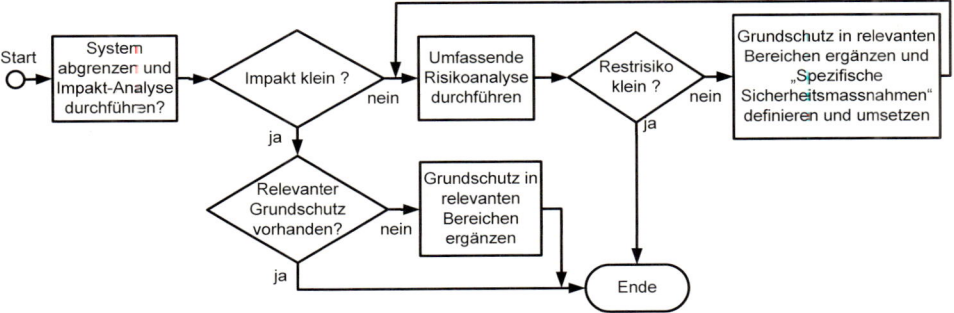

Abbildung 9.1:   Kombination Grundschutzmassnahmen und risikobasierter Ansatz

Viele der Standard-Regelwerke widmen sich nicht nur der Sicherheit im Sinne eines Grundschutzes, sondern dem Mangement der IT-Prozesse, deren Risiken und der Informations-Sicherheit im Rahmen des Führungssystems im Unternehmen. Wir verwenden deshalb für alle diese Standards, De-facto-Standards, Grundschutzkataloge, Rahmenwerke und Referenzmodelle im Weiteren kurz die Bezeichnung „Regelwerke".

9.2   Übersicht über wichtige Regelwerke

Die im Rahmen dieses Buches interessanten Regelwerke sind meist der IT Governance, dem IT-Management oder der Informations-Sicherheit zugeordnet und nehmen Bezug auf das „IT-Risiko-Management" oder das „Informations-Sicherheits-Risiko-mangement".

Aus diesem Blickwinkel finden zurzeit folgende Regelwerke breite Anwendung:

❏   ISO/IEC 2700x (eingehende Behandlung in Abschnitt 9.3)

❏   CobiT (eingehende Behandlung in Abschnitt 9.4)

❏   BSI-Standards und IT-Grundschutz-Kataloge (eingehende Behandlung in Abschnitt 9.5)

Die mit den nachfolgenden Tabellen 9.1 bis 9.4 übersichtsmässig behandelten Regelwerke decken spezifische Gebiete der IT und der Informations-Sicherheit ab und treffen in diesen Anwendungsgebieten für das IT-Risiko-Management relevante Aussagen und Festlegungen:

Tabelle 9.1:   ISO /IEC 15408 Common Criteria

Regelwerk	Common Criteria (CC) seit 1999 ISO/IEC 15408 (CC / ITSEC)
Herkunft	CC ist das Ergebnis, die Standards ITSEC (Europa), U.S. TCSEC (USA) und CTCPEC (Canada) in einem internationalen Standard zusammen zu führen.
Einsatz-zweck	Kriterien, mit denen nachgewiesen werden kann, dass ein IT-Produkt oder IT-System (Target of Evaluation) die Anforderung seines „Security Target" erfüllt.
Wichtige Merkmale	Bei der Evaluation beschafft sich der "Evaluator" detaillierte Kenntnisse über die Funktionen und die Sicherheit des Produkts in der vorgesehenen Betriebsumgebung. Ebenso untersucht der „Evaluator" die Benutzerführung, wie das Produkt entwickelt ist und wie es sich gegenüber Störungen von aussen verhält.
	Das Evaluationsergebnis wird in 7 Stufen (EAL0 bis EAL6) bewertet. Es ist anzumerken, dass das Verfahren sehr aufwendig ist, und über EAL2 hinausgehende Evaluationen in nützlicher Frist kaum umsetzbar sind.

Geht es um Informations-Sicherheit, IT-Risiken oder auch andere Risiken im Unternehmen, so macht sich immer mehr die Erkenntnis breit, dass Massnahmenkataloge alleine die Umsetzung nur ungenügend bewirken können. Wie die im Folgenden behandelten Regelwerke zeigen, wird deshalb die Auswahl, Einsetzung und Überwachung von Massnahmen durch entsprechende Management-Systeme unterstützt oder gar zwangsläufig gesteuert.

Tabelle 9.2:   ITIL V3 (IT Infrastructure Library)

Regelwerk	IT Infrastructure Library
Herkunft	Herausgegeben durch die IT Service Management Foundation. Entwickelt durch die Office of Governance Commerce (OGC) im Auftrag der britischen Regierung.
Einsatz-zweck	"Best practice" als De-facto-Standard für IT-Serviceprozesse.
Wichtige Merkmale	Unterstützt eine prozessorientierte Strukturierung von Betreiber-Organisationen für IT- und Telekommunikations-Dienste unter Einbezug der Benutzer. Gegenüber früheren Versionen wurde mit der Version V3 die frühere Strukturierung in „Service Support" und „Service Delivery" durch die Strukturierung mit einem „Service Lifecycle" abgelöst. Dieser besteht aus den hauptsächlichen Phasen: „Service Strategie", „Service Design", „Service Transition", „Service Operation" und „Continual Service Improvement". Den Sicherheitsaspekten wird umfassend Rechnung getragen (z.B. eigener Prozess für „Access Management"). Für das Risiko-Management ist ein eigenständiger Prozess vorgesehen. Dafür wird das Framework „Management of Risk" der OGC empfohlen.

Tabelle 9.3:   ISO/IEC 20000

Regel-werke	ISO/IEC 20000-1 Service management Part 1: Specification; ISO/IEC 20000-2 Service management Part 2: Code of practice.
Herkunft	Ursprünglich als britische Standards BS 15000-x entwickelt und an den Prozessbeschreibungen ausgerichtet, wie sie durch ITIL des Office of Government Commerce (OGC) definiert wurden.
Einsatz-zweck	Integrierter Prozess-Ansatz für Service- Prozesse, die den Geschäfts und Kundenanforderungen wirksam Rechnung tragen.
Wichtige Merkmale	Der gesamte Service-Lieferungsprozess ist, ähnlich den ITIL-Richtlinien, in die wesentlichen Teilprozesse, wie „Capacity Management" oder „Information security management" aufgeteilt. Im Teil 1 wird der Servicemanagement-Prozess basierend auf einem PDCA-Zyklus sowie die Teilprozesse und Anforderungen zur Erlangung einer Zertifizierung durch eine „Registered Certification Body" aufgeführt. Der Teil 2 zeigt wie die Anforderungen von Teil 1 im einzelnen mit „Best practice"-Vorschlägen erfüllt werden können. Die Anforderungen an das „Information security management" widerspiegeln einige wesentliche Elemente aus dem Standard ISO/IEC 27001 (z.B. Risks to information assets) oder beziehen sich auf den Standard ISO/IEC 27002.

Tabelle 9.4:   NIST 800-14 und NIST 800-30

Regel-werke	NIST 800-14: Generally Accepted Principles and Practices for Securing Information Technology Systems [Swan96] und NIST 800-30: Risk Management Guide for Information Technology Systems.
Herkunft	Spezial-Publikationen des amerikanischen „National Institut of Standards and Technology" (NIST) der Reihe 800-x über IT-Sicherheit.
Einsatz-zweck	Richtlinen und Empfehlungen vorwiegend für US-Regierungsorganisationen zur Verbesserung der Informations-Sicherheit bestimmt, aber auch von anderen Unternehmen sinn-voll anwendbar.
Wichtige Merkmale	Das Risiko-Management ist in die einzelnen Phasen des Lebens-zyklus von Informationssystemen integriert. Die Principles and Practices bilden in Check-Listen-Form die wesentlichen Kompo-nenten eines IT-Sicherheits-Programms mit Akzent auf dem Grundsschutz

Tabelle 9.5:   COSO Internal Control-Integrated Framework

Regel-werke	"Internal Control-Integrated Framework" und "Enterprise Risk Management – Integrated Framework" als Ergänzung.
Herkunft	Dokument des „Comittee of Sponsoring Organisation of Tread-way Commission" ist seit 1992 von der „Securities Exhange Commission" anerkannter Standard für interne Kontrollen.
Einsatz-zweck	Die "Reports" mit einem „Framework" [Cosa02] als Hauptdoku-ment, sind vor allem dazu bestimmt, die interne Kontrolle hinsich-tlich der Finanzberichterstattung zu verbessern und die Unter-nehmens- und Profitabilitäts-Ziele sowie die Compliance zu erreichen.
Wichtige Merkmale	Interne Kontrolle als Prozess mit den Komponenten „Kontroll-Umgebung", „Risiko-Assessment", „Kontrollaktivitäten", "Informa-tion/Kommunikation" und „Überwachung" gestaltet. Innerhalb dieser Kontrollkomponenten sind Anforderungen vorgegeben die mit „Evaluation-Tools" ermittelt und bewertet werden können. Die IT-Anforderungen sind nicht umfassend behandelt, jedoch kön-nen die darin enthalten wesentlichen Konzepte und Definitionen auch auf die IT und vor allem auf die IT-Governance angewendet werden.

Schwerpunkte von Regelwerken Die Regelwerke berücksichtigen verschiedene Schwerpunkte, z.B. bezüglich „Planung und Organisation", „Beschaffung und Einführung", „Auslieferung und Unterstützung" sowie bezüglich „Überwachung". Auch bestehen wesentliche Unterschiede in der Anleitung zur Kontrolle, zum Risiko-Management und zur Massnahmen-Konzeption. Die wichtigsten Regelwerke (z.B. CobiT, ISO/IEC 27002 oder ITIL) verfügen über Vergleichs-Tabellen. In Anlehnung an die durch das IT Governance Institute getroffene Klassifizierung [Itgi04] können die Regelwerke, wie in Abbildung 9.2 gezeigt, bezüglich ihrer Unterstützungstiefe und ihrer Anwendungsbreite eingeordnet werden.

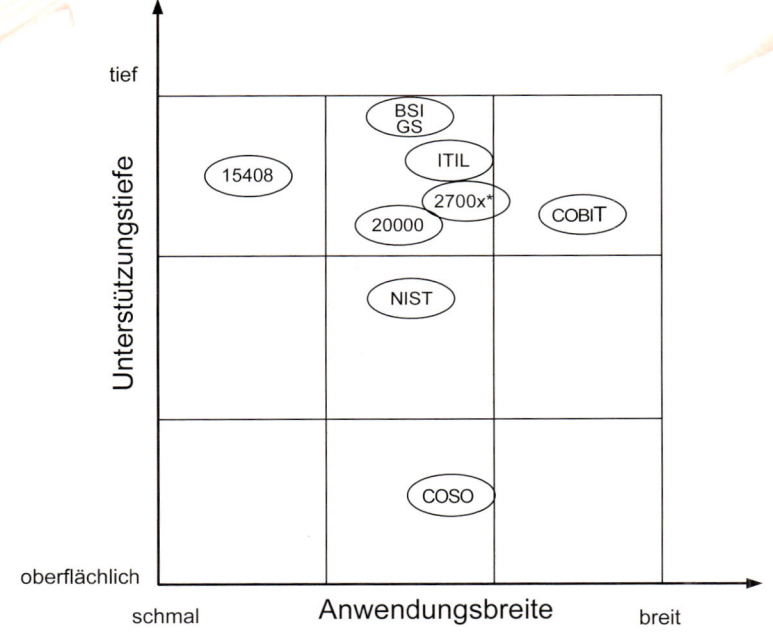

Legende:

- Unterstützungstiefe: Technischer und betrieblicher Detaillierungsgrad
- Anwendungsbreite: Vollständigkeit der adressierten Sicherheitsanliegen
- 2700x*: ISO/IEC 27001, ISO/IEC 27002 und ISO/IEC 27005.

Abbildung 9.2:   Einordnung der Regelwerke bezüglich Vollständigkeit (vgl. [Itgi06], S. 71).

Die Anwendungsbreite ist oft eingeschränkt durch die Fokussierung auf einzelne Teilbereiche im Lebenszylus der Informationen oder Informationstechnologien. Viele Regelwerke behandeln lediglich die Sicherheitsziele „Vertraulichkeit", „Integrität" und „Verfügbarkeit" unter Auslassung spezifischer Ziele aufgrund der Geschäftsanforderungen an die IT, wie „Effektivität" oder „Compliance".

9.3   Risiko-Management mit der Standard-Reihe ISO/IEC 2700x

In der vorherigen Übersicht über Standard-Regelwerke der Informations-Sicherheit wurden einige wichtige heute bereits vorhandene Standards der Standard-Reihe ISO/IEC 2700x kurz erwähnt. Da die Standard-Reihe 2700x den Anspruch erhebt, das Informations-Sicherheits-Management aus der Perspektive der Informationstechnologie vollständig abzudecken, wird auf dieses Regelwerk nachfolgend näher eingegangen.

Mit der ISO/IEC 2700x Familie ist ein Rahmenwerk für ein **Informations-Sicherheit**s-**M**anagement-**S**ystem (ISMS) beabsichtigt, das sowohl den Anforderungen eines Grundschutzes als auch dem Management der Sicherheit und der Risiken der Information im Unternehmen Rechnung trägt.

Im Rahmen dieses Buches über IT-Risiko-Management interessieren vor allem die folgenden drei Standards:

- ISO/IEC 27001:2005 (Informations security management systems – Requirements),

- ISO/IEC 27002:2005[*] (Code of practice for information security management) und

- ISO/IEC 27005:2008[†] (Information security risk management).

Zentral inmerhalb dieser Standardreihe ist der ISMS-Standard ISO/IEC 27001, der analog zur Standard-Reihe ISO 900x, des Qualitätsmanagements, die Prozesse vorgibt, mit denen eine ständige Kontrolle und Verbesserung der Informations-Sicherheit erreicht werden kann. Das Risiko-Management ist dabei Teil des Informations-Sicherheits-Management-Systems und kann Teil des Unternehmen-Risiko-Managements sein. Wie sich das Unternehmen-Risiko-Management nach dem PDCA-Zyklus in die Unternehmensführung integrieren lässt, wurde bereits im Abschnitt 5.1 (vgl. Abbildung 5.2) gezeigt. Bevor wir im Kapitel 12 auf das Zusammenspiel des IT-Risiko-Managements und der Führungs-

---

[*]   Der Standard ISO/IEC 27002:2005 geht ohne Änderung aus der Umbezeichnung des heutigen Standards ISO/IEC 17799:2005 hervor.

[†]   Der Standard ISO/IEC 27005:2008 ist seit dem 15. Juni 2008 in Kraft.

prozesse im Unternehmen näher eingehen, tauchen wir in die Standard-Reihe ISO/IEC2700x tiefer ein.

Des besseren Überblicks willen ist in Abbildung 9.3 die gesamte derzeit in der ISO geplante Familie für ein Informations-Sicherheits-Management-System (ISMS) aufgezeigt.

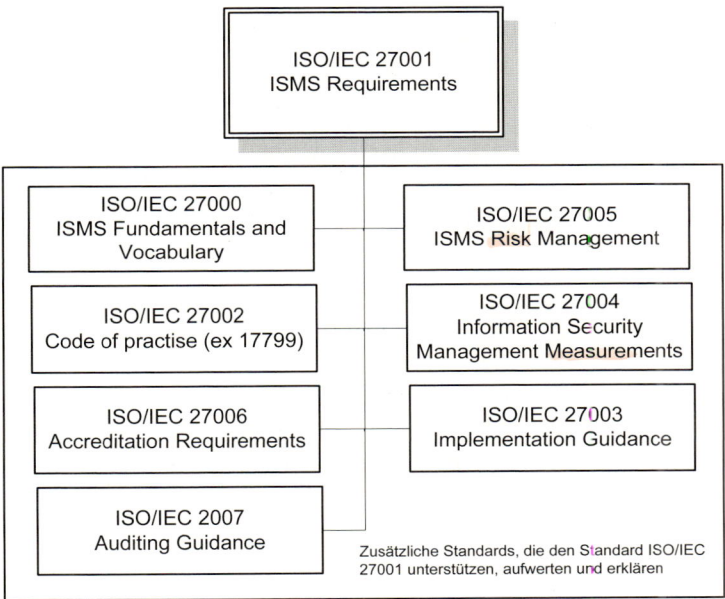

Abbildung 9.3:   ISO/IEC2700x-Familie für ein ISMS

9.3.1   Informations-Sicherheits-Management nach ISO/IEC 27001

Der Standard ISO/IEC 27001 kurz „ISMS-Standard", ist das Herzstück der 2700x-Reihe und dazu bestimmt, ein Informations-Sicherheits-Management-System (ISMS) in einem Unternehmen aufzubauen und aufrecht zu erhalten. Das ISMS soll die Auswahl von geeigneten und angemessenen Massnahmen zum Schutze der Informationen und deren Werte im Unternehmen sicherstellen und dafür Vertrauen schaffen.

Der Standard beschreibt in Anlehnung an die Management-Standards ISO 9001:2000 und ISO 14001:2004 ein als Prozess gestaltetes Management-System zur Einrichtung und Aufrechterhalten von Informations-Sicherheit im Unternehmen. Der Prozess basiert auf dem aus dem Qualitäts-Management bekannten „Plan-

Do-Check-Act"-Modell (PDCA), welches ursprünglich durch die Qualitätsmangement-Pioniere Walter A. Shewhart und W. Edwards Deming als „Plan-Do-Study-Act-Cycle" eingeführt wurde (s. Abbildung 9.4).

Mit dem Standard ISO/IEC 27001 wird ein Informations-Sicherheits-Management bezweckt, welches den spezifischen Geschäftsrisiken eines Unternehmens oder bestimmter Unternehmensteile Rechnung trägt und das in andere verwandte Management-Systeme integriert werden kann.

> ⇨   In der **„Plan"-Phase** des PDCA-Zyklus werden demzufolge die Risiken im Einklang mit der Unternehmensstrategie und den Geschäftsanforderungen (rechtlich, regulatorisch oder vertraglich) erhoben und bewertet. Für die Risiko-Analyse und -Bewertung wird jedoch beispielhaft der „Technical Report" ISO/IEC TR 13335-3[*] angeführt. Bei den zu planenden Massnahmen zur Risiko-Bewältigung wird auf den „Code of Practice" ISO/IEC 17799:2005 verwiesen (neue Bezeichnung ISO/IEC 27002).

> ⇨   Die **„Do"-Phase** enthält die Anweisungen für die Umsetzung und den effektiven Betrieb der Massnahmen einschliesslich der dafür notwendigen Management-Aktionen.

> ⇨   Die **„Check"-Phase** dient vor allem der Überwachung der Risiken, und der Effizienz der Massnahmen sowie den laufenden Kontrollen.

> ⇨   Die **„Act"-Phase** enthält den laufenden Unterhalt und die korrektiven Verbesserungen sowie Kommunikation der Aktionen und Verbesserungen an alle interessierten Stellen.

---

[*]   Die Standards und Technical Reports der Reihe ISO/IEC 13335-x sollen inhaltlich sukzessive in Standards der Reihe ISO/IEC 2700x überführt werden.

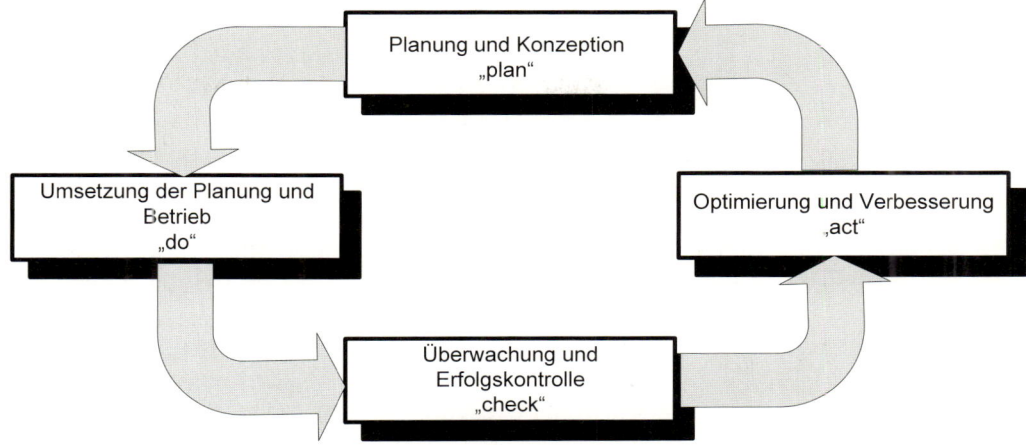

Abbildung 9.4:   PDCA-cycle für ISMS nach ISO/IEC 27001
                    (Deming cycle)

Wie bereits beim britischen Vorgängerstandard BS 7799-2 sind auf der Basis des nun internationalen Standards ISO/IEC 27001 Zertifizierungen durch akkreditierte Unternehmen möglich (in der Schweiz z.B. SQS oder KPMG).

Tabelle 9.6:   Übersicht über ISO/IEC 27001

Regelwerk	ISO/IEC 27001:2005 Information security management systems - Requirements
Herkunft	„British Standards Institute" BS 7799-2
Einsatz-zweck	Aufbau eines Informations-Sicherheits-Management-Systems (ISMS) und seiner Verankerung im Unternehmen
Wichtige Merkmale	Prozessansatz (PDCA: Plan - Do - Check - Act - „Planen - Durch-führen - Prüfen - Handeln") zur Entwicklung, Umsetzung, Durch-führung, Überwachung, Aufrechterhaltung und zur kontinuierli-chen Verbesserung eines organisationsbezogenen ISMS. Der Standard soll zudem ermöglichen, das ISMS mit verwandten Managementsystemen (ISO 9001:2000 und BS ISO 14001:2004) abzugleichen oder zusammenzuführen.

Der Standard erfährt im Rahmen dieses Buches besondere Be-achtung, da er ein „risikobasiertes" Sicherheitsmanagement ver-folgt und die wesentlichen Prozesschritte für den Aufbau und die nachhaltige Aufrechterhaltung der Informations-Sicherheit im Unternehmen vorgibt. Nachfolgend werden die für eine Zertifizierung als zwingend zu befolgenden Kapitel 4 bis 8 des Standards ISO/IEC 27001 grob dargestellt[*]:

Das Kapitel 4 des Standards behandelt den eigentlichen Prozess des ISMS und beginnt im Unterkapitel 4.1 mit:

Generellen Anforderungen:

Das Unternehmen muss ein dokumentiertes ISMS

- einrichten,
- verwirklichen,
- betreiben,
- überwachen,
- nachprüfen,
- unterhalten und verbessern.

Diese Aktivitäten müssen im Kontext der gesamten Geschäftsaktivitäten und der Risiken des Unternehmens erfolgen.

Das nächste Unterkapitel 4.2 des Standards beschreibt die Einrichtung und Verwaltung des ISMS. Die einzelnen Überschriften und Klauseln in diesem Unterkapitel können dem PDCA-Zyklus zugeordnet werden und erfüllen zudem die Aktivitäten eines Risiko-Management-Prozesses.

In den nachstehenden Tabellen 9.7 bis 9.10 sind die Standard-Klauseln der Unterkapitel 4.2.1 bis 4.2.4 in die hauptsächlichen Schritte eines Risiko-Management-Prozesses eingeordnet.

---

[*]   Die in diesem Buch wiedergegebene Erläuterung des Standards beschränkt sich auf die für das Risiko-Management wesentlichen Aspekte und erhebt nicht den Anspruch auf Detailgenauigkeit, wie sie beispielsweise für eine Zertifizierung nötig ist.

Tabelle 9.7: Einrichtung des ISMS (Phase „plan", 4.2.1)

Festlegung Kontext	Das Unternehmen unternimmt folgende Aktivitäten:
	a) Definition des Einsatzbereichs (Scope) und der Abgrenzungen des ISMS.
	b) Definition einer ISMS-Policy (diese ist der „Informations-Sicherherheits-Policy" übergeordnet, kann aber im selben Dokument abgefasst sein). Darin ist u.a. die Ausrichtung des ISMS am strategischen Risiko-Management-Kontext des Unternehmens gefordert.
	c) Definition einer Risiko-Assessment-Methode für vergleichbare und reproduzierbare Ergebnisse:
	   1. die Methode muss dem ISMS, der Geschäfts-Informations-Sicherheit sowie den gesetzlichen und regulatorischen Anforderungen angepasst sein;
	   2. es müssen Kriterien zur Akzeptanz von Risiken entwickelt und die akzeptablen Höhen der Risiken identifiziert sein.

Risiko-Assessment	d) Risiko-Identifikation
	   1. Identifikation der Assets innerhalb des Einsatzbereichs des ISMS sowie die Owner der Assets.
	   2. Identifikation der Bedrohungen auf die Assets.
	   3. Identifikation der Schwachstellen, welche durch die Bedrohungen ausgenutzt werden könnten.
	   4. Identifikation der Impacts, die durch Verluste der Vertraulichkeit, Integrität oder Verfügbarkeit der Assets entstehen können.
	e) Analyse und Bewertung der Risiken
	   1. Bestimmung der Geschäft-Impacts (resultierend aus Verlust von Vertraulichkeit, Integrität und Verfügbarkeit der Assets)
	   2. Bestimmung der realistischen Wahrscheinlichkeit
	   3. Einschätzung der Risiko-Höhe
	   4. Entscheidung, ob die Risiken akzeptiert werden können (s. Kriterien in c2) oder ob Bewältigungs-Massnahmen ergriffen werden müssen.

Auswahl Bewältigungs-Option	f) Identifikation und Auswahl geeigneter Optionen zur Bewältigung der Risiken
	   1. Geeignete Massnahmen zur Milderung;
	   2. Bewusstes und objektives Akzeptieren der Risiken basierend auf den Unternehmens-Policies und vorgegebenen Akzeptanz-Kriterien (s. c2);
	   3. Risiko-Vermeidung;
	   4. Transfer der resultierenden Geschäftsrisiken zu anderen Parteien (z.B. Versicherungen oder Dienstleister).
	g) Auswahl von Massnahmen-Zielen und Massnahmen zur Risiko-Bewältigung (angemessene Massnahmen aus ISO/IEC 27002 und/oder zusätzliche Massnahmen)
	h) Genehmigung des vorgeschlagenen Restrisikos durch das Management.
	i) Autorisierung der Umsetzung und des Betriebs des ISMS durch das Management.
	j) Erstellung einer schriftlichen „Erklärung zur Anwendbarkeit" der Risikobewältigung . Dieses „Statement of Applicability" enthält die Massnahmen-Ziele und entsprechenden Massnahmen sowie die Begründung für die Wahl oder Nichtverwendung von Massnahmen:
	   1. Auswahl von Massnahmenzielen und Massnahmen mit Begründung;
	   2. Massnahmenziele, die durch bestehende Massnahmen bereits erfüllt werden;
	   3. Nicht eingesetzte Massnahmenziele und Massnahmen aus ISO/IEC 27002 mit entsprechender Rechtfertigung.

Tabelle 9.8:   Umsetzung und Betrieb des ISMS (Phase „do", 4.2.2)

	Das Unternehmen unternimmt folgende Aktivitäten:
Massnahmenplanung und - Umsetzung	a) Formulierung eines Risiko-Bewältigungs-Plans (Management Aktivitäten, Ressourcen, Verantwortlichkeiten und Prioritäten).
	b) Umsetzung des Risiko-Bewältigungs-Plans zur Erfüllung der Massnahmenziele (Kostenbetrachtung und Zuordnung von Rollen und Verantwortlichkeiten).
	c) Umsetzung der Massnahmen zur Erreichung der Massnahmenziele.
	d) Bestimmung, wie die Wirksamkeit der eingesetzten Massnahmen gemessen und die Resultate verglichen und reproduziert werden können.
	e) Umsetzung von Ausbildungs- und Awareness-Programmen.
	f) Verwaltung des ISMS-Betriebs.
	g) Verwaltung der ISMS-Ressourcen.
	h) Umsetzung von Verfahren und Massnahmen zur unverzüglichen Erkennung von sicherheitsrelevanten Vorfällen und zur Abwehr von Schadensereignissen.

Tabelle 9.9:   Überwachung und Nachprüfung des ISMS (Phase „check", 4.2.3)

	Das Unternehmen unternimmt folgende Aktivitäten:
Überprüfung, Überwachung und Reporting	a) Ausführung von Überwachungs- und Nachprüfungs-Verfahren (z.B. unverzügliche Fehlererkennung, unverzügliche Identifikation von versuchten und erfolgreichen Sicherheits-Verstössen und -Ereignissen, Ermöglichung der Management-Kontrolle, dass die Aktivitäten und Massnahmen erwartungsgemäss umgesetzt werden.)
	b) Regelmässige Nachprüfung der Wirksamkeit des ISMS unter Berücksichtigung von Audits, Ereignissen, Wirksamkeitsmessungen sowie von Vorschlägen und Rückmeldungen aller interessierten Stellen.
	c) Messung der Massnahmenwirksamkeit, um die Erfüllung der Sicherheitsanforderungen zu überprüfen.
	d) Nachrüfung des Risk Assessments in geplanten Zeitabständen und Nachprüfung, ob sich das Restrisiko im akzeptablen Rahmen hält (dabei sind Veränderungen des Unternehmens, der Technologie, der Geschäftsziele und –prozesse, der Bedrohungen, der Wirksamkeit der Massnahmen und der externen Einflüsse, z.B. gesetzliche, regulatorische oder vertragliche Veränderungen, zu berücksichtigen).
	e) Durchführung interner Audits des ISMS in geplanten Zeitabständen.
	f) Regelmässige Nachprüfung des ISMS durch das Management, um die die Richtigkeit des Einsatzbereiches und das Erkennen von Verbesserungen sicherzustellen.
	g) Anpassung der Sicherheitsplanungen an die Resultate der Überwachungs- und Nachprüfungs-Aktivitäten.
	h) Aufzeichnung aller Aktivitäten und Ereignisse, die einen Einfluss auf die Wirksamkeit oder Leistung des ISMS haben.

Tabelle 9.10:   Unterhalt und Verbesserung des ISMS (Phase „act", 4.2.4)

	Das Unternehmen unternimmt folgende Aktivitäten:
Kommunikation, Feedback	a) Umsetzung der festgestellten Verbesserungen des ISMS
	b) Durchführung der geeigneten korrektiven und päventiven Aktionen
	c) Kommunikation der Aktionen und Verbesserungen an alle interessierten Stellen in einem den Umständen entsprechenden Detaillierungsgrad und, wo nötig, Vereinbarung des weiteren Vorgehens.
	d) Sicherstellung, dass die Verbesserungen die beabsichtigten Ziele erreichen.

Die weiteren Klauseln des Standards enthalten jeweils generelle Aussagen für den gesamten PDCA-Zyklus, so werden im Unterkapitel 4.3 die Anforderungen an die Dokumentation aufgeführt; diese betreffen sowohl die Entscheidungen und Politiken des Managements als auch die Vorgehensweisen, Massnahmen und das Festhalten von Fakten, welche sowohl Übereinstimmung mit den Anforderungen als auch die Wirksamkeit des Betriebs nachweisen.

In den Kapiteln 5 bis 8 werden sodann die Voraussetzungen stipuliert, in die ein funktionsfähiges ISMS eingebettet sein muss:

- o   Management-Verantwortlichkeiten (in Kapitel 5),
- o   Anforderungen an ein internes Audit (in Kapitel 6),
- o   Überwachung des ISMS durch das Mangement (in Kapitel 7) und letztlich
- o   Aktionen zur Verbesserung des ISMS (in Kapitel 8).

Der Anhang A enthält die Massnahmenziele und Massnahmen des Standards ISO/IEC 27002 und hat für den Standard ISO/IEC 27001 „normative" Bedeutung: Wie die Ziffern „g" und „j" in der Tabelle 9.7 zeigen, sind doch vorrangig die Massnahmen aus dem Anhang A auf ihre Anwendbarkeit zur Risikobewältigung zu überprüfen. Diese Überprüfung muss mit einer schriftlich festgehaltenen „Erklärung zur Anwendbarkeit" (Statement of Applicability) belegt werden. Der mögliche Aufbau einer solchen „Erklärung zur Anwendbarkeit" ist in nachfolgender Tabelle 9.11 dargestellt.

Tabelle 9.11:   Aufbau einer „Erklärung zur Anwendbarkeit"

Paragraph	Massnahmenziel (Control Objective 27002)	Massnahme (Control 27002)	Anwendbar ja/nein	Bemerkungen: 1) Begründung Massnahmenwahl 2) Bereits bestehende Massnahmen 3) Nichtverwendung von Massnahmen aus Anhang A und Begründung 4) Referenz-Dokument
	Anhang A			
A.5	**Security Policy**			
A.5.1	Information security policy	A.5.1.1 Information security policy document	ja	Dokument Nr. 001 Inf.-Sicherheits-Politik
		A.5.1.2 Review of the information security policy	ja	In Inf.-Sicherheits-Politik festgelegt Dokument Nr. 002
A.6	**Organisation of information Security**			
A.6.1	Internal Organisation	A.6.1.1 Management committment to information security	ja	In ISMS-Politik und in Inf.-Sicherheits-Politik festgelegt; Dokumente Nr. 001 und 002
		A.6.1.2 Information security coordination	ja	In ISMS-Politik und in Inf.-Sicherheits-Politik festgelegt; Dokumente Nr. 001 und 002
…	…	…	…	…

9.3.2   Code of Practice ISO/IEC 27002

Der internationale Standard ISO/IEC 27002 (frühere Bezeichnung 17799), „Code of practice for information security management", baut auf dem Standard BS 7799-1 auf und ist in seiner ersten Ausgabe (ISO/IEC 17799:2000) fast identisch mit diesem. Die inzwischen erweiterte zweite Ausgabe weist in Kapitel 4 auf die Notwendigkeiten und einige grundlegenden Aspekte einer „Risiko-Analyse" sowie der „Risiko-Bewältigung" hin. Da es sich bei dem Standard nach wie vor um ein Massnahmen-Regelwerk und nicht um einen Management-Standard handelt, ist die konkrete Ausführung eines Risiko-Managements darin nicht behandelt. Hingegen berücksichtigt die heutige Ausgabe ISO/IEC 27002 zusätzlich wichtige aktuelle Sicherheitsgebiete wie beispielsweise das „Information security incident management".

Tabelle 9.12:   Übersicht über ISO/IEC 27002

Regelwerk	ISO/IEC 27002:2005 (ex 1779:2005) Code of practice for information security management.
Herkunft	„British Standards Institute" BS 7799-1, Gegenüber der vorherigen Ausgabe ISO/IEC 1779:2000 neu strukturiert, erweitert und aktualisiert. ISO/IEC 17799:2000 hatte geringfügige Abweichungen vom Standard BS 7799-1.
Einsatz-zweck	Massnahmen zum Erreichen und Aufrechterhalten eines zielorientierten Informations-Sicherheitsniveaus im Unternehmen.
Wichtige Merkmale	Umfasst 11 Sicherheitsbereiche mit insgesamt 39 Haupt-Kategorien und entsprechenden Massnahmen-Zielen. Zur Erfüllung dieser Massnahmen-Ziele stehen 133 Massnahmen (controls) zur Verfügung. Die Auswahl der Massnahmen soll aufgrund der Sicherheitsanforderungen erfolgen, u.a. basierend auf einer Risikobeurteilung und den Geschäftsanforderungen (z.B. gesetzlich, regulatorisch, vertraglich).

ISO/IEC 17799:2005

Die Kapitel des Dokuments der Ausgabe 27002 (ex 17799:2005) sind wie folgt geliedert:

- 15 Kapitel (davon 11 Sicherheitsmassnahmen-Kapitel, s. Abbildung 9.6)
  - o 39 Haupt-Sicherheitskategorien mit je einem Massnahmen-Ziel
    - ➪ 133 Massnahmenbeschreibungen (Controls)
      - Dazu Umsetzungsanleitungen und
      - Andere Informationen

Abbildung 9.5:   Gliederung im Standard ISO/IEC 27002

Die für konkrete Massnahmenziele und Massnahmen heranzuziehenden Kapitel 5 bis 15 von ISO/IEC 27002:2005 mit ihren dazugehörigen Massnahmen-Kategorien sind in Abbildung 9.6 dargestellt.

5. Security Policy	**11. Access control**
⇨ Information Security Policy	⇨ Business requirement for access control
6. Organizing Information Security Policy	⇨ User access management
⇨ Internal Organization	⇨ User responsibilities
⇨ External Parties	⇨ Network access control
7. Asset Management	⇨ Operating system access control
⇨ Responsibility for assets	⇨ Application and information access control
⇨ Information classification	⇨ Mobile computing and teleworking
8. Human resources security	**12. Information systems acquisition, development and maintenance**
⇨ Prior to employment	⇨ Security requirements of information systems
⇨ During employment	⇨ Correct processing in applications
⇨ Termination or change of employment	⇨ Cryptographic controls
9. Physical and environmental security	⇨ Security of system files
⇨ Secure areas	⇨ Security in development and support processes
⇨ Equipment security	⇨ Vulnerability management
10. Communications and operations management	**13. Information security incident management**
⇨ Operational procedures and responsibilities	⇨ Reporting information security events and weaknesses
⇨ Third party service delivery management	⇨ Management of information security incidents and improvements
⇨ System planning and acceptance	**14. Business continuity management**
⇨ Protection against malicious and mobile code	⇨ Information security aspects of business continuity management
⇨ Back-up	**15. Compliance**
⇨ Network security management	⇨ Compliance with legal requirements
⇨ Media handling	⇨ Compliance with security policies and standards
⇨ Exchange of information	⇨ Information systems audit considerations
⇨ Electronic commerce service	
⇨ Monitoring	

Abbildung 9.6:   Kapitel und Kategorien in ISO/IEC 27002:2005

Neben der Verwendung als Massnahmenkatalog für den Standard ISO/IEC 27001 wird das Regelwerk ISO/IEC 27002:2005 (Code of Practice for Information Security Management) auch für Sicherheitsüberprüfungen verwendet. Dabei wird die Erfüllung (resp. Nichterfüllung) der Massnahmen-Ziele durch Massnahmen des Standards bewertet. Fälschlicherweise wird dieses Vorgehen, trotz der dabei fehlenden Bewertung der Assets (Schutzobjekte), oft als Risiko-Analyse bezeichnet. In der in diesem Buch verwendeten Risiko-Begrifflichkeit handelt es sich jedoch lediglich um eine anhand des Standards durchgeführten „Schwachstellen-Analyse", da lediglich das Vorhandensein der im Standard aufge-führten Massnahmen beurteilt wird.

In einer Detailbewertung wird die Zielerfüllung pro Unterkapitel des Standards bewertet. Die Abbildung 9.7 zeigt das Beispiel einer pro Kapitel des Standards zusammengefassten Bewertung.

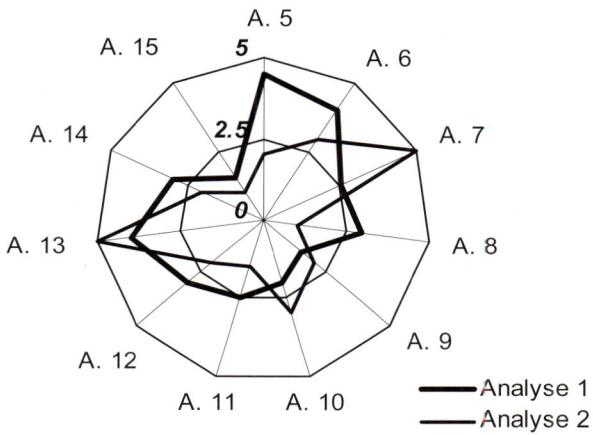

Legende:

Kapitel-Überschriften mit festgelegten Sicherheitszielen			
A. 5	Sicherheits-Politik	A. 11	Zugangs- und Zugriffskontrol-le
A. 6	Organisation der Informati-ons-Sicherheit	A. 12	Beschaffung, Entwicklung und Wartung von Informationssys-temen
A.7	Management von organi-sationseigenen Werten	A. 13	Management von Informati-ons-Sicherheitsvorfällen
A. 8	Personalsicherheit	A. 14	Management der Kontinuität des Geschäftsbetriebes
A. 9	Physische und umgebungs-bezogene Sicherheit	A. 15	Einhaltung von Vorgaben und Verpflichtungen
A. 10	Betriebs- und Kommunikati-onsmanagement		

Noten für Zielerreichung pro Kapitel: sehr gut = 5; keine = 0.

Abbildung 9.7:   Schwachstellen-Analyse mit ISO/IEC 27002:2005

Vergleich mit anderen Organisationen

Dennoch geniesst dieses Verfahren für bestimmte Anwendungsfälle hohe Akzeptanz. So kann es beispielsweise bei Vergleichen mit anderen Organisationen (Benchmarking) oder bei Vergleichen von IT-Infrastrukturen herangezogen werden. Natürlich darf dabei nicht vergessen werden, dass das Verfahren nicht die echten Restrisiken, sondern lediglich Mängel in der Compliance zu einem Massnahmen-Katalog aufzeigt.

9.3.3   Informations-Risiko-Management mit ISO/IEC 27005

Informationssicherheits-RM-Prozess

Der Standard beschreibt in generischer Weise den Informations-Sicherheits-Risiko-Management-Prozess. Dieser Prozess ist weitgehend an den in der ISO in Entwicklung begriffenen allgemeinen Risikomangement-Prozess (ISO/FDIS 31000) und das im ISO bereits standardisierte Vokabular ISO/IEC Guide 73:2002 angelehnt.

Tabelle 9.13:   Übersicht über ISO/IEC 27005

Regelwerk	ISO/IEC 27005:2008 Information security risk management
Herkunft	ISO/IEC 27005:2008 Information wurde im ISO ursprünglich unter der Bezeichnung ISO/IEC 13335-2 entwickelt. Der im Juni 2008 in Kraft gesetzte neue Standard ISO/IEC 27005 ersetzt zudem die bereits existierenden Technical Reports ISO/IEC TR 13335-3:1998 und ISO/IEC TR 13335-4:2000.
Einsatz-zweck	Unterstützt als Richtlinie die im Standard ISO/IEC 27001 vorgegebenen Konzepte für eine angemessene Umsetzung von Informations-Sicherheit basierend auf einem Risiko-Management-Ansatz.
Wichtige Merkmale	Vorgehen basierend auf einem Risiko-Management-Prozess, welcher auf den PDCA-Zyklus des Standards ISO/IEC 27001 ausgerichtet ist. Die Einzelschritte des Prozesses sind in der Form „Input", „Action", „Implementation guidance" und „Output" mit wesentlichen Inhalten erläutert. Die Anhänge A bis E geben reichlich Anleitung für die Durchführung der einzelnen Prozessschritte.

Wie die Abbildung 9.8 zeigt, entspricht der Prozess im Wesentlichen dem in diesem Buch verwendeten generischen Risiko-Management-Prozess.

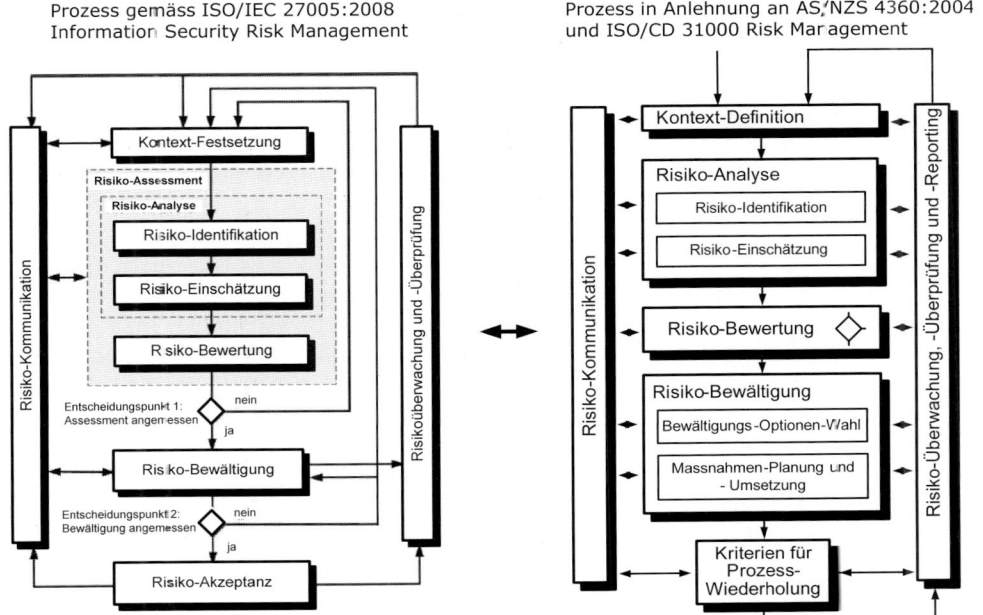

Abbildung 9.8   Risikomangement-Prozess nach ISO/IEC 27005:2008

Interessant an diesem Standard sind vor allem die detaillierten Beschreibungen der Prozessschritte. Insgesamt können dem Standard 16 Prozesschritte der Struktur,

- Input
- Action
- Umsetzungs-Anleitung und
- Output

entnommen werden.

Ebenfalls sind die grundlegenden Kriterien für das Risiko-Management erläutert. Die Kriterien sind

- Risiko-Bewertungskriterien
- Impact-Kriterien
- Risikoakzeptanz-Kriterien und
- Notwendige Ressourcen

Hilfreich für die Durchführung des Informations-Sicherheit-Risiko-Management-Prozesses sind auch die informativen Ausführungen im Anhang. So erläutert Anhang A diejenigen Punkte, die zur Kontext-Definition (Scope and Boundaries) untersucht und definiert werden müssen.

Anhäng B bis F in ISO/IEC 27005

Im Anhang B werden Erläuterungen über die „Identifikation" und „Bewertung" sowie über das „Impact Assessment" gegeben. Der Anhang C beinhaltet eine Liste typischer Bedrohungen der Informations-Sicherheit. Der Anhang D zeigt Beispiele von Verletzlichkeiten im Hinblick auf die möglichen Bedrohungen sowie Methoden zur Analyse technischer Schwachstellen. Im Anhang E werden Ansätze gezeigt, wie das Risiko-Assessment mittels einer groben (high-level) Analyse und/oder mit einer detaillierten Analyse durchgeführt werden kann. Die grobe Analyse könnte in der Terminolgy dieses Buches als Top-down-Analyse und die detaillierte Analyse als Bottom-up Analyse bezeichnet werden. Schliesslich werden im Anhang F die zu beachtenden Randbedingungen für den Massnahmeneinsatz angeführt. Solche Randbedingungen sind beispielsweise:

- Zeit
- Finanzen
- Technische Probleme
- Kultur
- Ethische Zwänge
- Umwelt
- Gesetze
- Benutzerfreundlichkeit
- Personelle Voraussetzungen für Massnahmen
- Integration von neuen Massnahmen bestehendes Umfeld

Insgesamt ist der Standard in seiner generische Form und seinen detaillierten Ausführungen bei der Gestaltung und Umsetzung eines Informations-Risiko-Management-Prozesses nützlich.

Wesentliche Ergänzung von ISO/IEC 27001

Damit ergänzt er in wesentlichen Aspekten des Risiko-Managements den Standard ISO/IEC 27001. Eine punktgenaue Umsetzung des Standards, wie sie beispielsweise beim Standard ISO/IEC 27001 für eine Zertifizierung gefordert wird, ist jedoch weder beabsichtigt noch sinnvoll.

9.4 IT-Risiko-Management mit CobiT

Framework zur Steuerung und Kontrolle der IT-Prozesse

CobiT beansprucht, das Framework zur Steuerung und Überwachung der IT-Prozesse im Sinne der IT-Governance zu sein. Mit den auf die Version 3.0 folgenden Versionen 4.0 und 4.1 wurde inzwischen die Ausrichtung der Kontrollprozesse hinsichtlich einer wirksamen IT Governance im Rahmen der Corporate Governance vollzogen. Das Framework fokussiert die Prozesse auf die fünf IT-Governance-Kernbereiche:

❖ Strategic Alignment (strategische Ausrichtung der IT im Unternehmen)

❖ Value Delivery (Nutzengenerierung durch die IT)

❖ Risk Management (Management von IT Risiken)

❖ Resource Management (IT Ressourcen Management)

❖ Performance Management (IT-Performance-Messungen)

In Abschnitt 5.4.3 wurde bereits gezeigt, wie die IT-Prozesse in den vier Prozessbereichen,

❖ **PO:** Plan and Organize (Planung und Organisation)

❖ **AI:** Acquire and Implement (Beschaffung und Einführung)

❖ **DS:** Deliver and Support (Auslieferung und Unterstützung)

❖ **ME:** Monitor and Evaluate (Überwachung)

die Umsetzung der Geschäftsstrategie und der IT-Strategie steuerm können. Ebenfalls wurde gezeigt, wie mit Hilfe der Balanced Scorecard, sowie den Informationskriterien und den Kennzahlen die Erfüllung von Anforderungen und die Erreichung von strategischen Zielen messbar gemacht werden können.

Die Kontrolle[*] innerhalb der vier CobiT-Prozessbereiche erfolgt mittels 34 wichtiger IT-Prozesse, die sich in einem oder in mehreren der fünf IT-Governance Kernbereiche auswirken. Pro IT-Prozess sind sodann jeweils mehrere detaillierte Kontrollziele (Control objectives) definiert.

---

[*] Die im Framework verwendete Formulierung „control over…" deckt sowohl die managementmässige Steuerung als auch die Überprüfung und Überwachung mit entsprechenden Massnahmen ab.

Tabelle 9.14:   Übersicht über CobiT®

Regelwerk	CobiT® 4.1
Herkunft	Information Systems Audit and Control Foundation IT Governance Institute® USA. CobiT 3rd Edition in 2000, dann CobiT 4.0 in 2005 und CobiT 4.1 in 2007.
Einsatz-zweck	Geschäftsorinentiertes "Framework" mit Kontrollzielen, das vor allem ein Leitfaden und eine Ausbildungs-Ressource für Chief Information Officers (CIOs), Senior Management, IT Management und Audit- und Revisionsfachpersonal darstellt.
Wichtige Merkmale	CobiT zeigt 34 IT-End-to-end-Prozesse in 4 Bereichen, die auf die IT Governance fokussiert sind und mit denen die IT-Ressourcen verwaltet werden. Die IT-Prozesse werden anhand von Kontrollzielen gesteuert.

Anhand des CobiT -Würfels (s. Abbildung 9.9) ist das Framework gezeigt, mit dem die IT-Ressourcen durch die IT-Prozesse gesteuert werden, um die IT-Ziele hinsichtlich der Geschäftsanforderungen zu erfüllen.

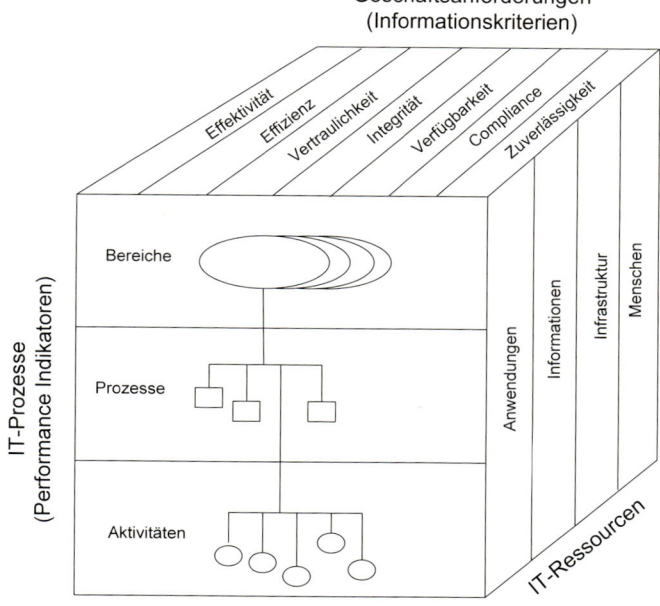

Abbildung 9.9:   CobiT - Würfel (vgl. [Itgf07], S. 25)

Jeder Prozess ist mit folgenden Informationen beschrieben:

- ⇨ Prozessbeschreibung in einem Wasserfall-Modell (s. Abbildung 9.10)
- ⇨ Detaillierte Kontroll-Ziele
- ⇨ Informationskriterien, die durch den Prozess beeinträchtigt werden
- ⇨ Durch Prozess adressierte Governance-Aspekte
- ⇨ Betroffene Resourcen-Kategorien
- ⇨ Typische Charakteristiken, die den „Reifegrad" des Unternehmens (Maturity Level) zum Ausdruck bringen
- ⇨ Management Richtlinien

In den Management Richtlinien werden Input und Output der Prozesse sowie die Aktivitäten und Ziele mit ihren Metriken aufgezeigt.

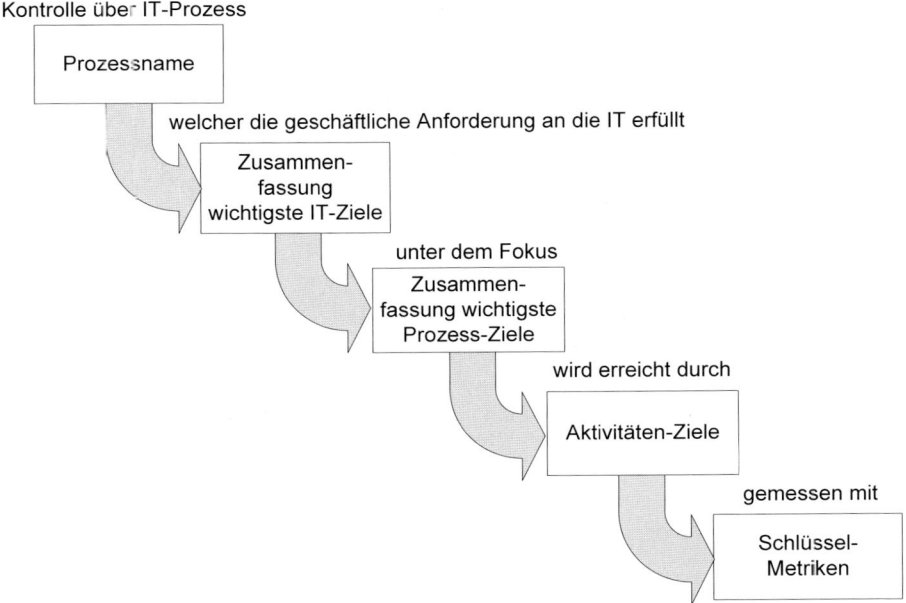

Abbildung 9.10: „Wasserfall"-Aufbau der Beschreibung eines CobiT-Prozesses

Das Prinzip ist nachfolgend an den beiden Prozessen PO 1 und PO 9 beispielhaft veranschaulicht.

CobiT- Prozess
PO 1

PO 1: Definition eines strategischen IT-Plans

↪ *Kontrolle über den IT-Prozess:*
   Definition eines strategischen IT-Planes;

↪ *welcher die geschäftlichen Anforderungen an die IT erfüllt:*
   Erhalt und Erweiterung der Geschäftsstrategie und der Governance-Anforderungen unter der Voraussetzung von Transparenz über Nutzen, Kosten und Risiken;

↪ *unter dem Fokus:*
   Einbezug der Führungspersonen von IT und Geschäft in die Übersetzung von Geschäftsanforderungen in Dienstleistungsangebote und in die Entwicklung von Strategien zur Lieferung dieser Dienstleistungen in einer transparenten und effektiven Weise;

↪ *wird erreicht durch:*
   o   Beanspruchung der verantwortlichen Führungspersonen bei der Ausrichtung der strategischen IT-Planung an den heutigen und zukünftigen Geschäftsanforderungen;

   o   Verständnis des aktuellen IT-Leistungsvermögens

   o   Bereitstellung eines Priorisierungsschemas, mit dem die Geschäftsanforderungen an die Geschäftsziele quantifiziert werden können;

↪ *gemessen mit:*
   o   Prozentsatz der IT-Ziele im Strategieplan, die auf den strategischen Geschäftsplan zurückgeführt werden können;

   o   Prozentsatz von IT-Projekten im IT-Projekt-Portfolio, die direkt auf die taktischen IT-Pläne zurückgeführt werden können;

   o   Verzögerung zwischen der Überarbeitung des strategischen IT-Plans und den Überarbeitungen der taktischen IT-Pläne.

Anschliessend folgen die spezifischen und detaillierten Kontroll-ziele. So sind für jeden der 34 IT-Prozesse zwischen 3 und 30 detaillierte Kontrollziele aufgeführt. Die ersten beiden detaillier-ten Kontrollziele zu dem oben angeführten Prozess PO sind beispiesweise:

Detailliertes CobiT-Kontroil-ziel PO 1.1

PO 1.1:   IT Werte-Management

Zusammenarbeit mit den Geschäftsverantwortlichen um si-cherzustellen, dass das Unternehmens-Portfolio der IT-befähigenden Investitionen Programme mit soliden „Business Cases" (Geschäftsnutzen) enthalten.

Erkennung, dass obligatorische, nachhaltige und beliebige In-vestitionen existieren, die sich in Komplexität Freiheitsgrad und Zuordnung der Finanzmittel unterscheiden.

Die IT-Prozesse sollen die effektive und effiziente Lieferung der IT-Komponenten der Investitiones-Programme bereitstel-len und eine Frühwarnung über jegliche Plan-Abweichungen (einschliesslich Abweichungen von Kosten, Termin und Funk-tionalität) abgeben, welche die erwarteten Ergebnisse der In-vestitions-Programme beeinflussen könnten.

Die IT-Dienstleistungen sollen anhand gerechter und durch-setzbarer Service Level Agreements (SLAs) ausgeführt werden.

Die Zuständigkeiten zur Erreichung des Nutzens und der Ein-haltung der Kosten sollen klar zugeordnet und überwacht werden.

Einrichtung von gerechten, transparenten, wiederholbaren und vergleichbaren Bewertungen der „Business Cases" einschliess-lich der finanziellen Werte, sowie der Risiken hinsichtlich der Nichtlieferung von Leistungen oder der Nichterfüllung von Nutzenerwartungen.

Detailliertes CobiT-Kontroll-ziel PO 1.2

PO 1.2:   Ausrichtung der IT an dem Geschäft

Erstellung eines bi-direktionalen Prozesses für die Ausbildung und den wechselseitigem Einbezug in die strategische Pla-nung, um die Ausrichtung und Integration von IT und Ge-schäft zu erlangen. Durch die Vermittlung zwischen Geschäft und IT-Zwängen können beispielsweise die Prioritäten gegen-seitig vereinbart werden.

Als weiteres Beispiel eines CobiT-Prozesses ist nachfolgend der Prozess PO 9 des IT-Risiko-Management angeführt:

CobiT- Prozess PO 9

PO 9: Beurteilung und Steuerung der IT-Risiken

↪ *Kontrolle über den IT-Prozess:*

Beurteilung und Steuerung der IT-Risiken;

↪ *welcher die geschäftlichen Anforderungen an die IT erfüllt:*

Analyse und Kommunikation der IT-Risiken mit ihrem potentiellen Impact auf die Geschäftsprozesse und –ziele;

↪ *unter dem Fokus:*

Entwicklung eines Risiko-Managements-Frameworks, welches in das Framework des Geschäfts- und des operationellen Risiko-Managements, in die Risiko-Beurteilung, die Risiko-Milderung und die Kommunikation des Restrisikos integriert ist;

↪ *wird erreicht durch:*

o Sicherstellung, dass das Risiko-Management gänzlich in die Managementprozesse, intern und extern, eingebettet ist und konsistent angewendet wird;

o Durchführung von Risiko-Beurteilungen;

o Empfehlung und Kommunikation der Risikobewältigungs-Aktionspläne;

↪ *gemessen mit:*

o Prozentsatz von kritischen IT-Zielen, die mit einer Risikobeurteilung abgedeckt sind;

o Prozentsatz identifizierter kritischer IT-Risiken mit einem entwickelten Aktionsplan;

o Prozentsatz von zur Umsetzung genehmigten Risiko-Managementplänen.

Wie am Beispiel des Prozesses PO 9 ersichtlich ist, wird beim Risiko-Management starkes Gewicht auf die Integration des IT-Risiko-Managements in das Geschäfts-Risiko-Management gelegt. Dies kommt auch in den detaillierten Kontrollzielen zum Ausdruck, von denen nachfolgend vier der sechs des Prozesses PO 9 aufgezeigt sind:

*Detailliertes
CobiT-Kontroll-
ziel PO 9.1*

> ### PO 9.1: IT-Risiko-Management Framework
>
> Einrichtung eines IT-Risiko-Management-Frameworks, das auf das Unternehmens-Risiko-Management Framework ausgerichtet ist.

*Detailliertes
CobiT-Kontroll-
ziel PO 9.2*

> ### PO 9.2: Erstellung des Risiko-Kontextes
>
> Erstellung des Kontextes, innerhalb dessen das Risikobeurteilungs-Framework zur Sicherstellung angemessener Ergebnisse verwendet wird. Dieser soll die Bestimmung des internen wie auch des externen Kontextes beinhalten sowie das Ziel der Risikobeurteilung und die Kriterien, gegenüber derer die Risiken bewertet werden.

*Detailliertes
CobiT-Kontroll-
ziel PO 9.3*

> ### PO 9.3: Ereignis-Identifikation
>
> Identifikation von Ereignissen (wichtige und realistische Bedrohungen, welche eine signifikante, zutreffende Schwachstelle ausnützen), die einen potenziellen Impact auf die Ziele und den Betrieb des Unternehmens haben, einschliesslich der Aspekte des Geschäfts, der Regulative, der Gesetze, der Technologie, der Geschäftspartner, des Personals und des Betriebs.
>
> Bestimmung der Eigenschaften des Impacts und der Verwaltung dieser Informationen.
>
> Aufzeichnung und Verwaltung der relevanten Risiken in einem Risiko-Register.

*Detailliertes
CobiT-Kontroll-
ziel PO 9.4*

> ### PO 9.4: Risiko-Beurteilung
>
> Beurteilung der Wahrscheinlichkeit und des Impacts aller identifizierten Risiken auf wiederkehrender Basis unter Anwendung von sowohl qualitativer als auch quantitativer Methoden.
>
> Die Wahrscheinlichkeit und der Impact der inhärenten Restrisiken sollen individuell, in der entsprechenden Kategorie, auf der Basis eines Portfolios bestimmt werden.

*Risiko-
Beurteilung*

Das Kontrollziel PO 9.4 schreibt sowohl qualitative als auch quantitative Methoden zur Risiko-Beurteilung vor, wobei CobiT für die Durchführung von qualitativen Risiko-Beurteilungs-

Ansätzen ein reichhaltiges Instrumentarium ermöglicht, z.B. mittels Informationskriterien oder Kennzahlen. Hingegen stellt das CobiT-Framework bis anhin keine Anleitungen und Hilfsmittel zur Durchführung einer quantitativen Risiko-Analyse zur Verfügung.

Ganzheitliche Betrachtung IT-Leistungen

CobiT bietet also in seiner Version 4.1 in erster Linie Prozesse, Leitlinien und Hilfsmittel zu einer ganzheitlichen Betrachtung der IT-Leistungen zur Erhaltung und Steigerung des Unternehmenswertes. Dabei spielt natürlich auch die Erfüllung von Informations-Sicherheits-Anforderungen eine grosse Rolle. Aus dieser Optik ist das durch CobiT empfohlene IT-Risiko-Management zur Erüllung einer „good IT Governance" zu verstehen.

9.5   BSI-Standards und Grundschutzkataloge

Das deutsche Bundesamt für Sicherheit in der Informationstechnik (BSI) hat aus dem ursprünglichen IT-Grundschutzhandbuch durch laufende Erweiterungen und Ergänzungen, neben dem Katalog für Grundschutzmassnahmen, inzwischen Standards für eine „Information Security Management System" (ISMS) und für die Risiko-Analyse entwickelt. Das IT-Grundschutzhandbuch ist 2005 in verschiedenen Bereichen umstrukturiert worden. Dabei ist die Beschreibung der Vorgehensweise nach IT-Grundschutz sowie die Informationen zum ISMS und zur Risiko-Analyse von den „IT-Grundschutz-Katalogen" separiert worden. Die neue Dokumentenreihe ist wie folgt in Einzeldokumente aufgeteilt:

> ⇨ **Standards zur Informations-Sicherheit**
> - **100-1:** Managementsysteme für Informations-Sicherheit
> - (ISMS)
> - **100-2:** IT-Grundschutz-Vorgehensweise
> - **100-3:** Risikoanalyse auf der Basis von IT-Grundschutz
> - **100-4** Notfallmanagement
>
> ⇨ **IT-Grundschutzkataloge** unterteilt in:
> - Vorspann
> - Schichtenmodell
> - Bausteinkataloge
> - Gefährdungskataloge und
> - Massnahmenkataloge

Standard 100-1 für ISMS

Der Standard 100-1 für das ISMS ist an den Standard ISO/IEC 27001 angelehnt. Seit Anfang 2006 können beim BSI Zertifizierung von „ISO-27001-Zertifikaten auf der Basis Grundschutz" beantragt werden.

Zu einem ISMS gehören gemäss BSI folgende grundlegende Komponenten [Bsim08], [Bsig08]:

⇨ Management-Prinzipien

⇨ Ressourcen

⇨ Mitarbeiter

⇨ IT-Sicherheitsprozess, welcher vor allem geprägt ist durch:

• IT-Sicherheitsleitlinie,

• IT-Sicherheitskonzept und

• IT-Sicherheitsorganisation.

IT-Sicherheits-leitlinie

In der „IT-Sicherheitsleitlinie" (IT-Sicherheits-Politik) sind die IT-Sicherheitsziele und die Strategie zu ihrer Umsetzung dokumentiert; das „IT-Sicherheitskonzept" und die „IT-Sicherheitsorganisation" sind dabei die Werkzeuge der „Leitungsebene" zur Umsetzung der IT-Sicherheitsstrategie.

IT-Sicherheits-konzept

Das IT-Sicherheitskonzept bezieht sich in seinen Bewertungen und Massnahmendefinitionen auf die IT-Grundschutz-Kataloge des BSI. Bei den in den Grundschutzkatalogen enthaltenen Massnahmen handelt es sich sowohl um konkrete Implementierungshilfen zu den generischen Anforderungen aus ISO/IEC 27002 bzw. ISO/IEC 27001 als auch um zahlreiche technische Massnahmen für den sicheren Betrieb von typischen IT-Systemen und IT-Anwendungen. Eine genaue Anleitung zur Auswahl der Bausteine hilft dabei, alle sicherheitsrelevanten Aspekte zu berücksichtigen. Der IT-Sicherheitsprozess beinhaltet im Wesentlichen den folgenden Ablauf [Bsir08]:

IT-Strukturanalyse

Nachdem der IT-Sicherheitsprozess initiiert worden ist, erfolgt eine IT-Strukturanalyse, die vor allem der Identifikation von Schutzobjekten und deren Abhängigkeiten untereinander dient. Der Sicherheitsprozess wird auf Zielobjekten (z.B. Systemen, Komponenten) durchgeführt. Im Rahmen der IT-Strukturanalyse werden somit die für den betrachteten IT-Verbund relevanten Schutzobjekte wie Informationen, IT-Anwendungen, IT-Systeme, Netze, Räume und Gebäude, aber auch die zuständigen Mitarbeiter ermittelt und dokumentiert. Zusätzlich müssen die Beziehungen und Abhängigkeiten zwischen den Schutzobjekten dargestellt werden. Die Erfassung von Abhängigkeiten dient dazu, die

Schutzbedarf-Feststellung

Auswirkungen von IT-Sicherheitsvorfällen auf die Geschäftstätigkeit zu erkennen, um dann angemessen reagieren zu können.

Nach der Strukturanalyse wird der Schutzbedarf (Impact) in drei ordinalen Stufen ermittelt; dieser orientiert sich an den möglichen Schäden hisichtlich Verfügbarkeit, Vertraulichkeit und Integrität für die jeweiligen Geschäftsprozesse.

Modellierung mit Bausteinen

Mittels der IT-Grundschutzkataloge wird nun der analysierte IT-Verbund anhand der vorgegebenen Bausteine nachgebildet. Für die einzelnen Bausteine sind in den Grundschutzkataolgen typische Gefährdungslagen und Massnahmenemfehlungen vorgegeben.

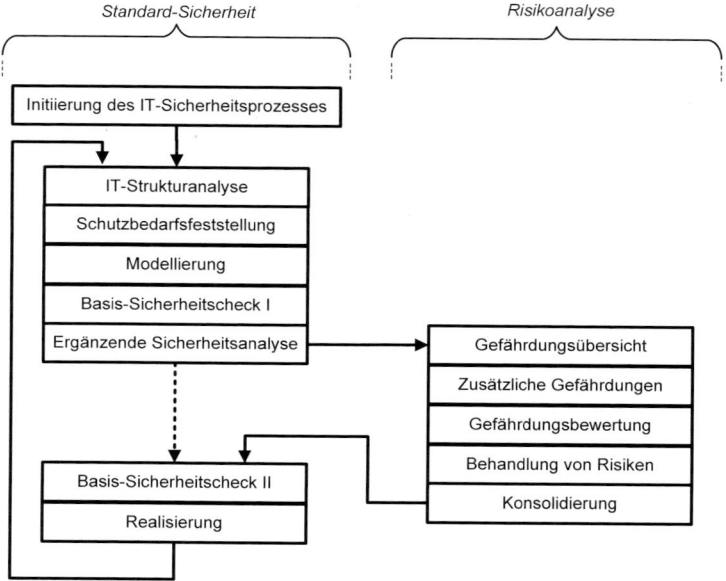

Abbildung 9.11:   IT-Sicherheitsprozess der BSI [Bsir08]

Basis-Sicherheitschecks

Wie die Abbildung 9.11 zeigt, werden im Verlaufe des IT-Sicherheitsprozesses sog. Basis-Sicherheitschecks[*] gemäss der IT-

---

[*]   Der Basis-Sicherheitscheck dient einem schnellen Überblick über das vorhandene IT-Sicherheitsniveau in Bezug auf die Umsetzung des Grundschutzes in einem IT-Verbund. Dabei werden mit Hilfe von Interviews die Verbesserungsmöglichkeiten für die Sicherheit ermittelt und aufgezeigt.

Grundschutz-Vorgehensweise durchgeführt. Dadurch wird jeweils festgestellt, welche Standard-Sicherheitsmaßnahmen für den vorliegenden IT-Verbund bereits umgesetzt sind und wo noch Defizite bestehen.

Handlungsbedarf über IT-Grundschutz hinaus

Zeigt die Schutzbedarfsfestellung einen hohen oder sehr hohen Schutzbedarf hinsichtlich „Vertraulichkeit", „Verfügbarkeit" oder „Integrität" oder können einzelne Zielobjekte (Schutzobjekte) mit den vorhandenen Bausteinen und Szenarien in den Katalogen nicht abgedeckt werden, dann wird das IT-Grundschutz-Sicherheitskonzept mit entsprechenden Gefährdungen (Bedrohungen) und Massnahmen ergänzt. Gefährdungen und Massnahmen, die in den Grundschutzkatalogen nicht aufgeführt sind, müssen somit noch analysiert und definiert werden.

Eintrittswahr-scheinlichkeiten implizit berück-sichtigt

Die im BSI-Standard 100-3 beschriebene Risiko-Analysen-Methodik berücksichtigt die Eintrittswahrscheinlichkeiten nicht explizit, sondern lediglich implizit im Rahmen der Ermittlung und Bewertung von Gefährdungen.

9.6   Zusammenfassung

Zunehmend kommen für den Aufbau und den Erhalt der Informations-Sicherheit „Standard Regelwerke", vor allem Grundschutz-Kataloge, zum Einsatz. Die Regelwerke existieren oft als nationale oder internationale Standards und erfahren so eine breite Abstützung, sowohl was ihre Erstellung als auch was ihre Anwendung betrifft. Viele der heute verfügbaren Standards entstanden aus weit verbreiteten Praktiken, den sog. „best Practices". Bei dem mittels Grundschutz-Kataloge erreichbaren Basis-Schutz sind die spezifischen Sicherheitbedürfnisse aufgrund erhöhter Risiken nicht abgedeckt. Es empfiehlt sich deshalb, einen kombinierten Ansatz von Grundschutz und risikobasierten Massnahmen zu wählen.

Die Regelwerke berücksichtigen verschiedene Schwerpunkte. Anhand von Vergleichstabellen, können die Regelwerke miteinder verglichen werden. Die Vergleiche zeigen die Positionierungen und Überschneidungen der Regelwerke untereinander auf. Das CobiT-Regelwerk zeigt beispielsweise eine sehr hohe Anwendungsbreite, insbesondere was die Unternehmensprozesse betrifft. Die Standardreihe ISO/ICE 2700x liegt in der Anwendungsbreite unterhalb von CobiT, da sie vorwiegend auf die

Informations-Sicherheit konzentriert ist. In der aktuellen Version 4.1 von CobiT sind die IT-Prozesse und die Kontrollziele auf die IT-Governance fokussiert. Hingegen ist das Regelwerks ISO/IEC 2700x tiefergehend auf die Informations-Sicherheit ausgelegt als CobiT und stellt einen zusätzlichen Standard (ISO/IEC 27005) zur Verfügung, der den Informations-Risiko-Management-Prozess im einzelnen behandelt und wertvolle Hilfsmittel zur Risiko-Beurteilung aufzeigt.

Die neue Dokumentenreihe des deutschen BSI (Bundesamt für Sicherheit in der Informationstechnik ist wie folgt in Einzeldokumente aufgeteilt:

⇨ **Die Standards zur Informations-Sicherheit**

　　o **100-1:** Managementsysteme für Informations-Sicherheit (ISMS)

　　o **100-2:** IT-Grundschutz-Vorgehensweise

　　o **100-3:** Risikoanalyse auf der Basis von IT-Grundschutz

　　o **100-**4 Notfallmanagement

⇨ **Die IT-Grundschutzkataloge** unterteilt in:

　　o Vorspann

　　o Schichtenmodell

　　o Bausteinkataloge

　　o Gefährdungskataloge und

　　o Massnahmenkataloge

Der Standard 100-1 für das ISMS ist an den Standard ISO/IEC 27001 angelehnt. Seit Anfang 2006 können beim BSI Zertifizierung von „ISO-27001-Zertifikaten auf der Basis Grundschutz" beantragt werden.

9.7   Kontrollfragen und Aufgaben

1.　Nennen Sie Gründe, Grundschutzmassnahmen im Unternehmen einzusetzen.

2.　Erklären Sie mit Worten ein Vorgehen, wie Sie feststellen können, dass bei bestehenden Grundschutzmassnahmen, eine umfassende Risiko-Analyse notwendig ist.

3.　Nennen Sie Informationskriterien bei CobiT.

4.　Auf welche IT-Governance-Bereiche sind die CobiT-Prozesse und Kontroll-Ziele fokussiert?

5.　Erläutern Sie die wesentlichen Merkmale der Risikobeurteilung anhand der BSI-Standards.

10 Methoden und Werkzeuge zum IT-Risiko-Management

Das Buch soll in erster Linie die Risiken und speziell die IT-Risiken aus der Perspektive des Unternehmens und der Governance behandeln. Deshalb sind in diesem Kapitel lediglich einige ausgesuchte Methoden und Werkzeuge behandelt, die im Rahmen des IT-Risiko-Managements eingesetzt werden; sie stehen somit für eine ganze Anzahl heute praktizierter Methoden und erhältlicher Werkzeuge. Bei der Behandlung in diesem Kapitel werden die Methoden und Werkzeuge jeweils an den Grundprinzipien eines Risiko-Management-Prozesses, wie er im Kapitel 3 sukzessive aufgebaut wurde, reflektiert. Die Integration dieser Sub-Prozesse in die Unternehmensprozesse erfolgt im Teil D dieses Buches.

10.1 IT-Risiko-Management mit Sicherheitskonzepten

Die Erstellung eines IT-Sicherheitskonzepts ist immer dann angezeigt, wenn es bei Prozessen oder IT-Systemen[*] darum geht, mit geeigneten Massnahmen die Risiken auf tragbare Restrisiken zu reduzieren und dabei sowohl die Bewertung als auch die Art und Weise der Bewältigung aufgezeigt und dokumentiert werden muss.

Funktion eines Risiko-Management-Prozesses

Mit definierten Abgrenzungen der Konzept-Gegenstände (z.B. IT-Systeme, Prozesse) und mit eingeschlossener Risiko-Analyse erhält ein Sicherheitskonzept die Funktion eines Risiko-Management-Prozesses. Der Risiko-Management-Prozess muss lediglich auf die Analyse und Bewältigung der Risiken im betreffenden Kontext (z.B. eines IT-Systems) zugeschnitten werden. Deshalb sieht der strukturelle Aufbau eines IT-Sicherheitskonzepts auch die konzeptionelle Einbindung der

---

[*] Vgl. NIST Special Publication 800-18 [NIST 800-18]: Darin besteht ein IT-System aus einer definiert abgegrenzten Anzahl von Prozessen, Kommunikationen, Speicherungen und damit zusammenhängenden Ressourcen (einer Architektur).

Sicherheits-Massnahmen in die verschiedenen IT-Prozesse, insbesondere in den System-Entwicklungsprozess, vor.

Sicherheitsaspekte des Lebenszyklus eines Systems

Das Sicherheitskonzept kann sich auf die Sicherheitsaspekte des ganzen Lebenszyklus eines Systems (z.B. Beschaffung, Entwicklung, Einführung, Betrieb und Entsorgung) oder auch nur auf einzelne Phasen (z.B. Entwicklung oder Betrieb) beziehen. Solche phasenspezifischen Sicherheitskonzepte sind dann sinnvoll, wenn einzelne Lebenszyklusphasen (z.B. Entwicklung, Migration und Einführung) in sich stark risikobehaftet sind.

Neben Risiko-Bewältigung zusätzliche Anforderungen

Die neben der eigentlichen Risiko-Bewältigung im Sicherheitskonzept zusätzlich zu berücksichtigenden Anforderungen an die Sicherheitsmassnahmen sind:

- Leistungsvorgaben (z.B. definiert mittels SLA)

- Qualitätsanforderungen

- Architektur-Vorgaben

- Innerbetriebliche Weisungen

- Innerbetriebliche Standards

- Gesetzliche und regulative Vorgaben (Informationenschutz, Bankgeheimnis, Urheberrecht, Basel II usw.)

- Kostenvorgaben

Abwägung von Kosten, Nutzen und Wirksamkeit

Wird das Sicherheitskonzept als Risiko-Management-Prozess verstanden, darf die Darstellung und Abwägung von Kosten, Nutzen und Wirksamkeit nicht fehlen. Gibt es doch, wie es Abbildung 10.1 zeigt, mehr oder weniger optimale Risiko-/Massnahmen-Kombinationen. Dies kann zur Folge haben, dass die Risiko-Analyse mit unterschiedlichen Massnahmen-Konstellationen in mehreren Iterationen durchgeführt werden muss.

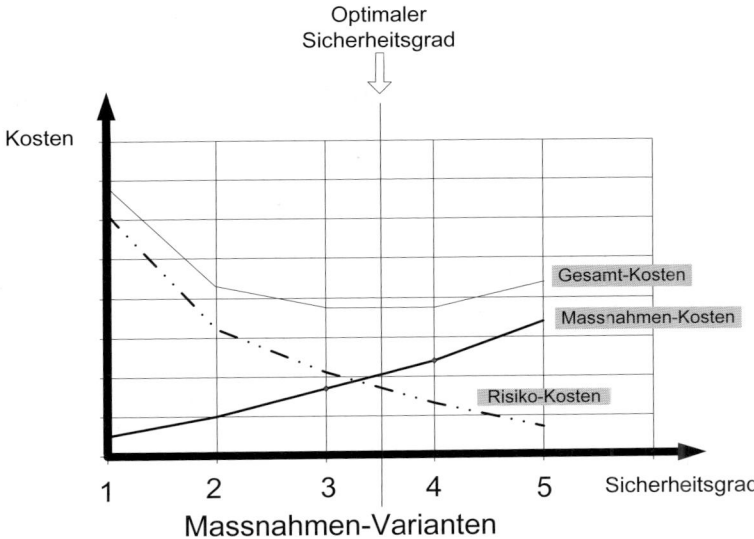

Abbildung 10.1:   Kostenabwägung Risiko gegen Massnahmen

Organisatorische Umsetzungs-Aspekte

Last but not least kann die Sicherheit nur so gut sein, wie die konzipierten Massnahmen umgesetzt und kontrolliert werden. Das Sicherheitskonzept muss also die organisatorischen Aspekte für die Umsetzung der Sicherheitsmassnahmen enthalten (z.B. Verantwortlichkeiten, Termine und Kontrollen).

Insgesamt muss der Prozess der Erstellung und Umsetzung eines Sicherheitskonzept in die Risikopolitik, Sicherheits-Politik und in die Sicherheitsorganisation des Unternehmens eingebettet sein.

Nützlichkeit

Ein derartiges Sicherheitskonzept erweist sich in folgenden Situationen als nützlich:

1.   Bei der Entwicklung und Neueinführung eines IT-Systems

2.   Bei Änderungen an einem bestehenden IT-System

3.   In Situationen, wo bestehende Systeme auf ihre Sicherheit überprüft und die Restrisiken auf ein tolerables Mass reduziert werden müssen

4.   Für ganze Geschäfts- oder IT-Prozesse bei Outsourcing-Vorhaben (s. Kapitel 14)

Vorteil

Der grosse Vorteil eines solchen Sicherheitskonzepts gegenüber einem „Baseline Verfahren" ist, dass die Risiko-Ermittlung und die Massnahmen-Bestimmung am realen Objekt vorgenommen

Orientierung an den aktuellen Risiken

werden und sich damit die Massnahmen an den aktuell vorhandenen Risiken orientieren.

Zudem wird mit dem Sicherheitskonzept das Risiko-Management am betreffenden Objekt durchgeführt und die konzipierten Massnahmen mit einem Umsetzungsplan umgesetzt.

In Anlehnung an den elementaren Aufbau eines Risiko-Management-Prozesses kann der folgende Aufbau eines Sicherheitskonzepts die oben skizzierten Anforderungen erfüllen (s. Abbildung 10.2):

Sechs Kapitel eines IT-Sicherheitskonzepts

Aufbau eines IT-Sicherheitskonzepts

Kapitel 1: Ausgangslage

Kapitel 2: Systembeschreibung und Schutzobjekte

Kapitel 3: Risiko-Analyse

Kapitel 4: Anforderungen an Sicherheitsmassnahmen

Kapitel 5: Sicherheitsmassnahmenbeschreibung

Kapitel 6: Umsetzung der Sicherheitsmassnahmen

Die Kapitel 3 bis 6 eines solchen Sicherheitskonzepts werden vorzugsweise in mehreren Iterationen erstellt, da die Bestimmung der „tragbaren" Restrisiken von den Anforderungen an die Sicherheitsmassnahmen sowie den ein- und umgesetzten Massnahmen abhängig ist.

Risiko-Management-Prozess   Aufbau IT-Sicherheitskonzept

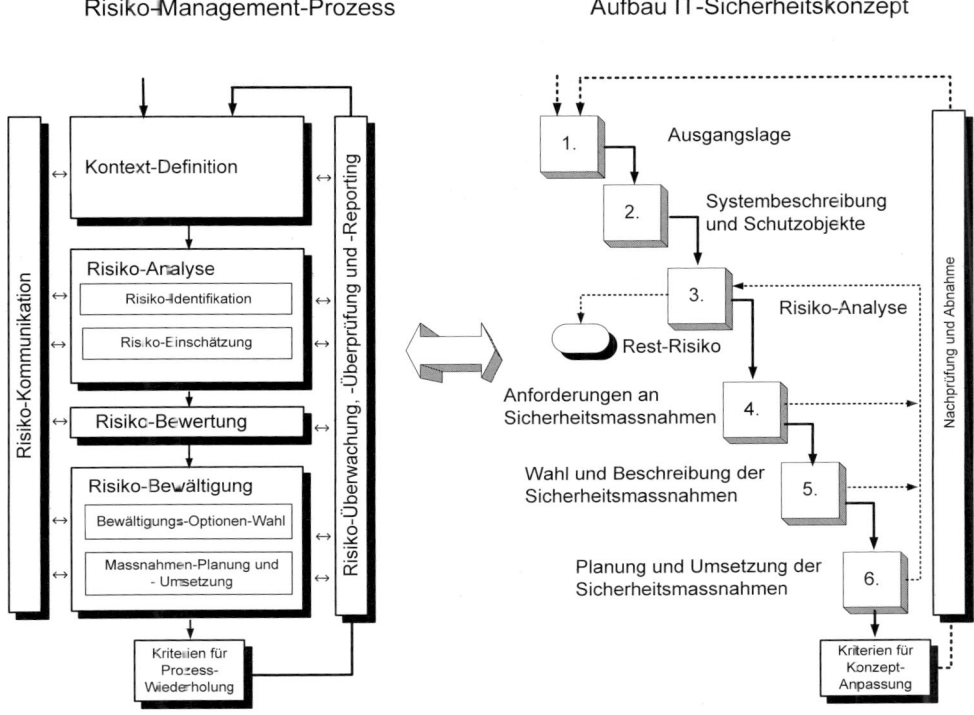

Abbildung 10.2: Aufbau IT-Sicherheitskonzept als Risiko-Management-Prozess

In den folgenden Abschnitten 10.1.1 bis 10.1.7 werden diese sechs Kapitel eines Sicherheitskonzepts mit ihren Inhalten und ihren Erstellungsprozessen behandelt.

10.1.1   Kapitel „Ausgangslage"

Um das geschäftliche und organisatorische Umfeld des Sicherheitskonzepts verstehen zu können, wird am Anfang die Ausgangslage mit allen dazu notwendigen Informationen beschrieben. Für dieses Verständnis fragen wir, was der Zweck und die Ziele des zu behandelnden Systems sind. In welchem grösseren Kontext (z.B. Geschäftsfunktionen, Eigentums- und Vertragsverhältnisse) das System steht, wer für was verantwortlich ist, für welche „Lifecycle"-Phase das Konzept angefertigt werden soll und welche Abgrenzungen für die Behandlung des Systems getroffen werden müssen. Für die Beurteilung und allfällige Akzeptanz der Risiken werden die wesentlichen Kriterien angeführt oder auf die entsprechenden Festlegungen in Policy-Dokumenten verwiesen. Auch werden die ganz besonderen Anforderungen aus Geschäfts- und Anwendersicht sowie die Einschränkungen und Rahmenbedingungen bereits am Anfang dokumentiert und die wichtigen Termine (Milestones) festgehalten.

Allgemeiner Kontext

Damit zeigt die Beschreibung der Ausgangslage des Sicherheitskonzepts, den „allgemeinen Kontext" für das Risiko-Management auf (Abbildung 10.3).

Kapitel 1: Ausgangslage

- Allgemeines, Absichten, Zweck, Zielsetzungen
- Einflüsse und Abhängigkeiten intern und extern (z.B. organisatorische Zusammenhänge, vertragliche Bedingungen, zu beachtende Regulative)
- Wichtige Anforderungen (z.B. durch Geschäfts- und Support-Prozesse, terminliche Anforderungen)
- Bezeichnung der Auftraggeber und sonstige Verantwortlichkeiten (z.B. nominierter System-Owner)
- Abgrenzungen, Restriktionen, Randbedingungen

Abbildung 10.3:   Wichtige Inhalte im Kapitel 1 eines Sicherheitskonzepts

10.1.2   Kapitel „Systembeschreibung und Schutzobjekte"

Spezifischer Kontext

Die Systembeschreibung zeigt den „funktionalen Kontext", in dem die Risiken analysiert und die Sicherheitsmassnahmen bestimmt werden. Sie muss in übersichtlicher Weise den Systemaufbau und die Systemmerkmale aufzeigen, sodass daraus letztlich die Schutzobjekte (Information Assets) identifiziert und die Sicherheitsverhältnisse (Risiken und Massnahmenkonzeptionen) überblickt werden können (Abbildung 10.4).

Sicherheits-relevante Aspekte des Systems

Mit anderen Worten erläutern die Beschreibungen und Darstellungen die sicherheitsrelevanten Aspekte des Systems. Eine solche Darstellung ist beispielsweise die Kommunikations-Matrix, welche die notwendigen Kommunikations-Verbindungen des Systems mit anderen Systemen aufzeigt (s. Abbildung 10.5).

Da es bei einem Sicherheitskonzept mit eingeschlossener Risiko-Analyse auch darum geht, den Zusatzaufwand für die Sicherheit und das Mass der Risiko-Reduktion zu veranschaulichen, empfiehlt es sich, das System mit den bereits vorhandenen Massnahmen (z.B. Grundschutzmassnahmen) darzustellen.

Kapitel 2: Systembeschreibung und Schutzobjekte

Systemübersicht

- ❑ Verwendete Plattformen und Infrastruktur
- ❑ Systemlokalitäten und grobe Systemanordnung

Systembeschreibung

- ❑ Systemanforderungen
- ❑ Systemfunktionen
- ❑ Abläufe, Prozesse
- ❑ Komponenten, Teilsysteme
- ❑ Standard-Produkte
- ❑ Konfigurationen
- ❑ Netzeinbindung und Kommunikations-Matrix (s. Abbildung 10.5)
- ❑ Schnittstellen (technisch, organisatorisch, extern, intern, etc.)
- ❑ Graphische Darstellungen

Beschreibung der Schutzobjekte und Einteilung in die Kategorien[*]:

- ⇨ Informationen oder Informations-Objekte (z.B. Personal-, Kreditkarten- oder Bankinformationen)
- ⇨ Anwendungsfunktionen/-prozesse
- ⇨ Software Objekte (Applikationssoftware)
- ⇨ Physische Objekte (Hardware, hardwarenahe Software wie Betriebs- oder Kommunikationssoftware)
- ⇨ Räume und umgebende Infrastruktur

Abbildung 10.4: Wichtige Inhalte im Kapitel 2 eines Sicherheitskonzepts

---

[*] Die Schutzobjekte werden in die in Abbildung 10.4 gezeigten Kategorien eingeteilt. Der CRAMM-Methode (s. Abschnitt 10.2) gehorchend wurden das Betriebssystem und die hardwarenahen Software-Objekte unter die physischen Objekte eingeordnet, da sie zusammen meist die System-Plattform bilden und zusammengehörig betreut werden.

Beschreibungen und Darstellungen

Für tiefergehende Beschreibungen und Darstellungen ist es sinnvoll, auf die entsprechenden Systemunterlagen zu verweisen (Grobkonzepte, Detailkonzepte, Betriebskonzepte und Handbücher.)

Zugriff von	Zugriff auf	Protokoll	Port	Zugriffsart / Client
Zugriff aus dem Internet in die „Demilitarisierte Zone"				
Internet	E-Gateway	HTTPS	443	Web-Browser
Administrationszugriffe aus der „Internen Zone" in die „Demilitarisierte Zone"				
Applikations-Betreuer	E-Gateway	APICS	6390	Administrations-Client
		SSH	22	Applikations-Betreuer
Datei-Transfer zwischen I-Prozess und E-Gateway				
I-Prozess	E-Gateway	FTP	6370	I-Prozess
E-Gateway	I-Prozess	FTP	1366	E-Gateway
Zugriff von E-Gateway auf die Authentifikations-Mittel				
E-Gateway	Authentifikations-Server	UDP	5500	Authentifikations-Client des E-Gateway
		TCP	5510	

Abbildung 10.5:   Beispiel einer Kommunikations-Matrix zur Firewall-Freischaltung

10.1.3   Kapitel „Risiko-Analyse"

Risiko-Einschätzung, und Restrisiko

Das Kapitel 3 eines Sicherheitskonzepts enthält die „Risiko-Analyse" bezogen auf die Schutzobjekte, sowie die Rest-Risiko-Analyse (Abbildung 10.6).

Kapitel 3: Risiko-Analyse

- Risiko-Einschätzung der Schutzobjekte
- Aussagen zum Restrisiko durch eine erneute Durchführung der Risiko-Analyse, nachdem die Massnahmen gemäss der folgenden Kapitel 4 bis 6 definiert wurden.

Abbildung 10.6:   Inhalte im Kapitel 3 eines Sicherheitskonzepts

Abgrenzung

Zu Beginn der Risiko-Analyse findet eine Abgrenzung des Analyse-Bereichs statt. Schutzobjekte, die anderweitig bereits analysiert wurden (z.B. eine bereits vorhandene Rechenzentrums-Infrastruktur), werden aus der Risiko-Analyse ausgeklammert. Selbstverständlich sind die bereits analysierten Risiken entsprechend ihres Einflusses auf die Risikosituation zu berücksichtigen.

Passendes Analyse-Verfahren

Aufgrund der Anforderungen kann es auch angezeigt sein, anstelle einer Risiko-Analyse, lediglich eine Impact-Analyse oder eine Schwachstellen-Analyse durchzuführen. Impact-Analysen werden beispielsweise bei sehr seltenen Ereignissen mit hohem Schadensausmass, z.B. für Kontinuitätsmanagement, angefertigt. Bei Infrastruktur-Einrichtungen ist es manchmal schwierig, die Werte der Schutzobjekte (z.B. mit Netzwerken zu übertragende Informationen) abzuschätzen, wenn die Schutzobjekte im voraus gar nicht bekannt sind. In solchen Fällen kann oft eine Schwachstellen-Analyse den Zweck erfüllen.

Methoden

Stehen die Impacts fest und sind aufgrund der vorhandenen Bedrohungen und Schwachstellen die Häufigkeiten für Schadensereignisse abschätzbar, dann zeigt eine „Bottom-up-Risiko-Analyse" am besten, wo und wie die Massnahmen am wirksamsten eingesetzt werden können. Eine wichtige Methode dazu kann eine „Experten-Befragung" sein. Anspruchsvollere analytische Methoden („Failure Effekt und Ausfall-Analyse", „Fehlerbaum-„ und Ereignisbaum-Analyse") sind in den Abschnitten 10.3 bis 10.5 näher erläutert. Solche zum Teil aufwändigen Methoden können wichtige Risiko-Zusammenhänge und Schwachstellen in den Systemen und Prozessen aufzeigen.

Pragmatischer Ansatz

Für einen pragmatischen Ansatz zur Einschätzung der Risiken, die meist mit einem knappen Zeitbudget durchgeführt werden muss, sind im Anhang 3 einige hilfreiche Einstufungstabellen zusammengestellt (Tabellen A.3.2, A.3.3, A.3.4 und A.3.5). Allfällige Vorschriften und Kriterien zur Verwendung eines Verfahrens werden vorzugsweise in einem entsprechenden Politikpapier vorgegeben. Zunächst zeigt Abbildung 10.7 die Schritte für die Ausarbeitung einer IT-Risiko-Analyse.

<table>
<tr><td rowspan="2">**Risiko-Identifikation**</td><td>

Schritt 1: Ordnung der Schutz-Objekte und Abgrenzung des für die Risiko-Analyse relevanten Bereichs

Im vorangegangenen Kapitel 2 des Sicherheitskonzepts waren bereits die Schutzobjekte zu beschreiben und in Kategorien einzuteilen. Nun werden die Schutzobjekte auf Vollständigkeit überprüft und aufgrund der vorhandenen Risikosituation geordnet, ergänzt und gegebenenfalls zusammengefasst. Ebenfalls müssen Schutzobjekte an den System-Schnittstellen definiert werden (z.B. kann ein System auch andere im Verbund befindlichen Systeme bedrohen). Auch müssen die Abgrenzungen für die Risikoanalyse getroffen werden (welche Teilsysteme, Funktionen und Komponenten müssen in der Risikoanalyse enthalten sein und welche nicht?).

Schritt 2: Identifikation der für die Schutz-Objekte massgeblichen Bedrohungen und Schwachstellen

Die auf die einzelnen Schutz-Objekte einwirkenden Bedrohungen werden identifiziert und den Schutz-Objekten zugeordnet. Das Identifizieren der Bedrohungen kann mit Hilfe von vorgefertigten Bedrohungslisten pro Risikoart erleichtert werden (s. Abbildung 2.8). Zusätzlich werden die an jedem Objekt aktuell vorhandenen Schwächen (Schwachstellen) eruiert und den Schutz-Objekten zugeordnet. Zur Eruierung von Schwachstellen können beispielsweise die Standards ISO/IEC 27002 und 27005, die COBIT Security Baseline, die BSI Grundschutzkataloge oder das Datenschutzgesetz beigezogen werden. Die Schwachstellen können aber auch durch analytische Suchverfahren analysiert oder durch Tests ermittelt werden.

</td></tr>
</table>

<table>
<tr><td rowspan="3">**Risiko-Einschätzung**</td><td>

Schritt 3: Analyse der auf jedes Schutz-Objekt wirkenden Bedrohungen und Einschätzung der Häufigkeit H_E des Eintritts eines Schadens S_E

In diesem Schritt muss die Häufigkeit eines Schadensereignisses eingeschätzt werden. Diese Schätzung erfolgt aufgrund der Bedrohungen (Gefahren), welchen das Schutzobjekt ausgesetzt ist, sowie dessen Anfälligkeit auf die Bedrohungen, aufgrund der vorhandenen Schwachstellen. Die Häufigkeit wird „ordinal" eingestuft; dabei sind die Häufigkeiten von Ereignissen bezüglich Vertraulichkeits-, Integritäts- und Verfügbarkeitsverletzungen einzuschätzen (s. Tabellen A.3.2 und A.3.3 im Anhang).

Schritt 4: Einschätzung des Schadensausmasses S_E

In diesem Schritt wird die Höhe eines allfälligen Schadens pro Schutzobjekt eingeschätzt. Die Einschätzung ist für die Sicherheitsziele, „Vertraulichkeit", „Integrität" und „Verfügbarkeit" durchzuführen; dabei sollen die Anhaltspunkte einer vorgegebenen Schadens-Metrik (s. Tabelle A.3.4 im Anhang) verwendet werden.

Schritt 5: Bestimmung der Risiken eines Schutz-Objekts

Pro Schutz-Objekt und Sicherheitsziel (Vertraulichkeit, Integrität und Verfügbarkeit) werden anhand der im Schritt 3 ermittelten Häufigkeitswerte und der im Schritt 4 ermittelten Schadenswerte das Risiko bestimmt; dazu soll die vorgegebene Risiko-Matrix (s. Tabelle A.3.4 im Anhang) benutzt werden.

</td></tr>
</table>

Abbildung 10.7: Ablauf der Risiko-Analyse für ein IT-Sicherheitskonzept

Nachdem mit den weiteren Kapiteln 4 bis 6 des Sicherheitskonzepts die Definition, Konzeption und Umsetzung der Massnahmen ausgearbeitet wurde, werden die Restrisiken analysiert und am Ende des Kapitels 3 dokumentiert.

Praxistipp

Gerade bei einer vollständigen Risiko-Analyse mit ausgefeilten Analyse-Verfahren ist es wichtig, dass keine Pseudo-Genauigkeiten bei den Risiko-Einschätzungen vorgetäuscht werden.

10.1.4   Schwachstellen-Analyse anstelle einer Risiko-Analyse

Oft ist es schwierig, die Impakt-Analyse (Schadensausmass-Analyse) durchzuführen, da die Schutzobjekte nicht in einer bewertbaren Form vorliegen. In solchen Fällen kann an die Stelle der Risiko-Analyse eine bewertende Schwachstellen-Analyse treten. Die Schwachstellen-Analyse wird meist auf der Basis bestehender Grundschutzmassnahmen (Baseline Security Standards) durchgeführt. Als Schwachstelle kann dann eine ungenügend realisierte Grundschutzmassnahme gelten. Natürlich muss die Grundschutzmassnahme für eine Bedrohung des Schutzobjekts relevant sein.

Anhand unseres Risiko-Modells (s. Abbildung 10.8) lässt sich eine Schwachstelle wie folgt definieren:

Definition Schwachstelle

Eine Schwachstelle ist eine fehlende oder ungenügend vorhandene, für das Schutzobjekt relevante Massnahme.

Eine der wesentlichen Zweckbestimmungen, eine Risiko-Analyse durchzuführen, insbesondere im Zusammenhang mit einem Sicherheitskonzept, ist die Bestimmung von Sicherheitsmassnahmen. Eine Massnahmenbestimmung aufgrund einer Schwachstellenanalyse vorzunehmen, ist eine nützliche Alternative, insbesondere wenn aus den (ggf. aggregierten) Risiken nicht ohne weiteres auf die Platzierung der Massnahmen geschlossen werden kann.

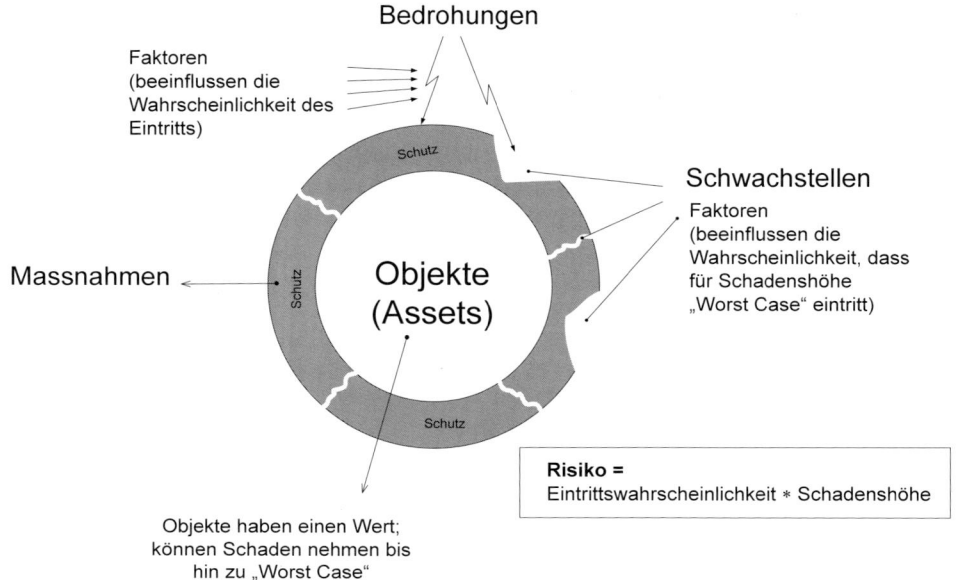

Abbildung 10.8: Risiko-Modell

Einschätzung der
Schwachstelle

Als Anhaltspunkte für die erforderliche Stärke einer Massnahme empfiehlt es sich, die Schwachstellen einer Einschätzung zu unterziehen. Um zusätzlich die Relevanz der Schwachstellen bezüglich der vorhandenen Bedrohungen zu berücksichtigen, kann auch der Einfluss der Bedrohungen auf das Schutzobjekt eingeschätzt werden. Die Gesamt-Einschätzung einer Schwachstelle erfolgt sodann aus der Kombination der beiden Einschätzungen.

Praxistipp

Eine nach dem gezeigten Verfahren „sklavisch" durchgeführte Risiko-Analyse oder Schwachstellen-Analyse kann sehr bald umfangreich und unübersichtlich werden. Deshalb sollte zu jedem Zeitpunkt hinterfragt werden, ob signifikante Impacts oder Bedrohungen an einem Schutzobjekt überhaupt möglich sind. Wenn nicht, dann sollte das betreffende Risiko oder die Schwachstelle als „unbedeutend" nicht weiter betrachtet werden.

10.1.5   Kapitel „Anforderungen an die Sicherheitsmassnahmen"

Zur Konzeption der Sicherheitsmassnahmen müssen die Risiken, wie sie aus der Risiko-Analyse hervor gegangen sind, für die nun folgende Massnahmenbestimmung zunächst bewertet werden.

Zuordnung gene-rischer Sicher-heitsmassnahmen

Die Bewertung erfolgt zusammen mit der Zuordnung generischer Sicherheits-Massnahmen[*] zu den Risiken. Dabei sollte mit einer jeweils kurzen Beschreibung der erforderliche Sicherheits-Effekt angegeben werden. Ein Katalog („Werkzeugkasten") mit generischen Sicherheits-Massnahmen verschiedener Stärken (z.B. verschieden Authentierungs-Stärken) ist für eine grössere IT-Organisitation nützlich.

Risiko-Bewertung

Die Risiko-Bewertung der bereits analysierten Risiken wird sowohl im Rückblick auf den „Kontext" des Systems als auch im Vorausblick auf die in den folgenden Kapiteln des Sicherheitskonzeptes zu konzipierenden Massnahmen durchgeführt. So können hohe Massnahmen-Kosten, oder Chancen-Behinderungen Einfluss auf das Resultat der Risiko-Bewertung haben.

Wie Abbildung 10.2 zeigt, wird, nachdem die Massnahmen und deren Umsetzung in den Kapiteln 4 bis 6 des Sicherheitskonzepts definiert wurden, wieder zum Kapitel 3 zurückgekehrt, um das Restrisiko zu bestimmen.

Iterative Erstel-lung Kap. 4 bis 6

Die Kapitel 3 bis 6 werden also iterativ erstellt, wobei die mit den Massnahmen mögliche Risiko-Reduktion im Verhältnis zum Aufwand (monetär und zeitlich) optimiert wird.

Restrisiken im Kapitel 3 des Sicherheits-konzepts

Nach abgeschlossener Optimierung können die Restrisiken (in Kapitel 3 des Sicherheitskonzepts) angegeben werden. Dieser Vorgang kann mit entsprechenden Begründungen durchaus zu einem Ergebnis führen, bei dem ein Risiko in seiner Höhe belassen und durch das zuständige Mangement formal „akzeptiert" wird. Im weiteren sind für die im Kapitel 5 detailliert auszuarbeitenden Massnahmen nicht alleine die Risiken, sondern eine Reihe zusätzlicher Anforderungen zu berücksichtigen.

Zusätzliche An-forderungen an die Sicherheits-massnahmen

Solche Anforderungen können beispielsweise zu erfüllende Leistungsanforderungen (SLAs) an das System sein. Auch unternehmensinterne Vorgaben für den Einsatz bestimmter Standards oder einer vorgegebenen System- und Sicherheitsarchitektur können für die konkrete Auslegung der Massnahmen wichtige Randbedingungen darstellen. Alle diese Anforderungen gehören

---

[*]   Generische Sicherheits-Massnahmen enthalten noch keine Spezifika

im Kapiel 4 des Sicherheitskonzepts beschrieben. Folgende Abbildung 10.9 zeigt die Aufzählung einiger solcher Anforderungen.

Kapitel 4: Anforderungen an die Sicherheitsmassnahmen

❑   Bewertete Risiken mit zeitlichen „Bewältigungs-Prioritäten" oder „Akzeptanz-Aussagen" des zuständigen Managements

❑   Aus der Risiko-Bewertung hervorgehende „generische Sicherheitsmassnahmen"

❑   Informationenklassierungen

❑   Leistungsanforderungen (SLAs)

❑   Gesetze, Policies, Richtlinien, Architekturvorgaben und Standards, technische und organisatorische Bedingungen und Anforderungen (z.B. aus dem Grobkonzept).

Abbildung 10.9:   Anforderungen an die Sicherheitsmassnahmen

10.1.6   Kapitel „Beschreibung der Sicherheitsmassnahmen"

Nachdem die zu behandelnden Risiken und die Anforderungen an die Sicherheitsmassnahmen bekannt sind, werden im Kapitel 5 des Sicherheitskonzepts die einzelnen Sicherheitsmassnahmen ausgearbeitet und beschrieben (Abbildung 10.10). Die Beschreibung der Massnahmen soll sich auf die wesentlichen Merkmale beschränken, so dass sie in der erforderlichen Wirksamkeit realisiert, eingeführt und betrieben werden können.

Anpassungen der Systembeschreibung   In diesem Kapitel werden auch die durch die zusätzlichen Sicherheitsmassnahmen notwendig gewordenen Anpassungen der Systembeschreibung (aus Kapitel 2 des Sicherheitskonzepts) aufgeführt.

> **Kapitel 5: Beschreibung der Sicherheitsmassnahmen**
>
> ❏ Technische Massnahmen
>
> ❏ Technische Massnahmenbeschreibung (Realisierungsvorschrift) innerhalb der vorliegenden Systemanordnung
>
> ❏ Graphische Darstellung der Massnahmen und deren Integration in das System (Ergänzung des Systems gemäss Kapitel 2)
>
> ❏ Organisatorische Massnahmen
>
>   ↪ Aufbauorganisatorische Massnahmen
>
>   ↪ Ablauforganisatorische Massnahmen
>
> ❏ Zugriffskonzept

Abbildung 10.10:   Inhalte des Kapitels „Beschreibung der Sicherheitsmassnahmen"

10.1.7   Kapitel „Umsetzung der Sicherheitsmassnahmen"

Umsetzung durch entsprechende Aktionen

Ein Sicherheitskonzept ist schliesslich nur so gut, wie es in der Praxis umgesetzt wird. Die einzelnen Massnahmen müssen durch entsprechende Aktionen (ggf. in einem Projekt) umsetzbar sein. Dafür müssen die Aktionen und erwarteten Ergebnisse mit den dafür verantwortlichen Personen abgesprochen und die Termine oder allenfalls auch die Periodizitäten für Aktionen und Massnahmen festgelegt werden. Dokumentiert werden in diesem Kapitel des Sicherheitskonzepts insbesondere die Festlegungen **wie, bis wann und durch wen** die Massnahmen umgesetzt werden (s. Abbildung 10.11).

> **Kapitel 6: Umsetzung der Sicherheitsmassnahmen**
>
> Festlegungen:
>
> ❏ Verantwortlichkeiten und Termine für die Realisierung der Massnahmen
>
> ❏ Verantwortlichkeiten für den Betrieb der Massnahmen
>
> ❏ Nutzen (Wirksamkeit) und Kosten der Massnahmen
>
> ❏ Kontrollen, Reviews und Auditing
>
> ❏ Einverständnis durch Unterschriften

Abbildung 10.11:   Festlegungen für die Umsetzung

Kosten-/Nutzen-
Abwägung

Bei den Untersuchungen zur Umsetzbarkeit muss der Aspekt der Kosten-/Nutzen-Abwägung einbezogen werden. Die Massnahmenkosten beim Aufbau und Betrieb sollten in einem vernünftigen, wenn nicht sogar optimalen Verhältnis zum Risiko stehen (s. Abbildung 10.1).

Umsetzungsplan

Massnahme		Nutzen	Kosten	Verantwortung	Termin
M42/M43	Message-Authentication/Chiffrierung WAN-Verbindung	hoch	klein	Projekt-Owner	Vor Inbetrieb-nahme
M61	Starke Benutze-Authentisierung mit PIN und Token	hoch	mittel	Projekt-Owner	Vor Inbetrieb-nahme
M62	Starke Benutzer-Authentisierung mit Token (ohne PIN)	hoch	mittel	Projekt-Owner	Vor Inbetrieb-nahme
M65/M66	Einrichtung Zugriffskontrolle und Daten-Chiffrierung auf PC	mittel	klein	Entwicklungs-Owner	Vor Inbetrieb-nahme
M72	Betreuung Zugriffskontrolle	hoch	klein	Prozess-Owner	laufend
• • • • •					

Unterschriften

Stelle/Rolle	Name	genehmigt	Datum	Unterschrift
Projekt-Owner	F. Helfer			
Entwicklungs-Owner	F. Beutler			
Prozess-Owner	B. Fischer			
Chief Security Officer	Ch. Hochueli			

Abbildung 10.12: Beispiel Umsetzungsplan eines IT-Sicherheitskonzepts

Bei zu teuren oder schlecht umsetzbaren Massnahmen wird der Prozess der Sicherheitskonzept-Erstellung von Kapitel 3 bis Kapitel 6 iteriert und das Restrisiko, die Kosten und die Machbarkeit optimiert.

Umsetzungsplan

Stehen die Massnahmen einmal fest, dann wird in diesem letzten Kapitel des Sicherheitskonzepts der Umsetzungsplan in klarer und eindeutiger Weise dokumentiert. Abbildung 10.12 zeigt wie ein solcher Umsetzungsplan aussehen kann.

Unterschriften

Im Rahmen einer guten IT-Governance verpflichten sich die Verantwortlichen, ihre mit Unterschrift bestätigten Aufgaben zum angegebenen Termin auszuführen. Die Unterschriften bestätigen auch das Einverständnis mit den dokumentierten Aussagen im jeweiligen Zuständigkeitsbereich wie beispielsweise die Akzeptanz von Restrisiken.

10.1.8 Iterative und kooperative Ausarbeitung der Kapitel

Prozess-Rückkopplungen

Der Prozess der Erstellung eines IT-Sicherheitskonzept weist die für einen Risiko-Management-Prozess üblichen Rückkopplungen zu früheren Prozess-Schritten auf. Bei der schrittweisen Bearbeitung, insbesondere der drei letzten Kapitel, wird immer wieder die Wirksamkeit der Massnahmen hinsichtlich der eingeschlagenen Bewältigungs-Strategien überprüft werden müssen.

Bei der Risiko-Analyse sollten die „Impacts" durch Verantwortliche der Geschäftsprozesse eingestuft werden (z.B. durch Geschäftsprozess-Owner). Für die Festlegung der Wahrscheinlichkeiten muss Fachwissen über den Aufbau des Systems und sein Umfeld vorhanden sein. Für die Bedrohungs- und Schwachstellen-Analyse werden enstprechende IT-Fachexperten zugezogen.

Fachinformationen aus Geshäfts- und IT-Perspektive

Schliesslich werden die Fachinformationen sowohl aus der Geschäfts-Perspektive als auch der IT-Perspektive in einem gemeinsamen Dialog zur Einschätzung des tatsächlichen Risikos zusammen gebracht.

Der Dialog ist auch dann wichtig, wenn sich die Massnahmen-kosten als zu hoch erweisen und mit einer geänderten Bewältigungstragie die Restrisiken neu eingeschätzt und bewertet werden müssen.

Bereits die Ausarbeitung des Sicherheitskonzepts ist Teil des Risiko-Managements für das betreffende System, deshalb soll die Ausarbeitung auch durch diejenigen Stellen vorgenommen werden, die über das Wissen und die Verantwortung über das System (Prozess) verfügen.

Moderation oder Coaching

Eine Moderation oder ein Coaching des Erstellungsprozesses von zentraler Stelle (z.B. durch CISO) kann die Effizienz des Erstellungsprozesses wesentlich steigern.

10.2   Die CRAMM-Methode

Risiko-Analyse und Massnahmen-Zuordnung

Die CRAMM[*]-Methode ist ursprünglich für den Einsatz in Regierungstellen des United Kingdom entwickelt worden. Die Methode sollte mit einer entsprechenden Software sowohl die Risiko-Analyse unterstützen als auch geeignete Massnahmen zuordnen können. CRAMM wurde 1996 erstmalig publiziert und 1988 die erste Software-Version (Version 1.0) für den öffentlichen Sektor und kurz darauf auch für den privaten Sektor freigegeben. Zum Zeitpunkt dieser Buchauflage ist die Version 5.2 auf dem Markt.

Profile

Das System kann mit verschiedenen, auf das Anwendungsgebiet zugeschnittenen „Profilen" arbeiten: Prinzipiell wurden die Profile für das UK Government und für andere Regierungen oder private Firmen unterschieden.

Profil-Festlegungen

Die Profile enthalten Festlegungen für:

- Schutzobjekt-Typen (Asset Types)

- Bedrohungs-Arten

- Fragebögen sowie Eingabe-Masken für die Erhebung und Eingabe der Bedrohungen und Schwachstellen

- Risiko-Matrix, mit welcher die Risiken aus den eingegebenen Werten für die Schutzobjekte, Bedrohungen und Schwachstellen berechnet werden können (s. Abbildung 10.13).

- Massnahmenkataloge zur Bewältigung der Risiken

- Report-Format zur Präsentation der Ergebnisse

---

[*]   CRAMM (= Centre for Information Systems Risk Analysis und Management Method); CRAMM has been produced in consultation with the Security Service and CESG, who are UK Government national security authorities.

Bedrohung	sehr klein			klein			mittel			gross			sehr gross		
Schwach-stelle	klein	mittel	gross	klein	mittel	gross	klein	mittel	gross	klein	mittel	gross	klein	mittel	gross
1	1	1	1	1	1	1	1	1	2	1	2	2	2	2	3
2	1	1	2	1	2	2	2	2	3	2	3	3	3	3	4
3	1	2	2	2	2	2	2	3	3	3	3	4	3	4	4
4	2	2	3	2	3	3	3	3	4	3	4	4	4	4	5
5	2	3	3	3	3	4	3	4	4	4	4	5	4	5	5
6	3	3	4	3	4	4	4	4	5	4	5	5	5	5	6
7	3	4	4	4	4	5	4	5	5	5	5	6	5	6	6
8	4	4	5	4	5	5	5	5	6	5	6	6	6	6	7
9	4	5	5	5	5	6	5	6	6	6	6	7	7	7	7
10	5	5	6	5	6	6	6	6	6	6	7	7	7	7	7

(Zeilenbeschriftung links: Schutzobjekt-Wert)

Beispiel: Bedrohung = sehr gross, Schwachstelle = klein, Schutzobjekt-Wert = 8 ergibt Risiko-Wert aus der Tabelle = 6.

Abbildung 10.13:   Beispiel einer CRAMM-Risiko-Matrix*

Review-Schritte

Das Software-Tool führt systematisch durch einen „Risk Management Review" und gibt die folgenden Schritte vor:

1. Festlegen der Rahmenbedingungen und System-Abgrenzungen für den Review

2. Identifikation der Schutzobjekte (Assets) und Konstruktion des Schutzobjekte-Modells (Asset Model)

3. Bewertung der Schutzobjekte (Asset Valuation)

4. Erhebung und Einstufung der Bedrohungen (Threats) und der bei diesen Bedrohungen massgeblichen Schwachstellen (Vulnerabilities)

5. Risiko-Bestimmung

6. Massnahmenzuordnung

7. Abschliessende Berichterstattung

---

*   Insight Consulting: Broschüre „CRAMM 3 Overview"

Rahmen-
bedingungen und
Kontext

Zu Schritt 1:

Bei der Festlegung der Rahmenbedingungen des Reviews in Schritt 1 verlangt das Programm die Eingabe der Funktionsbeschreibung für das zu untersuchende System und die mit dem zuständigen Management abgestimmten Systemabgrenzungen, die organisatorischen Rahmenbedingungen und die Kontext-Informationen für den durchzuführenden Review.

Asset Modell

Zu Schritt 2:

Nachdem im Schritt 2 die relevanten Schutzobjekte aufgesucht und identifiziert wurden, werden diese aufgrund ihrer Schadensabhängigkeiten in einem Schutzobjekt Modell (Asset Model) logisch verknüpft.

Die logischen Verknüpfungen erfolgen in der folgenden Hierarchie:

- Informationen-/Informationsobjekt und für die Informations-Lieferung zuständiger „Endbenützer-Service".

- Software-Objekt

- Physische Objekte, welche die Informationsobjekte jeweils unterstützen (z.B. Hardware, Netzwerkkomponenten und Betriebssysteme. Anm.: Die Betriebssysteme und ihre Komponenten werden zu den physischen Objekten gezählt)

- Räume

Die Methode bedient sich eines sogenannten „Enduser Service". „Enduser Services" können beispielsweise Interaktive Sessions, File Transfer, Applikation-to-Application-Messaging, E-Mail, Sprache oder Video sein.* Das Schutzobjekt-Modell (Asset Model) spiegelt die Logik wider, wie die einzelnen Schutzobjekte voneinander abhängen, d.h. bezüglich der Bedrohungsauswirkung ineinander verschachtelt sind.

---

* Der „Enduser Service" bestimmt die Art, wie die anderen Schutzobjekte die Informations-Schutzobjekte unterstützen resp. „liefern". Der Grund sind die unterschiedlichen Risiken bei unterschiedlichen „Liefer-Arten". (Greift beispielweise eine Person „interaktiv" auf die Informationen in einer Informationenbank zu, dann sind die Risiken anders als bei Informationsaustausch zwischen unterschiedlichen Applikationen.)

Die freie Eingabe von praktisch beliebigen Schutzobjekt-Modellen erlaubt die flexible Anpassung eines Reviews an die Gegebenheiten einer realen Systemkonfiguration. Damit können die Bedrohungsauswirkungen über beliebig ineinander verschachtelte Schutzobjekte modelliert werden.

Beispiel:

Auf ein „Pensions-Versicherungs-Systems" für die interaktive Verarbeitung der Versicherungs-Informationen mit anschliessendem Ausdruck des Versicherungsausweises kann über 5 Workstations her zugegriffen werden. Zum Review der Risiken und der Sicherheitsmassnahmen mittels CRAMM und dem allenfalls notwendigen Zuordnen von zusätzlichen Sicherheitsmassnahmen wird vorgängig ein Schutzobjekte-Modell (Asset-Model) erstellt (s. Abbildung 10.14).

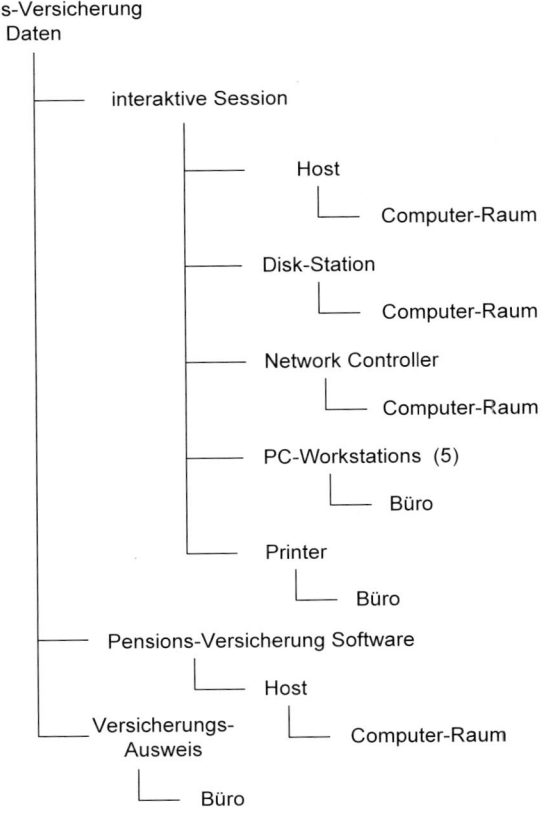

Pensions-Versicherung
Daten

    interaktive Session

        Host

            Computer-Raum

        Disk-Station

            Computer-Raum

        Network Controller

            Computer-Raum

        PC-Workstations (5)

            Büro

        Printer

            Büro

    Pensions-Versicherung Software

        Host

            Computer-Raum

    Versicherungs-
    Ausweis

        Büro

Abbildung 10.14:   Beispiel eines CRAMM „Asset Modells"

Wert-Einschätzung Schutzobjekte

Zu Schritt 3:

Zur Einschätzung der Schutzobjekte steht eine Werteskala von 10 Stufen zu Verfügung. Die Einschätzung wird für das „Worst case"-Szenario (z.B. Totalverlust) durchgeführt. Nach Abschluss der Schutzobjekt-Bewertung in Schritt 3 werden nur noch diejenigen Schutzobjekte weiter analysiert, deren Schutzbedarf nicht durch „Baseline Security"-Massnahmen abgedeckt werden können. Der Massnahmen-Katalog gemäss Standard ISO/IEC 27002 ist im Tool enthalten.

Einstufung Bedrohungen und Verletzlichkeiten

Zu Schritt 4:

Im Schritt 4 werden die Bedrohungen und die Verletzlichkeiten aufgrund ihrer Einflussstärke auf das Schutzobjekt mit entsprechenden Faktoren eingestuft.

Die Schutzobjekte, welche von der gleichen Bedrohung direkt betroffen sind, werden vor der Einstufung der Bedrohung und der Verletzlichkeit zu Schutzobjekte-Gruppen zusammengefasst. Im oben aufgeführten Beispiel werden demzufolge bezüglich der Bedrohung „Brand" die Schutzobjekte „Computer-Raum" und „Büro-Raum" zu einer Gruppe und bezüglich der Bedrohung „Stromausfall" alle Hardware-Einrichtungen zu je einer Gruppe zusammengefasst.

Zur Einstufung einer Bedrohung auf ein Schutzobjekt (oder eine Schutzobjekt-Gruppe) stehen fünf Stufen von Häufigkeiten zur Verfügung, mit denen die Bedrohung je nach Stärke zum Ereigniseintritt führen kann (jeden Monat, alle 4 Monate, jedes Jahr, alle 10 Jahre).

Zur Einstufung der Verletzlichkeit eines Schutzobjekts (oder einer Schutzobjekt-Gruppe) stehen drei Bereiche von Wahrscheinlichkeiten zur Verfügung, mit welchem der Worst Case (z.B. Totalverlust) eintritt.

Berechnung Risiko-Werte

Zu Schritt 5:

Mit den Einschätzungen des Schutzobjekt-Wertes, der Bedrohung und der Verletzlichkeit wird mittels der Risiko-Matrix (s. Abbildung 10.13) ein Risiko-Wert berechnet.

Bezogen auf jede Bedrohung wird ein solcher Risiko-Wert berechnet,

⇨ für jedes Schutzobjekt in einer Schutzobjekt-Gruppe,

⇨ für jedes Schutzobjekt, welches von einer Schutzobjekt-Gruppe abhängig ist oder von welchem eine Schutzobjekt-Gruppe abhängt und

➪ für jede Art von Schadensauswirkung (Impact Type), die von einer Bedrohung herrührt.

„Backtracking"-Funktion

Mittels einer „Backtracking"-Funktion können sämtliche Bewertungen und Eingaben, die zu den Risikowerten geführt haben, zurückverfolgt werden.

Sowohl beim Backtracking als auch bei den jeweiligen Schritten der Risiko-Berechnung können entsprechend Reports ausgedruckt werden.

Massnahmen-Zuordnungen

Zu Schritt 6:

Die Teilschritte bei der Massnahmenzuordnung werden in der Terminologie des Tools als „Risiko-Management" bezeichnet. Bei dieser Massnahmenzuordnung können Massnahmenvorschläge des Tools eingesetzt werden. Es können aber auch alternative Massnahmen aus einem eigens angelegegten Massnahmenkatalog zugeordnet werden. Für den gesamten Review-Prozess besteht eine „Backtracking"- und eine „What-if"-Funktion.

„What-if"Funktion

Die „What-if"-Funktion erlaubt das Durchspielen des Reviews mit anderen Variablen und Werten, ohne dass die zuvor eingegeben Variablen und Werte verloren gehen.

Risiko-Management-Report

Zu Schritt 7:

Der abschliessende Risiko-Management Report gibt die wesentlichen Informationen für die Umsetzung der definierten Massnahmen wieder (Abbildung 10.15).

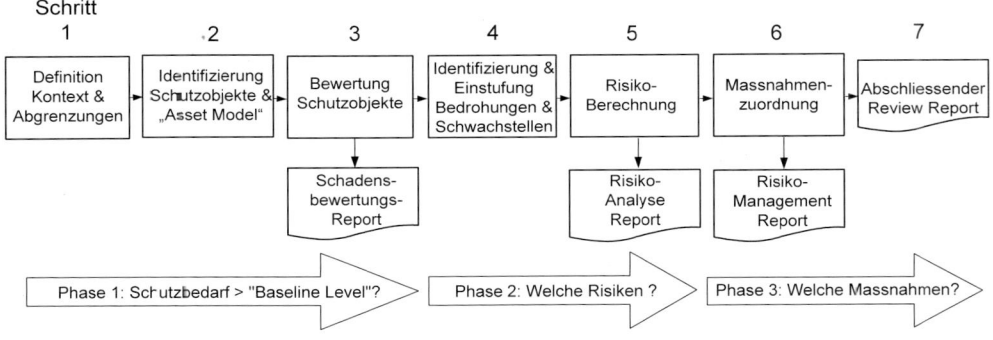

Abbildung 10.15: Ablauf eines Reviews mittels CRAMM-Software

10.3   Fehlermöglichkeits- und Einfluss-Analyse

FMEA

Die Fehlermöglichkeits- und Einfluss-Analyse (FMEA: Failure Mode and Effects Analysis) war ursprünglich (1940) als Standard MIL-STD-1629 des US Departments of Defence (DoD) zur Ermittlung von Schwachstellen in technischen Systemen, vor allem in der Raketen-Entwicklung, vorgesehen. In der Luft- und Raumfahrt und der Rüstungsindustrie sind die Nachfolgestandards MIL-STD-129A FMCEA (Failure Mode Effect and Criticality Analysis) und SAE ARP5580 FMEA entstanden. 1970 wurde der Standard durch die Ford Motor Company aufgegriffen, um das Design und die Produktion von Autos zu verbessern. Auch hier sind Nachfolgestandards entstanden (zB. SAE J1739 FMEA und AIAG FMEA).

Bottom-up-Methode

Grundsätzlich ist FMEA eine „Bottom-up-Methode" (s. Abschnitte 3.2.4 und 3.2.5) und zeigt, wo Einzelkomponenten zu Ausfällen und Auswirkungen auf den höheren Ebenen eines ganzen Systems oder Teilsystems führen können.

Schwachstellen-Analyse-Methode

Sie ist u.a. auch eine Schwachstellen-Analyse-Methode, die dem Aufzeigen von „Single point of Failures" dienen kann. Falls mit korrektiven Massnahmen die „Single point of Failures" nicht eliminierbar sind, können zumindest nach dem „What-if"-Prinzip (Was ist, wenn…?) Massnahmen herausgefunden werden, die den Störungs-Einfluss einer kritischen Komponente auf das Gesamtsystem mildern.

Zuverlässigkeits-Analyse

Das Verfahren wird hauptsächlich in der Zuverlässigkeits-Analyse eingesetzt. Einschränkungen in der Anwendung bestehen darin, dass die gegenseitige Beeinflussung der Komponenten nicht berücksichtigt wird und die Methode lediglich Aussagen über Schwachstellen und die daraus resultierenden Ausfallszenarien macht, hingegen keine Risiko-Analyse aufgrund von Bedrohungen und Verlustpotentialen vornimmt.

Die Methode wird heute hauptsächlich im Bereich des präventiven Qualitätsmanagements für die Produkte-Herstellung insbesondere in der Automobil- und Medizinaltechnik verwendet. Dabei geht es darum, in den planerischen Phasen einer Produktentwicklung potentielle Fehler während der Entwicklung oder der Herstellung aufzudecken und geeignete Vorkehrungen (Massnahmen) zu treffen.

Qualitäts-Management

Mit der FMEA-Methode können im Lebenslauf eines Produktes (in unserem Falle eines IT-Systems) die Fehlerquellen von der Entwicklung bis hin zur Nutzung ananlysiert und bewältigt werden. Im klassischen Qualitätsmanagement erfolgt die Fehlerquellen-Analyse mit FMEA in den drei Betrachtungsgebieten [SEGH96]:

Betrachtungs-gebiete

- **Konstruktions-FMEA:** Ermittelt die Risiken der Produkte (Systeme) während der Entwicklung (Eignungs-Validierung und Funktionen-Verifizierung). Die in dieser Phase zu treffenden Massnahmen können sowohl in der Entwicklung als auch im Herstellungsprozess einsetzen

- **Prozess-FMEA:** Ermittelt die Risiken vor der Herstellung, während des Produktplanungsprozesses und baut auf den Ergebnissen der Konstruktions-FMEA auf.

- **System-FMEA:** Ermittlung der gesamtheitlichen Risiken mehrer Untersysteme und deren Konstruktions-FMEA. Dabei gehen die FMEAs der Konstruktions-FMEAs der einzelnen Untersysteme in die Betrachtung des Gesamtsystems ein.

Risikoprioritäten-zahl

Es ist eine Spezialität der Methode, aufgrund von potentiellen Fehlern eine Risikoprioritätenzahl zu liefern, mit welcher die Reihenfolge der Verbesserungsmassnahmen gesteuert werden können.

Rpz = A × B × E

Rpz: Risikoprioritätenzahl mit

    A: Auftretenswahrscheinlichkeit

        (1= sehr gering; 10= sehr hoch)

    B: Bedeutung

        (1=geringfügige Folgen; 10=äusserst schwerwiegende Folgen)

    E: Entdeckungswahrscheinlichkeit

        (1= sehr hoch; 10 = sehr gering)

Einsatz im Quali-tätsmanagement

Das Verfahren wird heute hauptsächlich im Automobilbau benützt. Der Verband der (deutschen) Automobilindustrie hat ein genormtes Formblatt (VDA-Formular) mit einer Schrift „Qualitätsmanagement in der Automobilindustrie VDA 4.2" herausgegeben ([Eber03], S.83-116). Für jedes System resp. Merkmal werden im Wesentlichen die potenziellen Fehler, die potenziellen Folgen der Fehler, die potenziellen Fehlerursachen sowie die empfohlenen Massnahmen mit Verantwortlichkeitszuordnung registriert. Der derzeitige sowie der mit Massnahmen verbesserte

Zustand wird mit den oben angegeben Risiko-Parametern bewertet.

Einsatz in der Informations-Technologie

Die FMEA kann in abgewandelter Form auch in der Informations-Technologie eingesetzt werden, wo es um die Gesamtverfügbarkeit von Systemen oder ganzen IT-Dienstleistungen aufgrund der Zuverlässigkeit einzelner Komponenten und einer bestimmten Anordnung der Komponenten im System geht.

Soll beispielsweise ein System auf möglichst hohe Gesamtverfügbarkeit an der Schnittstelle zum Kunden ausgelegt werden, dann können für das Gesamtsystem sowie für einzelne Untersysteme die FMEAs unter Einsatz verschiedener Komponenten und Konfigurationen durchgespielt werden. Die Zuordnung der Risikoprioritätenzahl zu einzelnen Komponenten oder Konfigurationen ermöglicht die quantitative Bewertung der Gesamtzuverlässigkeit einer gewählten Systemvariante. Zu bedenken ist, dass die Komponenten nicht zu weit heruntergebrochen werden dürfen, da andernfalls die FMEA aufgrund der Komplexität unübersichtlich wird.

10.4 Fehlerbaum-Analyse

Entgegen der FMEA-Analyse ist die Fehlerbaum-Analyse (FTA: Fault Tree Analysis) eine Top-Down-Methode (s. Abschnitte 3.2.4 und 3.2.5). Bei der Methode werden von einem bestimmten Fehlerereignis dem sog. Top-Ereignis (Top Event) „deduktiv" die ursächlichen Ereignisse gesucht, die für das Top-Ereignis verantwortlich sind.

„Top-Ereignis"

Logische Verknüpfungen als Baum

Die möglichen Ereignisse werden dabei logisch zu einer Baumstruktur verknüpft. Der Baum zeigt auf, welche untergeordneten Ereignisse in welcher logischen Verknüpfung ein jeweils übergeordnetes Fehler-Ereignis verursachen.

Wahrscheinlichkeit des Top-Ereignisses

Das Verfahren kann sowohl qualitative als auch quantitative Aussagen liefern. Als quantitative Aussage ist insbesondere die Eintrittswahrscheinlichkeit des Top-Ereignisses von Interesse. Diese Wahrscheinlichkeit ergibt sich rechnerisch aus den logischen Verknüpfungen des Baumes und den Wahrscheinlichkeiten der ursächlichen (Basis)-Ereignissen.

Systemdefinition

Im ersten Schritt der Fehlerbaum-Analyse, der „Systemdefinition", ist es wichtig, im abgegrenzten Analysebereich alle Top-Ereignisse sowie die Situationen für das Eintreten der Top-Ereignisse zu bestimmen [Leve95].

UND- / ODER-Verknüpfungen

Vom resultierenden Ereignis werden die dafür verantwortlichen „ursächlichen" Ereignisse gesucht. Müssen für den Eintritt eines Ereignisses die dafür ursächlichen Bedingungen gemeinsam auftreten, dann werden sie algebraisch (Boolesche Algebra) mittels eines logischen UND verknüpft. Genügt bereits eine der ursächlichen Fehler-Bedingungen, um das Fehlerereignis zu bewirken, dann wir diese Eigenschaft durch eine logische ODER-Verknüpfung abgebildet. Die Eingangs-Bedingungen für jede logische Verknüpfung sind die Resultate der direkt untergeordneten Verknüpfungen. Der Baum wird solange von oben nach unten konstruiert, bis die Bedingungen für solche Verknüpfungen „grundlegend" sind und deshalb nicht mehr weiter hergeleitet werden können.

„Blätter" = „Basis-Ereignisse"

Die grundlegenden Bedingungen können anschaulich als die Blätter des Baumes verstanden werden. Diese Blätter werden auch **„Basis-Ereignisse"** genannt. Bei der Definition der Basis-Ereignisse ist darauf zu achten, dass diese nicht voneinander abhängig oder aufgrund gemeinsamer Ursachen eintreten. Wird der Baum gezeichnet, dann werden die im Standard IEC 1025 normierten Symbole verwendet (Abbildung 10.16). Die jeweiligen „Resultats-Ereignisse" werden in einem Rechteck dargestellt. Hingegen werden die Basis-Ereignisse als Kreis und die Ereignisse mit ungeklärten Ursachen als Raute gezeichnet.

Cut Set

Bei der Auswertung eines solchermassen konstruierten Baumes sind vorab die sog. „Cut Sets" von Interesse:

> Ein **Cut Set** ist eine Gruppe von gleichzeitig auftretenden Basis-Ereignissen, die den Eintritt des Top-Ereignisses bewirkt.

Single Point of Failure

Ein Fehler-Baum weist in der Regel mehrere Cut Sets auf (s. Beispiel in Abbildung 10.16). Enthält beispielsweise ein Cut Set lediglich ein einziges Basis-Ereignis, dann liegt ein „Single Point of Failure" vor.

Minimal Cut Set

Die Cut Sets können auch zur Berechnung der Wahrscheinlichkeit des Top Ereignisses herangezogen werden. Dazu müssen aber vorab die „Minimal Cut Sets" bestimmt werden:

> Ein **Minimal Cut Set** ist eine minimale Gruppe von gleichzeitig auftretenden Basis-Ereignissen, die den Eintritt des Top-Ereignisses bewirkt.

Berechnung der Wahrscheinlich-keit aus „Minimal Cut Sets"

Mit den „Minimal Cut Sets" kann die Wahrscheinlichkeit (oder Häufigkeit) des Top-Ereignisses berechnet werden, indem die Wahrscheinlichkeiten der in einem „Minimal Cut Set" vertretenen Basis-Ereignisse multipliziert und anschliessend die Ergebnisse aus den einzelnen „Minimal Cut Sets" aufsummiert[*] werden. Die Ermittlung der „Cut Sets" aus dem Fehlerbaum und deren Reduktion auf „Minimal Cut Sets" erfolgt mittels Boolescher Algebra ([Vese81], S. VII-1 bis VII-19). Zur Berechnung der Wahrscheinlichkeiten aus den „Minimal Cut Set" dient die Wahrscheinlichkeits-Algebra ([Vese81], S. VI-3 bis VI-8).

Beispiel:

Für den Fehlerbaum in Abbildung 10.16 soll die Wahrscheinlichkeit für das Top-Ereignis für die beiden Fälle Stromausfall E-Werk $\leq$ 20 Min. und Stromausfall > 20 Min. berechnet werden.

Stromausfall E-Werk t $\leq$ 20 Min.		Stromausfall E-Werk t > 20 Min.	
Minimal Cut Sets[†]	Häufigkeit pro Jahr	Minimal Cut Sets	Häufigkeit pro Jahr
{b e d}	$0.1 * 0.05 * 0.5 = 0.0025$	{ e d}	$0.05 * 0.2 = 0.01$
{b f d}	$0.1 * 0.2 * 0.5 = 0.01$	{ f d}	$0.2 * 0.2 = 0.04$
////////	**0.0125**	////////	**0.05**

Die obige Tabelle gibt die quantitative Auswertung des Fehlerbaums über seine Minimal Cut Sets wieder. Die Häufigkeit, dass der Computer infolge Ausbleibens der Stromversorgung ausfällt, beträgt 1.25 Mal in 100 Jahren im Zeitintervall von $\leq$ 20 Min. und 1 Mal in 20 Jahren im Zeitintervall von > 20 Min.

---

[*]   Die Addition führt zu einem annähernd guten Ergebnis, wenn die Cut Sets kleine Wahrscheinlichkeiten liefern. Andernfalls ist die Wahrscheinlichkeit des Top-Ereignisses mit folgender Formel aus den Wahrscheinlichkeiten p_i der Minimal Cut Sets zu berechnen:

$$P_t = 1 - \prod_{i=1}^{n}(1 - p_i)$$

[†]   Mit Boolescher Algebra aus Fehlerbaum hergeleitet:
a=bcd=b(e+f)d=bed+bfd

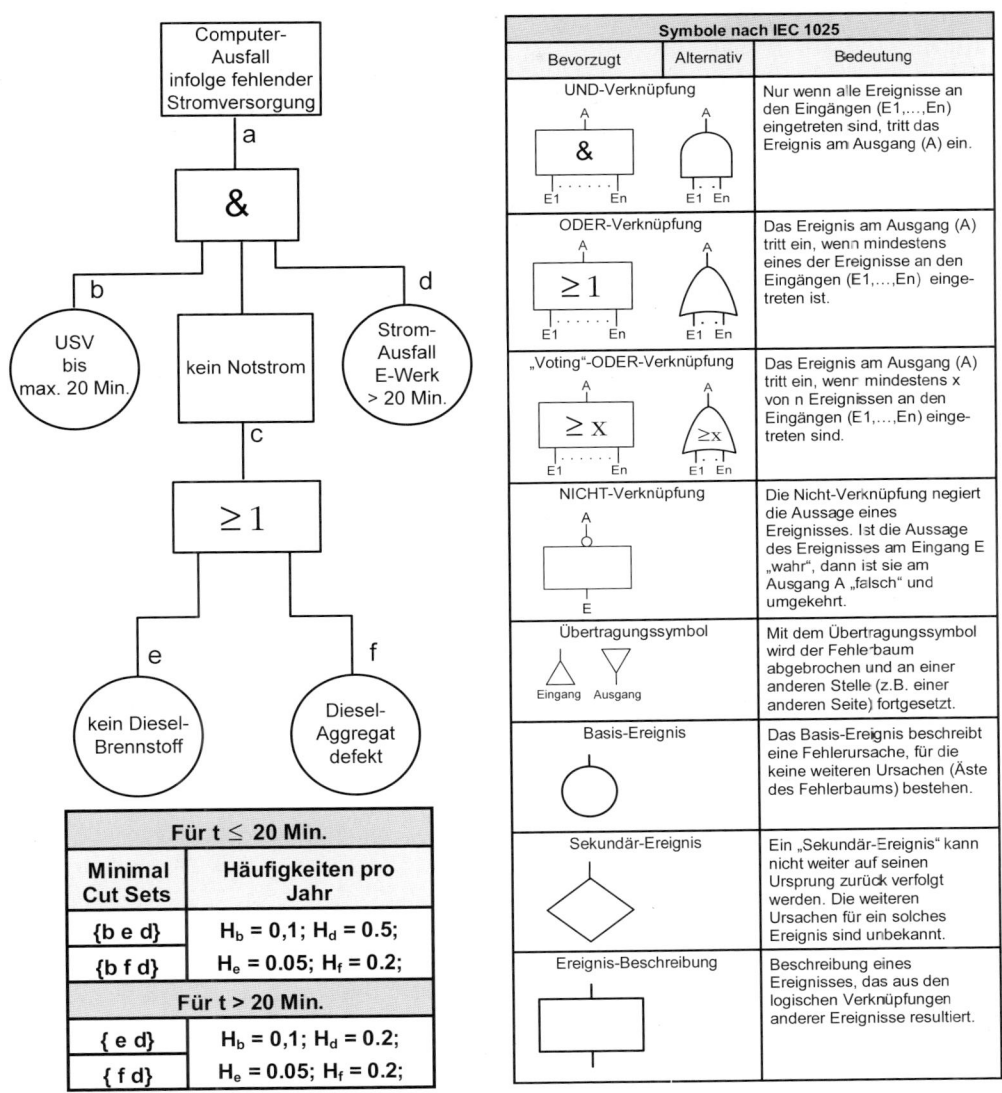

Abbildung 10.16: Beispiel eines einfachen Fehlerbaums

Grössere Fehler-
bäume

Zur Konstruktion und Auswertung von grösseren Fehlerbäumen helfen Softwareprogramme, mit welchen die Bäume erfasst und die Wahrscheinlichkeiten von den Basis-Ereignissen auf das resultierende Top-Ereignis hochgerechnet werden können.

Die Bäume zu konstruieren und die Wahrscheinlichkeiten für die Primärereignisse zu schätzen ist bei Informationen und IT-Komponenten nicht trivial und Bedarf einiger Erfahrung.

Angriffsbaum-Analyse

Eine modifizierte Form der Fehlerbaum-Analyse ist die Angriffsbaum-Analyse. Bei dieser Analyse wird untersucht, welche Angiffsstrategien für einen Angreifer hinsichtlich seines Angriffsziels, bei vorliegenden Schwachstellen, hinreichend lukrativ sind [Witb06].

Fehlerbaum für komplexes IT-System

Eine Fehlerbaum-Analyse für ein komplexes IT-System erfolgt in der Regel in einem Team von in verschiedenen Disziplinen erfahrenen Fachkräften. Ein auf hohe Verfügbarkeitsanforderungen ausgelegtes Systemkonzept kann anhand dieses Verfahrens verifiziert werden. Das Verfahren eignet sich auch vorzüglich für „Sensitivitäts-Analysen", indem durch Variationen in den Konfigurationen und dem Zuordnen von Massnahmen, z.B. bei Sichtbarwerden von „Single Point of Failures", die resultierenden Auswirkungen auf das Top-Ereignis studiert werden können.

Geschicktes Einfügen von Redundanzen

Durch geschicktes Einfügen von Redundanzen in ein System können diese „Single Point of Failures" eliminiert und damit die Wahrscheinlichkeit für das Eintreten des Top-Ereignisses verringert werden. Anhand der Variationen kann unter anderem das Kosten-/Wirksamkeits-Verhältnis der Massnahmen optimiert werden.

Anwendungen

Die Fehlerbaum-Analyse kann bei unterschiedlichen Fragestellungen Anwendung finden:

- ❏ Präventive Qualitätssicherung auf Entwicklerbasis
- ❏ System-Analyse / Bestätigung des Systemkonzepts
- ❏ Problemlösung bei neu eingetretenen Fehlern.

Ausfallkategorien

Es werden drei Ausfallkategorien unterschieden ([Stor96], S. 45):

- ❏ Primärer Ausfall: Ausfall bei zulässigen Einsatzbedingungen
- ❏ Sekundärer Ausfall: Ausfall bei unzulässigen Einsatzbedingungen
- ❏ Kommandierter Ausfall: Ausfall aufgrund einer falschen oder fehlenden Ansteuerung

10.5 Ereignisbaum-Analyse

Analyse der Folgen eines Ereignisses

Bei der Ereignisbaum-Analyse (ETA: Event Tree Analysis) gehen wir von einem Ereignis aus und untersuchen, welche Folgen dieses Ereignis im System haben kann. Das auslösende Ereignis kann der Ausfall einer Systemkomponente oder ein anderes Ereignis im System sein. Die Ereignisbaum-Analyse ist somit eine Bottom-up-Methode (s. Abschnitte 3.2.4 und 3.2.5).

Bottom-up-Methode

Ausgehend vom auslösenden Ereignis wird ein Baum von links nach rechts gezeichnet, der sich nach jedem Suchschritt in zwei Äste aufteilt. Der Ast nach oben gibt ein positives Folgeereignis und der Ast nach unten jeweils ein negatives (schädliches) Folgeereignis an.

Wahrscheinlichkeiten an Gabelungspunkten

Die Ereignisse an jedem Gabelungspunkt des Baumes sind mit Eintritts-Wahrscheinlichkeiten verbunden. Der Baum endet dort, wo das Schadensausmass am höchsten ist oder wo sich ein Unfall oder Schadensereignis in vollem Ausmass oder in einem zu untersuchenden Folgeereignis präsentiert. Die nachfolgende Abbildung 10.17 zeigt das Beispiel eines Ereignisbaumes.

Auslösendes Ereignis	System A fällt aus	System B fällt aus	Aus-wirkung	Wahrschein-lichkeit

Nein — $1-P_3$ — keine — $f_a (1-P_1)(1-P_3)$

Nein — $1-P_1$

Ja — P_3 — keine — $f_a (1-P_1) P_3$

f_a

Nein — $1-P_2$ — keine — $f_a P_1 (1-P_2)$

Ja — P_1

Ja — P_2 — Ausfall — $f_a P_1 * P_2$

Abbildung 10.17:   Beispiel eins Ereignisbaums

Wahrscheinlichkeit für Eintritt Folgeereignis

Die Multiplikation der Wahrscheinlichkeiten auf dem Pfad des Baumes bis zum Folgeereignis ergibt die Wahrscheinlichkeit dafür, dass das Folgeereigniss eintritt. In dem in Abbildung 10.17 gezeigten einfachen Beispiel tritt der Ausfall dann ein, wenn System A und System B ausfällt. Die Wahrscheinlichkeit dafür ist P_1 multipliziert mit P_2.

In grossen (asymmetrischer) Ereignisbäumen wird das zu untersuchende Folgeereignis möglicherweise über mehrere Pfade des Baumes erreicht. In diesem Falle ergibt sich die Wahrscheinlichkeit für den Eintritt des Folgereignisses aus der Kombination der Wahrscheinlichkeiten aller Pfade, die zum Folgeereignis führen.

Für komplexe Systeme ergeben sich sehr grosse Ereignisbäume, die zwar mit Computer-Unterstützung gut verwaltet werden können, jedoch bei der numerischen Auswertung der geschätzten Wahrscheinlichkeiten zu grossen Ungenauigkeiten führen.

Anwendung in der Informations-Sicherheit

Um einen Ereignisbaum erstellen zu können, muss das System in seinen Eigenschaften gut analysierbar sein. Die Anwendung in der Informations-Sicherheit ist deshalb nur in Teilbereichen und für gut analysierbare Konstellationen und Aspekte (z.B. Brandschutz, Rechenzentrums-Standortbestimmung) sinnvoll. Eine Ereignisbaum-Analyse für die umfassende Gefahren- und Schwachstellen-Situation eines IT-Systems scheidet nach den oben angeführten Schwierigkeiten aus.

10.6 Zusammenfassung

Als eine Methode zur Durchführung eines IT-Risiko-Managements ist an erster Stelle ein als Risiko-Management-Prozess ausgelegtes **Sicherheitskonzept** zu nennen. Die Erstellung eines solchen Sicherheitskonzepts ist immer dann angezeigt, wenn es bei Prozessen oder IT-Systemen darum geht, mit geeigneten Massnahmen die Risiken auf tragbare Restrisiken zu reduzieren. Und wenn sowohl die Beurteilung als auch die Art und Weise der Bewältigung der Risiken aufgezeigt und dokumentiert werden muss. Das Sicherheitskonzept kann sich auf die Sicherheitsaspekte des ganzen Lebenszyklus eines Systems (z.B. Beschaffung, Entwicklung, Einführung, Betrieb und Entsorgung) oder auch nur auf einzelne Phasen (z.B. Entwicklung oder Betrieb) beziehen. Wird das Sicherheitskonzept als Risiko-Management-Prozess verstanden, darf die Darstellung und Abwägung von Kosten, Nutzen und Wirksamkeit nicht fehlen. Der grosse Vorteil eines solchen Sicherheitskonzepts gegenüber einem „Baseline Verfahren" ist, dass die Risiko-Ermittlung und die Massnahmenbestimmung abgestimmt auf das reale Objekt vorgenommen werden und sich die Massnahmen an den aktuell vorhandenen Risiken orientieren. Bei der schrittweisen Bearbeitung, insbesondere der drei letzten Kapitel, wird immer wieder die Wirksamkeit der Massnahmen hinsichtlich der eingeschlagenen Bewältigungs-Strategien überprüft werden müssen. Das Sicherheitskonzept eignet sich auch zur Dokumentation der Risiken und Massnahmen und zur „Besiegelung" von Einverständnissen der zuständigen Führungspersonen.

Die **CRAMM-Methode** ist ursprünglich für den Einsatz in Regierungstellen des United Kingdom entwickelt worden. Die Methode sollte mit einer entsprechenden Software sowohl die Risiko-Analyse unterstützen als auch den analysierten Risiken Massnahmen zuordnen können. Das Software-Tool gibt die Schritte für einen durchzuführenden „Risk Management Review" vor.

Grob sind dies die folgenden Schritte:

1. Festlegen der Rahmenbedingungen und System-Abgrenzungen für den Review

2. Identifikation der Schutzobjekte (Assets) und Konstruktion des für das zu untersuchende system-spezifischen Schutzobjekt-Modells (Asset Model)

3. Bewertung der Schutzobjekte (Asset valuation)

4. Erhebung und Einstufung der Bedrohungen (Threat assessment) und der bei diesen Bedrohungen massgeblichen Schwachstellen (Vulnerability assessment)

5. Risiko-Bestimmung

6. Massnahmenzuordnung

7. Abschliessende Berichterstattung

Die **Fehlermöglichkeits- und Einfluss-Analyse (FMEA)** ist eine „Bottom-up-Suche" und zeigt, wo Einzelkomponenten zu Ausfällen und Auswirkungen auf den höheren Ebenen eines ganzen Systems oder Teilsystems führen können. Damit dient sie als „Schwachstellen-Analyse", die insbesondere dem Aufzeigen von „Single point of Failures" dienen kann. Falls mit korrektiven Massnahmen die „Single point of Failures" nicht eliminierbar sind, können aufgrund des Analyse-Prinzips zumindest nach dem „What-if"-Prinzip (Was ist, wenn…?) Massnahmen herausgefunden werden, die den Störungs-Einfluss einer kritischen Komponente auf das Gesamtsystem mildern. Die FMEA kann in abgewandelter Form auch in der Informationstechnologie eingesetzt werden, wo es um die Gesamtverfügbarkeit von Systemen oder ganzen IT-Dienstleistungen aufgrund der Zuverlässigkeit einzelner Komponenten und einer bestimmten Anordnung der Komponenten im System geht.

Die **Fehlerbaum-Analyse** ist eine Top-Down-Analyse. Das heisst, bei dem Vorgehen werden deduktiv, ausgehend von einer bestimmten Fehlersituation resp. einem bestimmten Fehlerereignis, die ursächlichen Ereignisse gesucht, die eintreten müssen, um das übergeordnete unerwünschte Fehlerereignis auszulösen. Die solchermassen verknüpften möglichen Ereignisse führen zu einer Baumstruktur, die aufzeigt, welche untergeordneten Ereignisse wie eintreten müssen, damit das jeweilige übergeordnete Ereignis eintritt. Das Verfahren liefert das numerische Ergebnis einer Wahrscheinlichkeit mit der das jeweils übergeordnete Ereignis eintritt. Müssen für den Eintritt eines Ereignisses die dafür ursächlichen Bedingungen gemeinsam auftreten, dann werden sie algebraisch (Boolesche Algebra) mittels eines logischen UND verknüpft. Genügt bereits eine der ursächlichen Fehler-Bedingungen (untergeordnetes Fehlerereignis), um das Fehlerereignis zu bewirken, dann wir diese Eigenschaft durch eine logische ODER-Verknüpfung abgebildet. Die ursächlichen Ereignisse sind wiederum Resultate weiterer ursächlicher Bedingungen, für welche auch wieder die logische Verknüpfung festgestellt werden muss. Die grundlegenden Fehlerereignisse werden als „Basisereignisse" bezeichnet. Die Bäume zu konstruieren und die Wahrscheinlichkeiten für die Basisereignisse zu schätzen, ist bei Informationen und IT-Komponenten nicht trivial und bedarf einiger Erfahrung.

Bei der **Ereignisbaum-Analyse** gehen wir von einem Ereignis aus und untersuchen, welche Folgen dieses Ereignis im System haben kann. Das auslösende Ereignis kann der Ausfall einer Systemkomponente oder ein anderes Ereignisses im System sein. Ausgehend vom auslösenden Ereignis wird ein Baum von links nach rechts gezeichnet, der sich nach jedem Suchschritt in zwei Äste aufteilt. Der Ast nach oben gibt ein positives Folgeereignis und der Ast nach unten jeweils ein negatives (schädliches) Folgeereignis an. Die Ereignisse an jedem Gabelungspunkt des Baumes sind mit Eintretenswahrscheinlichkeiten verbunden. Der Baum endet dort, wo das Schadensausmass am höchsten ist oder wo sich ein Unfall oder Schadensereignis in vollem Ausmass oder in einer für die Untersuchung sinnvollen Wahrscheinlichkeit präsentiert. Die Anwendung in der Informations-Sicherheit ist nur in Teilbereichen oder für gut zu definierende und bekannte Systemkonstellationen oder Teilaspekte (z.B. Brandschutz, Rechenzentrums-Standortbestimmung) sinnvoll.

10.7   Kontrollfragen und Aufgaben

1. Nennen Sie fünf Beispiele von Anforderungen, die in einem Sicherheitskonzept neben den Risiken ebenfalls zu berücksichtigen sind.

2. In welchen Situationen erachten Sie die Erstellung eines IT-Sicherheitskonzepts als nützlich?

3. Nennen Sie die Überschriften der sechs Kapitel eines Sicherheitskonzepts.

4. In welchen Situationen führen Sie anstelle einer Risiko-Analyse eine Schwachstellen-Analyse durch?

5. Zeigen Sie die Hierarchie der Schutzobjekte-Kategorien bei CRAMM.

6. Was zeigt die FMEA-Methode?

7. Wie ist die Risikoprioritätenzahl bei FMEA definiert?

8. Welche Art von Ergebnis liefert die Fehlerbaum-Analyse?

9. Was liefert die Ereignisbaum-Analyse?

10. Fallstudie: Das Unternehmen „Interpay" bietet ein Zahlungsportal im Internet für ca. 10'000 Händler (Buchhändler, Computershops, Zeitschriftenhändler, Videotheken etc.) an. Als Zahlungsmittel für die Kunden der Händler können Kreditkarten, Einzahlungsscheine oder Zertifikate eingesetzt werden. Die den Internetkunden belasteten Geldbeträge werden monatlich mittels e-Banking der Hausbank des jeweiligen Händlers gutgeschrieben. Im Rahmen eines Projekts sollte nun folgende Zusatzdienstleistung für den Händler untersucht und mit entsprechenden Massnahmen realisiert werden:

    - Der Händler soll online 7 x 24 Std. „Umsatz" und „Kassenbestand" seiner Internet-Verkäufe über eine Internet-Verbindung ansehen können.

    - Für spontane Werbeaktionen soll der Händler weitere Informationen über die Käufer abfragen können: Name, Wohnort, Geschlecht, Alter, Familienstand, Beruf, Betragshöhe und Häufigkeit der Einkäufe.

    Die Informationen über seinen „Umsatz" und „Kassenbestand" betrachtet der Händler aus Wettbewerbsgründen als sein Geschäftsgeheimnis.

Mit der Zusatzdienstleistung möchte Interpay die Wünsche der Händler erfüllen. Doch ist Interpay auch darauf bedacht, die Datenschutz-Vorschriften einzuhalten.

Sie sind Berater von Interpay und bearbeiten die Vorstellungen und Anforderungen von Interpay im Rahmen eines entsprechenden Sicherheitskonzepts.

Die folgenden Lösungsvorschläge von Interpay sind bei der Ausarbeitung des Sicherheitskonzepts zu beachten und mit weiteren allenfalls notwendigen Massnahmen zu ergänzen:

- Der Kunde des Händlers soll beim Kauf auf eine entsprechende Verwendung der eingegebenen Informationen und die Einhaltung des Datenschutzes hingewiesen werden (Informationsschutzklausel in den „Allgemeinen Geschäftsbedingungen");

- Zugriff des Händlers auf seine Verkaufsinformationen (u.a. Kassenstand) mittels SSL (Secure Socket Layer) und Übertragungs-Chiffrierung sowie Händler-Authentifizierung mittels Chipkarte.

a)   In welche Kapitel des Sicherheitskonzepts nehmen Sie die bereits jetzt bekannten Informationen des Falles auf?

b)   Nennen Sie die relevanten IT-Gefahren, die in die Risiko-Analyse einzubeziehen sind. Begründen Sie die Relevanz.

c)   Für welche System-Ziele (Vertraulichkeit, Integrität" und „Verfügbarkeit") fallen bei der Dienstleistung allenfalls hohe Risiken an?

d)   Bei der Bearbeitung des Kapitels 5, „Beschreibung der Sicherheitsmassnahmen" stellt sich heraus, dass der Einsatz der Chipkarte unverhältnismässig hohe Kosten verursacht. Welche alternative, kostengünstigere Händler-Authentifizierung ist zu untersuchen?

e)   Bei der erneuten Durchführung der Risiko-Analyse mit einer „schwachen Authentisierung" für den Internetzugriff der Händler wird ersichtlich, dass die Informations-Sicherheit ungenügend gewährleistet ist. Welche Folge-Risiken gehen einerseits die Händler und andererseits die Firma „Interpay" beim Einsatz einer schwachen Authentisierung für den Händler-Zugriff ein?

f) Die unter e) durchgeführte Risiko-Analyse und Risiko-Bewertung fassen wir in einer Tabelle wie folgt zusammen:

R.-Nr.	Risiko-Bezeichnung	Schwache Authentierung		Starke Authentierung	
		Scha-den	Häu-figkeit	Scha-den	Häu-figkeit
1	Risiko für Händler: „Abfluss von Geschäfts-Informationen an Konkurrenz"	mittel	selten	mittel	sehr selten
2	Reputationsrisiko für Händler: „Abfluss von Kunden-Informationen an Dritte"	mittel	selten	mittel	sehr selten
3	Reputationsrisiko für Interpay: „Abfluss von Kunden- oder Geschäftsinformation an Dritte"	gross	oft	mittel	selten

Tragen Sie in in der Risk Map (s. untenstehende Abbildung) ein, wie sich die Risiken 1, 2 und 3 bei starker Authentisierung verändern.

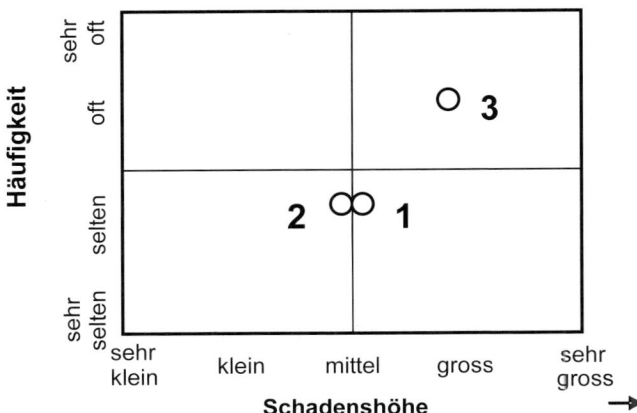

Abbildung 10.18:   „Risk Map"

f) Schlagen Sie eine gangbare Lösung des Sicherheits-Problems vor (Tipp: Werbeaktionen beziehen sich auf Kundensegmente und nicht auf einzelne Personen).

g) Zeichnen Sie auch die „Restrisiken" in die obige „Risk Map" ein.

h) Welche Bewältigungs-Strategie haben Sie gegen eine Kompromittierung der schutzwürdigen Daten gewählt, wenn Sie die Daten anonymisieren?

Die Risiko-Bewältigungsstrategien heissen:

- Risiken vermeiden
- Risiken vermindern
- Risiken überwälzen
- Risiken bewusst tragen

i) Erstellen Sie das von Anforderungen sowohl des Datenschutzes als auch des Geschäftsgeheimnisses her vetretbare Sicherheitskonzept.

11 Kosten/Nutzen-Relationen der Risikobewältigung

Wie die IT-Risiken einerseits zu grossen, oder gar „existensbedrohenden" Verlusten in Unternehmen führen können, stellen anderseits oft auch die Kosten der Massnahmen für die Informations-Sicherheit verhältnismässig hohe Kostenblöcke dar.

Quantitative Aussagen

Deshalb werden im Rahmen der Strategie-, Investitions- und Budgetplanung oder zur Wertbestimmung bei Angeboten oder zu Kostenverrechnungen von IT-Produkten und -Dienstleistungen vermehrt quantitative Aussagen über die Sicherheit verlangt.

Solche quantitativen Aussagen sollten nicht nur über die Risiken und Restrisiken sondern auch über die Kosten, die Wirksamkeit, und die Angemessenheit der Massnahmen gemacht werden können.

Kosten/Nutzen-Nachweise

Wie für die IT-Prozesse im Allgemeinen sind auch für die Informations-Sicherheits-Prozesse im Besonderen Kosten-/Nutzen-Nachweise zu erbringen. Das Finden von betriebswirtschaftlich optimalen Sicherheitsmassnahmen, wie dies in Abbildung 10.1 veranschaulicht ist, setzt voraus, dass sowohl die Risiken wie auch die Massnahmen kostenmässig analysierbar sind. Für „faire" Vergleiche gelten dabei als Massnahmenkosten sämtliche Kosten, die zur Bewältigung der Risiken aufgewändet werden.

Kosten der Unternehmensrisiken

Eine solche quantitative Kostendarstellung ist meist schwer zu erfüllen. So können die **Kosten der Unternehmensrisiken** vor und nach der Massnahmen-Umsetzung meist nur aufgrund rudimentärer Annahmen bestimmt werden. Wie an verschiedenen Stellen des Buches gezeigt wird, liegen für die in der Zukunft zu „erwartenden" Schadensereignisse oft komplexe Wirkungszusammenhänge aus Bedrohungen, Schwachstellen und Schadenshöhen vor. Für die mit geringer Wahrscheinlichkeit auftretenden „unerwarteten" grossen Schadensereignisse ist in der Regel ungenügend statistisches Zahlenmatrial vorhanden, um zuverlässige statistische Aussagen treffen zu können.

Kosten der Risikobewältigung

Ähnlich schwierig stellt sich meist die Erhebung (Berechnung) der **Kosten, der für die Risikobewältigung eingesetzten Massnahmen** dar. Die Hauptschwierigkeit bei der Massnahmenkostenbestimmung liegt darin, dass für eine effiziente Sicherheit die Massnahmen möglichst inhärent in den IT-Systemen und IT-Prozessen verankert sein sollten und daher die Sicherheitskosten von den IT-Kosten schwer zu extrahieren sind.

*Massnahmen
inhärent
verankert*

So stellt sich beispielsweise bei der Aufschaltung eines neuen Benutzers an ein IT-System die Frage, welcher Kostenanteil der „normalen" Leistungserbringung und welcher Kostenanteil der „Risiko-Minderung" aufgrund der Zugriffskontrolle zuzuordnen sind. Solche Kosten können allenfalls lediglich grob geschätzt werden. Um dennoch eine über ein ganzes Unternehmen konsistente „verursachergerechte" Erhebung der IT-Sicherheitskosten zu ermöglichen, sind für die einzelnen Bereiche entsprechend klare „Erhebungs-Richtlinien" notwendig.

*Kostenerhebung
bei komplexen IT-
Systemen*

Ein weiteres Problem für die Kostenerhebung bei komplexen IT-Systemen ist die Tatsache, dass ein bestimmtes Risiko oft durch mehrere Massnahmen gemildert wird und umgekehrt eine bestimmte Massnahme der Reduktion mehrer Risiken dienen kann. Auch haben Massnahmen oft Nebeneffekte, indem sie andere Risiken hervorrufen oder verstärken können. So rufen beispielsweise die Massnahmen zur Gewährleistung der Geheimhaltung meist erhöhte Risiken hinsichtlich der Verfügbarkeit der Informationen hervor (z.B. Kopierverbot der geheimen Schlüssel und damit verbundenes Verlustrisiko der chiffrierten Daten im Falle eines Schlüsselverlusts).

Für ein kleines Unternehmen mit einfacher Informatik-Unterstützung, z.B. einem PC für die Abwicklung der Zahlungs- und Buchhaltungsvorgänge, mag die Wirtschaftlichkeit der Sicherheitsmassnahmen (z.B. Virenschutz und Datensicherstellung) an einfachen Szenarien plausibel dargestellt werden können. Für die Sicherheit der Informationen und IT-Systeme grosser Unternehmen mit sicherheitskritischen Anwendungen ist ein umfassender quantitativer Nachweis der Sicherheitskosten und die Angemessenheit der Massnahmen schwierig und wird in der Praxis wie in der Wissenschaft kontrovers diskutiert.

*Unternehmens-
und
Geschäftsziele*

Wie aus den im Teil B dieses Buches beschriebenen Anforderungen hervorgeht, muss ja der Nutzen der Risiko-Bewältigung, einschliesslich der dafür eingesetzten Managementprozesse, letztlich an der Erfüllung der Unternehmens- und Geschäftsziele gemessen werden.

Lösungsansätze Basierend auf den praktischen Erfahrungen des Autors werden in den folgenden Abschnitten die zum heutigen Zeitpunkt häufig diskutierten Lösungsansätze mit den entsprechenden praktischen Hinweisen dargestellt.

11.1 Formel für Return on Security Investments (ROSI)

Risiko-Exposure Zur numerischen Berechnung der sog. „Rendite von Sicherheits-Investitionen" (ROSI) wird vorab das mit Massnahmen zu reduzierende „Risiko-Exposure" als ein pro Jahr zu erwartender Verlust dargestellt:

$$R_a = H_a \times S_E$$

wobei

R_a : jährlich zu erwartender Verlust;

H_a : Häufigkeit mit der ein Schadensereignis in einem Jahr eintritt;

S_E: Voraussichtliche durchschnittliche Kosten eines einzelnen Schadenereignisses.

Netto-Verlusreduktion Von diesem „erwarteten" Verlust kann durch geeignete Massnahmen ein Anteil in der Höhe von E_a bewältigt werden. Sind die mit den Massnahmen reduzierten „erwarteten" Verluste höher als die Kosten der Massnahmen pro Jahr, dann können wir von einer „Netto-Verlustreduktion" durch die Sicherheitsmassnahme sprechen:

$$\text{Netto-Verlustreduktion} = E_a - T_a$$

wobei

E_a das bewältigte Risiko pro Jahr darstellt mit

$$E_a = R_a \times \text{Risikoreduktion [\%]}$$

und

T_a: Massnahmenkosten pro Jahr

Der jährlich verbleibende Restverlust ALE[*] aus verbleibenden Risiken und Massnahmenkosten beträgt somit:

$$ALE = R_a - (E_a - T_a)$$

wobei

ALE : jährlich zu erwartender Restverlust

ROSI

Oft wird bereits die Netto-Verlustreduktion als ROSI bezeichnet [Isae06]. In Analogie zum ROI (Return on Invetment) als Finanz-Kennzahl[†] wird der ROSI (Return on Security Investment)-Wert auch als Verhältniszahl ausgedrückt [Sonn06]:

$$ROSI = \frac{E_a - T_a}{T_a}$$

Die Herausforderungen im Umgang mit dieser Formel liegen bei der Einschätzung des Risikos und dessen Reduktion durch die Massnahmen sowie in der Erhebung resp. Berechnung der Massnahmenkosten.

Erwartungswert als Risikomass

Bereits der Umstand, dass für ROSI als Risikomass der Erwartungswert eingesetzt wird, zeigt, dass die Berechnung lediglich für relativ häufig auftretende Schadensereignisse gültig ist, wo ein Erwartungswert eine sinnvolle Risikoaussage liefert. Für die relativ seltenen „unerwarteten" Schadensereignisse greift die ROSI-Berechnung zu kurz, indem sie mit dem Erwartungswert das Risiko ungenügend quantifiziert (s. Abschnitt 3.2.3). In Anbetracht der Schwierigkeiten, quantiative Risikogrössen zu ermitteln, werden in der praktischen Anwendung auch semiquantitavie Werte (Scores) eingesetzt [Sonn06].

Für die Ermittlung der Massnahmenkosten in einem Unternehmen zur Bewältigung der Sicherheitsrisiken wird im nächsten Abschnitt ein Lösungsansatz gezeigt, der in komplexen IT-Umgebungen zu sinnvollen Ergebnissen führen kann.

---

[*]   In der anglo-amerikanischen Literatur ist dieser jährlich zu erwartende Verlust unter der Bezeichnung „Annual Loss Exposure" oder kurz ALE zu finden (vgl. [Sonn06]).

[†]   Vorsicht: Analogien zur Finanzkennzahl ROI sind nicht ohne weiteres zulässig, da die Finanzkennzahl ROI eine Ertrags-Kennzahl darstellt, hingegen in eine ROSI-Berechnung keine Erträge eingehen.

11.2 Ermittlung der Kosten für die Sicherheitsmassnahmen

Um die Massnahmenkosten den reduzierten Risiken gegenüberstellen zu können, müssen wir vorab klären, was Massnahmenkosten der Informations-Sicherheit sind und was diese Kosten enthalten müssen.

Jahreskosten

Da das bewältigte Risiko auf die Periode eines Jahres bezogen wird, müssen auch die Massnahmenkosten auf ein Jahr umgerechnet werden. So sind beispielsweise die Sicherheitsinvestitionen mit Abschreibungsdauern von mehreren Jahren auf Jahreskosten umzurechnen:

Kosten-Kategorien

Generell können die Massnahmenkosten in die folgenden drei hauptsächlichen Kategorien eingeteilt werden:

1. Investitionskosten: Einmalige Aufwendungen, um neue Hardware, Software zu beschaffen (einschliesslich Entwurf, Entwicklung und Kauf).

2. Einführungs- und Inbetriebnahmekosten: Einmalige Aufwendungen, um die Massnahmen in Betrieb zu nehmen und nach einer Gebrauchszeit wieder zu entsorgen.

3. Betriebskosten: Laufende Aufwendungen, um die Massnahmen zu betreiben und zu unterhalten.

Kostengliederung

Die weitere Kostengliederung von Sicherheitsmassnahmen wird sinnvollerweise nach ähnlichen Gesichtspunkten wie für die gesamten IT-Kosten vorgenommen.

Grob ist eine Gliederung wie folgt üblich:

- Personal: einmalige, laufende und sporadische Kosten

- Hardware: einmalige und laufende Kosten

- Software: einmalige und laufende Kosten

- Kosten für Massnahmen-Auswahl, und -Planung

- Kosten für Installation und Inbetriebnahme

- Externe Kosten (Externe Berater und Mitarbeiter)

- Betriebskosten für Raum und Einrichtung

- Kosten für Gebrauchs- und Verbrauchsmaterial sowie Entsorgungskosten

- Kosten für Betreuung und Pflege

Diese Grob-Aufteilung unterscheidet sich noch nicht von den IT-üblichen Kostenartengruppen.

Sicherheitsrele-vante Kostenarten

Die Kunst liegt nun im Füllen dieser Kostengruppen mit sicherheitsrelevanten Kostenarten für die Einzelmassnahmen, Sicherheitssysteme und Sicherheitsprozesse. Solche Kostenarten erhalten wir aus den „Sicherheitsfunktionen", die den IT-Risiken zur Risiko-Reduktion gegenübergestellt werden.

Eingliederung von Sicherheits-funktionen

Die Abbildung 11.1 veranschaulicht beispielhaft die Eingliederung von Sicherheitsfunktionen in die verschiedenen IT-Systemebenen und die Aufteilung der Kosten in Kostenarten.

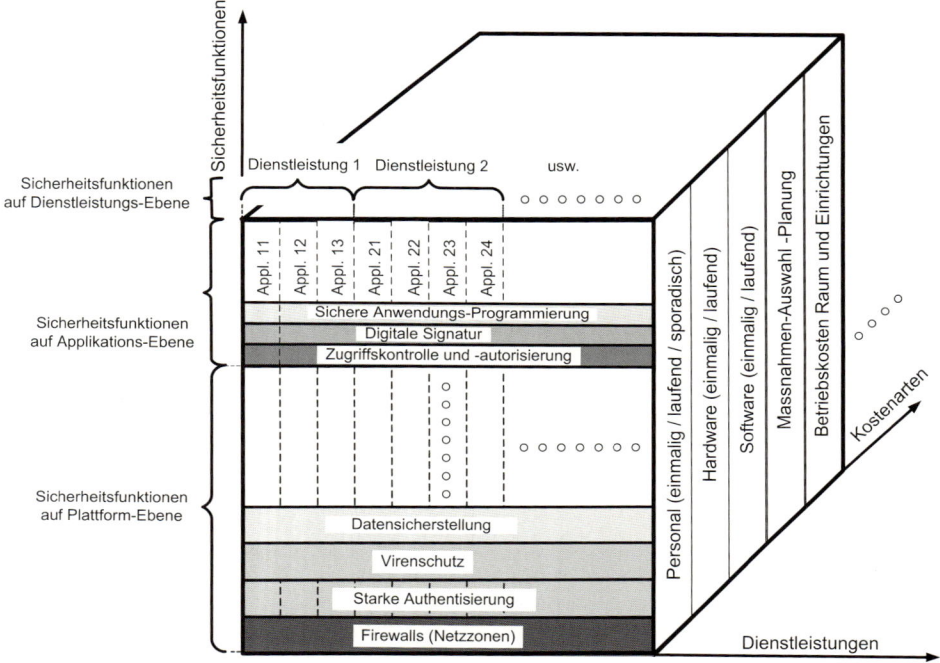

Abbildung 11.1: Prinzip der Massnahmen-Kostenrechnung

Wie für die Ermittlung der „normalen" IT-Kosten können nun die Sicherheitskosten aus den Buchungs- und Inventarisierungssystemen der IT sowie mittels Zeitaufschreibungen für die Personalkosten erhoben werden.

Triage Sicher-heitskosten / nor-male Kosten

Für die Triage in „IT-Sicherheitskosten" und „normale IT-Kosten" empfiehlt es sich, eine Policy mit Zuordnungs-Grundsätzen zu erstellen, mit der für die einzelnen Sicherheitsfunktionen im Voraus klar festgelegt und kommuniziert wird, welche Aufwendungen als Sicherheitskosten zu erfassen sind.

Ein Policy-Grundsatz könnte beispielweise heissen:

↪ Alle für einen effizienten Normalbetrieb ohnehin notwendigen Tätigkeiten und Aufwendungen gelten nicht als Sicherheitskosten. (Der Grundsatz muss sicherlich mit einigen für das Unternehmen relevanten Beispielen untermauert werden.)

Indirekte Massnahmen-Kosten

In den Grundsätzen kann beispielsweise auch festgehalten werden, inwieweit „indirekte Massnahmen-Kosten" einzubeziehen sind. Solche indirekten Massnahmen-Kosten sind beispielsweise:

- Systemleistungsverminderung durch Sicherheitsmassnahmen
- Betriebsbehinderungen durch überrestriktive Sicherheitsvorschriften
- Umständliche und unsichere Handhabung von Passwörtern
- Patching-Einflüsse
- Verfügbarkeitsrisiken durch Verschlüsselung

Divisions-Kalkulation

Werden die Sicherheitsfunktionen in grösseren „Stückzahlen" eingesetzt (z.B. Smartcard zur starken Authentisierung), dann kann die Kostenerhebung auf Stückkostenbasis durchgeführt werden. Die Ermittlung der Stückkosten (resp. Des Verrechnungpreises) erfolgt dann mittels einer „Divisions-Kalkulation" (Kosten dividiert durch Anzahl).

Vollkosten und Total Cost of Ownership

Werden die Kosten von Sicherheitsfunktionen in einer ROSI-Berechnung verwendet, dann sollten für eine faire Berechnung womöglichst die „Vollkosten"[*] und die in der IT-Kostenrechnung wichtige „Total Cost of Ownership"[†] angewendet werden.

---

[*] Die Vollkostenrechnung berücksichtigt entgegen der Teilkostenrechnung auch die Kosten (Gemeinkosten), die nicht einem Kostenträger direkt zugerechnet werden können.

[†] Die „Total Cost of Ownership" enthalten, zusätzlich zur Vollkostenrechnung, die umfassenden Gesamtkosten einer Investion über die gesamte Lebensdauer, einschliesslich der z.T. versteckten indirekten Kosten und der Folgekosten wie beispielsweise für die Entsorgung.

11.3   Ermittlung der Kosten der bewältigten Risiken

Im vorherigen Unterkapitel haben wir gesehen, welche Kosten für die einzelnen Massnahmen vorkommen können. In diesem Unterkapitel stellen wir uns die Frage, welche Kosten die Sicherheitsvorfälle zur Folge haben und mit welcher Häufigkeit solche Sicherheitsvorfälle auftreten. Von dem gesamten Risiko pro Jahr (R_a) wird durch die gewählte Massnahme in der Regel nur ein bestimmter Prozentsatz reduziert.

Monetärer Wert des Risikos

Die Aufgabe besteht nun darin, zum einen den monetären Wert des Risikos vor dem Einatz der Massnahme und zum anderen den Prozentsatz zu finden, mit dem eine gewählte Massnahme das Risiko (Impact und/oder Häufigkeit) reduziert.

Quantitative Analyse-Methoden

Zur Analyse des Risikos und des „Restrisikos" kommt gemäss den Ausführungen in Abschnitt 3.2.4 eine Reihe von „quantitativen" Analyse-Methoden in Frage. Im konkreten Fall ist es nützlich, ein System-Modell[*] zu bilden und die Ereignis-Szenarien hinsichtlich der Gefahrenauswirkungen und zukünftigen Verluste zu untersuchen. So ist es beispielsweise sinnvoll, für Internet-Attacken (Würmer, Distributed Denial-of-Service-Attacken) die monetären Schadenswerte zu folgenden Schadenstypen (vgl. [Dübe05], S. 19-22) zu ermitteln:

- Ausfallzeit-Verlust (Einbussen an Produktivität und Umsatzerlösen während der Ausfallzeit)

- Wiederherstellungskosten (Personal- und Materialkosten)

- Haftungskosten (Kosten infolge Nichteinhaltung von Leistungen oder anderer Forderungen)

- Verluste durch Abfall von Kunden (Verlust aktueller und potentieller Kunden)

Die so berechenbaren Schäden beziehen sich jeweils auf ein einziges Schadensereignis. Für die Berechnung des Risikos ist nun noch die Abschätzung der Häufigkeit (pro Jahr) der voraussichtlichen Schadensereignisse notwendig.

---

[*]   Interessant ist die in [Dübe04] anhand des Modells vorgenomme Schadenseinschätzung, die für den Fall einer „massiven" DDOS-Attacke auf das Internet Schweiz (Totalausfall 1 Woche) einen wirtschaftlicher Schaden von CHF 6 Mia. ausweist.

Anteil Risiko-reduktion durch Massnahmen

Haben wir das Risiko vor dem Massnahmen-Einsatz ermittelt, dann stellt sich für die ROSI-Berechnung die Frage, welcher Anteil eines identifizierten Risikos durch die Massnahme(n) tatsächlich reduziert wird.

Dazu sind die beiden folgenden Fragen zu beantworten:

1. Inwieweit sind Modell und Szenario für das identifizierte Risiko zutreffend?

2. Inwieweit wird das identifizierte und analysierte Risiko durch die Massnahme tatsächlich gemildert?

Beide Fragen können bezüglich des durch eine Massnahme tatsächlich „ex ante" zu bewältigenden Risikos weitreichende Konsequenzen haben und sind hinsichtlich einer fairen ROSI-Aussage sorgfältig zu klären. Dabei gilt es zu berücksichtigen, dass bei IT-Risiken für beide Fragen zum heutigen Zeitpunkt noch keine im mathematischen Sinne exakten Antworten verfügbar sind. Wie für die Einschätzung der Häufigkeiten wird stattdessen, unter Abwägung der verfügbaren Fakten, eine prozentuale Reduktion des vorab analysierten Risikos geschätzt werden müssen. Für die allenfalls notwendige spätere Verteidigung der Schätzung müssen die für die Schätzung berücksichtigten Fakten dokumentiert werden.

Fehlende Abzinsung der Kapitalbeträge

Eine weitere Schwäche des ROSI-Ansatzes für Sicherheits-Investitionsentscheide liegt auch in der fehlenden Abzinsung der Kapitalbeträge im Sinne einer Barwertberechnung. Eine solche Kapital-Abzinsung ist zwar bei den Massnahmeninvestitionen möglich. Hingegen fehlen bei der Risikobestimmung mit Erwartungswerten die Zeitparameter zur Berechnung eines Barwerts (Discounted Cash Flow).

Praxistipp:

Bei komplexen IT-System-Modellen oder für seltene Ereignis-Szenarien (unerwartete Verluste) liefert eine ROSI-Berechnung fragwürdige Resultate und sollte in solchen Fällen nicht für Raealisierungsentscheide herangezogen werden.

11.4 Massnahmen-Nutzen ausgerichtet an Unternehmenszielen

Sowohl aufgrund der Mängel des ROSI-Ansatzes hinsichtlich seltener Ereignisse als auch der fehlenden Ausrichtung von Risiken und Massnahmen an Geschäftszielen muss der ROSI-Ansatz zumindest als Basis für Realisierungsentscheide von Informations-Sicherheits-Massnahmen in Frage gestellt werden.

Nutzenfrage

In einem ganzheitlichen integrierten Risiko-Management-Ansatz lautet die Nutzenfrage nicht primär, was die Einsparungen an Risiko- und Massnahmenkosten sind, sondern inwieweit die Sicherheitsprozesse und -massnahmen die Strategieziele des Unternehmens unterstützen. Mit einer solchen Fragestellung sind die Investititionsentscheide über Sicherheitsmassnahmen in den Unternehmensstrategie- und -Risiko-Managementprozess eingebunden, wie dies im Kapitel 5 dargestellt wurde.

Umsetzung Sicherheitsziele

Wie die definierten Sicherheitsziele im Einzelnen umgesetzt werden können, zeigt uns der Ansatz mit der Balanced Scorecard im Abschnitt 5.4.3. Die IT unterstützt in diesem Ansatz die Geschäftsziele. Die diesbezüglichen Anforderungen können anhand von Prozessen, Informationskriterien, Performance-Indikatoren und Risk-Indikatoren beschrieben und analysiert werden.

Ein solches integriertes Vorgehen liegt dem CobiT-Rahmenwerk des „IT Governance Instituts" (ITGI) mit seinen Zusatz-Rahmenwerken „Val IT" und „Risk IT" zugrunde. Auch der Standard ISO/IEC 27001 fordert die Ausrichtung des Sicherheitsmanagements am strategischen Risiko-Management des Unternehmens.

Nutzengenerierung durch IT

Das „IT Governance Institut" knüpft die Nutzengenerierung durch die IT ganz allgemein an die Unternehmens-Governance und das Mangement von Risiken und Chancen. Die Relation von Aufwand und Nutzen von Sicherheitsmassnahmen wird damit auf die geschäftliche Ebene der Wertegenerierung des Unternehmens angehoben. an. Dabei dient das Rahmenwerk unter der Bezeichnung „Val IT" vor allem dem Management der Unternehmenswerte durch die IT und ergänzt damit das im Abschnitt 9.4 behandelte CobiT-Rahmenwerk (s. Abbildung 11.3).

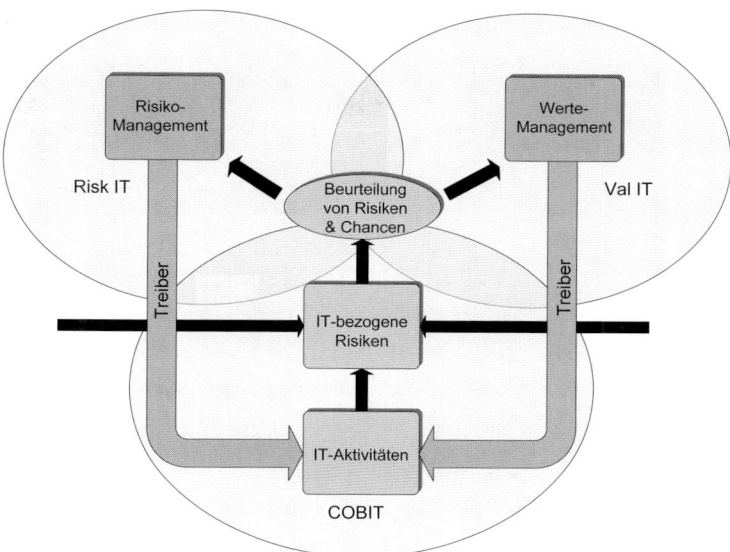

Abbildung 11.2:   Risiken und Chancen in den ITGI Rahmenwerken [Itgr09]

Ein neues derzeit in der öffentlichen Begutachtung befindliches
Rahmenwerk „Risk IT" dient dem Management von IT-Risiken
und zwar auch solchen, die nicht ausschliesslich der Informations-Sicherheit zuzuordnen sind, sondern die gesamte IT-Leistung
im Unternehmen betreffen (z.B. Compliance Risiken, Projektrisiken und Nutzenrisiken).

Rahmenwerke
Risk IT, Val IT
und CobiT

Die drei Rahmenwerke CobiT, Val IT und Risk IT ergänzen sich
gegenseitig, wie dies in Abbildung 11.2 veranschaulicht wird. Die
Frage nach einem Nutzen der Massnahmen (u.a. der Sicherheitsmassnahmen) wird durch alle drei sich gegenseitig unterstützenden und ergänzenden Rahmenwerke beantwortet. Um das
ganzheitliche Konzept der Nutzengenerierung durch die IT zu
veranschaulichen, werden die beiden Rahmenwerke Val IT und
Risk IT nachfolgend in ihren Grundzügen dargestellt.

11.4.1   Grundzüge von Val IT

Effektivität von IT-
Investitionen

Die unter Val IT definierten Prozesse widmen sich zum einen
der Effektivität von IT-Investitionen im Einklang mit der Unternehmensstrategie und unterstützen so die IT-Governance; zum
anderen helfen sie bei der Realisierung des optimalen Nutzens
aus den IT-Prozessen.

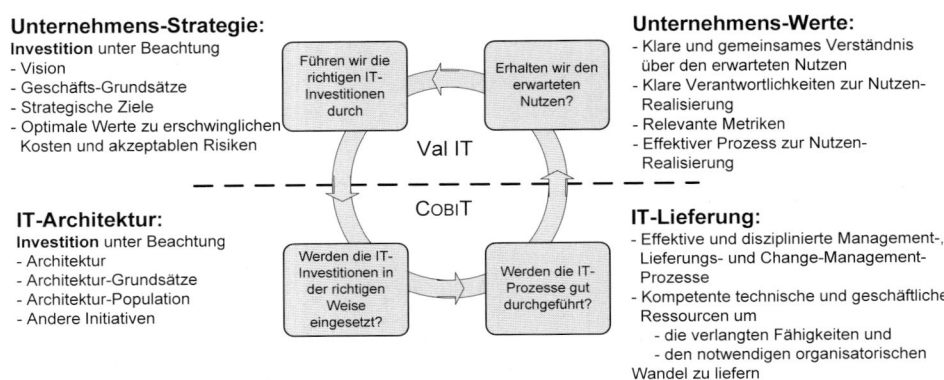

Unternehmens-Strategie:
Investition unter Beachtung
- Vision
- Geschäfts-Grundsätze
- Strategische Ziele
- Optimale Werte zu erschwinglichen Kosten und akzeptablen Risiken

Unternehmens-Werte:
- Klare und gemeinsames Verständnis über den erwarteten Nutzen
- Klare Verantwortlichkeiten zur Nutzen-Realisierung
- Relevante Metriken
- Effektiver Prozess zur Nutzen-Realisierung

IT-Architektur:
Investition unter Beachtung
- Architektur
- Architektur-Grundsätze
- Architektur-Population
- Andere Initiativen

IT-Lieferung:
- Effektive und disziplinierte Management-, Lieferungs- und Change-Management-Prozesse
- Kompetente technische und geschäftliche Ressourcen um
  - die verlangten Fähigkeiten und
  - den notwendigen organisatorischen Wandel zu liefern

Führen wir die richtigen IT-Investitionen durch

Erhalten wir den erwarteten Nutzen?

Val IT

CoBiT

Werden die IT-Investitionen in der richtigen Weise eingesetzt?

Werden die IT-Prozesse gut durchgeführt?

Abbildung 11.3: Zusammenspiel von CobiT und Val IT [Itgv08]

Prozesse
In Val IT

Die Prozesse von Val IT sind in folgenden drei Hauptgruppen (Domänen) unterteilt [Itgv08]:

Domänen in
Val IT

↪ **Werte-Governance (VG):** diese sorgt für eine klare Verbindung zwischen der Unternehmens-Strategie und einem Portfolio von Investitionsprogrammen und dem Portfolio bestehend aus IT-Services, Ressourcen etc.

↪ **Portfolio-Management (PM):** Verwaltung des Portfolios von IT Investitionen zur Wertoptimierung im Unternehmen.

↪ **Investitions-Management (IM):** damit werden die einzelnen Investitionen anhand der folgenden drei Instrumente verwaltet:

1. „Business Case" zur Auswahl der Investitionsmassnahmen

2. Programmmanagement zur Umsetzung der in den Programmen definierten Projekte und

3. Nutzenrealisierung gemäss dem Business Case

Ziele und
Metriken

In der für CobiT üblichen Weise sind die Domänen und Prozesse mit Zielen und Metriken hinterlegt.

Business Case
in Val IT

Ein zentrales Instrument von "Val IT" ist der "Business Case". Der Business Case behandelt Fakten und Analysen über alle Lebenszyklus-Phasen einer Investitition oder eines Investitionsprogramms. Als Ergebnis soll er eine umfassende Begründung für den Investitionsentscheid liefern. In den einzelnen Entwickungsschritten (s. Abbildung 11.4) spielen die Schritte „Risiko-Analyse" sowie „Abschätzung und Optimierung von Risiko und

Ertrag" eine wichtige Rolle. In dieser ganzheitlichen Betrachtung ist der Ertrag für das Geschäft aus der IT-Lieferung zu berücksichtigen. Demzufolge hat die Risiko-Optimierung hinsichtlich der Ausrichtung auf die Unternehmensziele zu erfolgen.

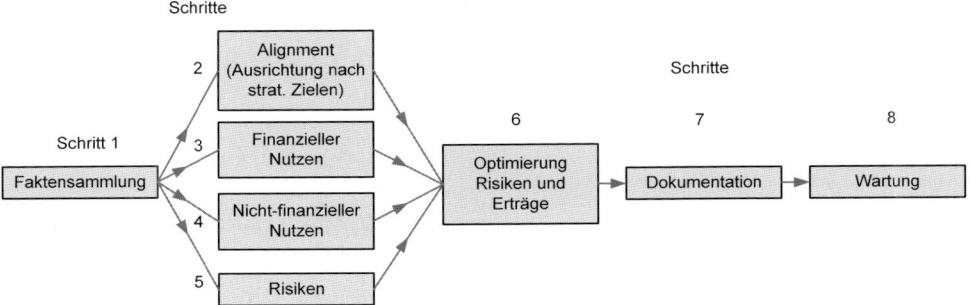

Abbildung 11.4: Entwicklungsschritte des Business Case bei Val IT [Itgv08]

Hinsichtlich der Verfahren zur Risiko-Einschätzung bleibt die Anleitung in VAL IT für den Business Case noch vage. Dem vorgeschlagenen Vorgehen entsprechend, erfüllen Risiko-Masszahlen in der Form von Kennzahlen (Key Risk Identicators) und „Scores" den Zweck. Das Risiko-Management selbst wird im dafür bestimmten Dokument „Risk IT" ausführlich behandelt.

Die Grundzüge von Risk IT werden entsprechend der derzeit erhältlichen Entwurfsfassung [Itgr09] im folgenden Abschnitt behandelt.

11.4.2 Grundzüge von Risk IT

Wie bei den Rahmenwerken COBIT und VAL IT basiert das Risk-IT-Rahmenwerk auf einer Anzahl Prozesse, die in die folgenden drei Hauptgruppen (Domänen) unterteilt sind [Itgr09]:

Domänen in Risk IT

↪ **Risiko-Governance (RG):** diese sorgt für die Einbettung des IT-Risiko-Managements in das Unternehmen und gewährleistet damit, dass die Erträge risikoadjustiert sind.

↪ **Risiko-Bewertung (RE):** damit wird sichergestellt, dass die IT-bezogenen Risiken und Chancen identifiziert, analysiert und in Geschäftsbegriffen ausgewiesen werden. Die Analyse und Bewertung der Risiken erfolgt anhand von „Key Risk Indikatoren". Die Key Risk Indikatoren sollten beispielsweise anhand der folgenden Kriterien definiert werden (vgl. [Itgr09], S. 29):

Key Risk Indikatoren

- Senstitivität: Indikatoren müssen repräsentativ und zuverlässig hinsichtlich dem anzuzeigenden Risiko sein
- Impact: Indikatoren müssen vorwiegend Risiken mit hohen Geschäfts-Impact aufzeigen
- Messaufwand: Bevorzugung von einfach zu benutzenden Indikatoren
- Zuverlässigkeit: Indikatoren müssen möglicht genau das Risiko und möglichst gute Vorhersagen- und Ergebnisse wiedergeben

⇨ **Risiko-Reaktion (RR):** damit wird gewährleistet, dass die IT-bezogenen Risiko-Fragen, Chancen und Ereignisse in einer kostenwirksamen Weise und in einer geschäftsrelevanten Prioritätenfolge behandelt werden.

Prozesse in Risk IT

Die Prozesse in diesen drei Domänen sind die folgenden:

Risiko-Governance (RG):

⇨ Aufbau und Unterhalt einer gemeinsamen Risiko-Sicht (RG1)
⇨ Integration in das Unternehmens-Risiko-Management (RG2)
⇨ Risikobewusste Geschäftsentscheide (RG3)

Risiko-Bewertung (RE):

⇨ Erheben von Daten (RE1)
⇨ Analysieren der Risiken (RE2)
⇨ Unterhalt von Risiko-Profilen (RE3)

Risiko-Reaktion (RR):

⇨ Aufzeigen von Risiken und Findings (RR1)
⇨ Behandlung der Risiken (RR2)
⇨ Reaktionen auf Ereignisse (RR3)

Diese Prozesse besitzen jeweils eine Prozessbeschreibung und ein Prozessziel und sind zusätzlich in eine Anzahl von Schlüsselaktivitäten aufgeteilt. Diese Schlüsselaktivitäten besitzen Inputs und Outputs zu anderen Prozessen sowohl im Risk-IT-Rahmenwerk als auch zu den beiden Rahmenwerken Val IT und CobiT. Sämtliche Domains, Prozesse und Aktivitäten sind mit Zielen und Metriken versehen. Die Vernetzungen der Prozessaktivitäten über Inputs und Outputs an andere Prozessaktivitäten sorgen für die Erfüllung der dem Unternehmenswert dienlichen effektiven Massnahmenentscheide.

Beispiel:

Beispiel Vernet-
zung Prozess-
aktivitäten

Die Vernetzung der Prozessaktivitäten von „Risk IT" soll am Beispiel der zum Prozess RR2 gehörenden Prozess-Aktivität RR2.3
demonstriert werden (s. Tabellen 11.1 und 11.2). Die Aktivität
RR2.3 lautet: „Reaktion auf eine Risiko- und Chancen-Ermittlung".
Zusammengefasst beinhaltet diese Aktivität das Abwägen und
Priorisieren einer Risiko-Reduktionsmassnahme unter Berücksichtigung von strategischen Geschäftsentscheidungsprozessen
und der vorgegebenen Risiko-Toleranz.

Tabelle 11.1: Inputs für die Risk-IT-Aktivität RR2.3 [Itgr09]

Von Prozess-Aktivität	Inputs
RG3.3	Kosten / Nutzen über ganzen wirtschaftlichen Lebenszyklus
RG3.4, RR3.4	Anforderungen an Risiko-Raktion
RG3.5	Nutzen aus Risiko-Management für IT-Portfolio
Val IT IM5	Investitionsprogramm-Plan
COBIT PO1	IT-Projekt-Portfolio
COBIT PO1	IT-Sourcing-Strategie
COBIT PO2	IT-Architektur
COBIT PO3	Technology-Infrastruktur-Plan
COBIT PO5	IT-Budgets

Tabelle 11.2: Outputs der Risk-IT-Aktivität RR2.3 [Itgr09]

An Prozess-Aktivität	Outputs
RG2.3, RG3.3, RR2.4, Val IT PM4, COBIT PO9, PO10	Risiko-Programme
RG3.4, COBIT PO4, PO9, ME1, ME2	Risiko- und Massnahmen-Wirksamkeitsberichte
COBIT PO9, Val IT IM1	IT-Risiko-Reaktions-Definition

11.5   Fazit zu Ansätzen der Sicherheits-Nutzen-Bestimmung

Wertegenerierung und Nutzenbetrachtung

Die Rahmenwerke Risk IT, Val IT und COBIT des ITGI kommen den Anforderungen von zielgerechten Massnahmen in einem integrierten IT-Risiko-Managements entgegen. Die auf einzelne Risiken und Massnahmen bezogene isolierte Nutzenbetrachtung des ROSI-Ansatzes wird mit dem ganzheitlichen ITGI-Ansatz vermieden. Auch begegnet der ITGI-Ansatz der Schwierigkeit von absoluten quantiativen Kostenberechnungen, indem die Bewertungsmetriken auf qualitativen Kennzahlen (z.B. Key Risk Indikatoren und Performance-Indikatoren) beruhen.

Das Finden geeigneter Kennzahlen, welche sowohl die an den Unternehmenszielen und Risiken zu messende Effektivität (Wirksamkeit) als auch die Effizienz (Wirtschaftlichkeit) wiedergeben, wird zukünftig eine gute Ergänzung oder gar eine Alternative zum ROSI-Ansatz darstellen.

11.6   Zusammenfassung

Zur numerischen Berechnung der sog. „Rendite von Sicherheits-Investitionen" (ROSI = Return on Security Investments) werden von dem durch geeignete Massnahmen reduzierten Verlustanteil E_a eines „erwarteten" Verlusts R_a die Massnahmenkosten pro Jahr T_a subrahiert: $ROSI = E_a - T_a$.

Die Herausforderungen im Umgang mit dieser Formel liegen bei der Einschätzung des Risikos und der Erhebung resp. Berechnung der Massnahmenkosten.

Bereits der Umstand, dass für ROSI als Risikomass der Erwartungswert eingesetzt wird, zeigt, dass die Berechnung lediglich für relativ häufig auftretende Schadensereignisse gültig ist, wo auch ein Erwartungswert sinnvoll erhoben werden kann. In der praktischen Anwendung könne aber auch semiquantitavie Werte (Scores) eingesetzt werden.

Zur Ermittlung der Sicherheitsmassnahmen-Kosten in einem Unternehmen wird die Kostengliederung sinnvollerweise nach ähnlichen Gesichtspunkten wie für die gesamten IT-Kosten vorgenommen. Wie für die Ermittlung der „normalen" IT-Kosten können die Sicherheitskosten aus den Buchungs- und Inventarisierungssystemen der IT sowie mittels Zeitaufschreibungen für die Personalkosten erhoben werden.

Für die Triage in „IT-Sicherheitskosten" und „normale IT-Kosten" empfiehlt es sich, eine Policy mit Zuordnungs-Grundsätzen zu erstellen, mit der für die einzelnen Sicherheitsfunktionen im Voraus klar festgelegt und kommuniziert wird, welche Aufwendungen als Sicherheitskosten zu erfassen sind.

Werden die Sicherheitsfunktionen in grösseren „Stückzahlen" eingesetzt (z.B. Smartcard zur starken Authentisierung), dann kann die Kostenerhebung auf Stückkostenbasis durchgeführt werden. Werden die Kosten von Sicherheitsfunktionen in einer ROSI-Berechnung verwendet, dann sollten womöglichst die „Vollkosten" und die in der IT-Kostenrechnung wichtige „Total Cost of Ownership" angewendet werden.

Zur Analyse des Risikos und des „Restrisikos" kommen gemäss Abschnitt 3.2.4 verschiedene „quantitative" Analyse-Methoden in Betracht. Ist das Risiko vor dem Massnahmen-Einsatz ermittelt, dann stellt sich für die ROSI-Berechnung die Frage, welcher Anteil des Risikos durch die Massnahme(n) tatsächlich reduziert wird. Dafür wird, unter Abwägung der verfügbaren Fakten, eine prozentuale Reduktion des vorab analysierten Risikos geschätzt werden müssen.

Aufgrund der Schwächen des ROSI-Ansatzes empfiehlt es sich, bei komplexen IT-System-Modellen oder für seltene Ereignis-Szenarien (unerwartete Verluste), die ROSI-Berechnung nicht für Realisierungsentscheide heranzuziehen.

In einem ganzheitlichen integrierten Risiko-Management-Ansatz wird der Nutzen nicht primär daran ermessen, was die Einsparungen an Risiko- und Massnahmenkosten sind, sondern inwieweit die Sicherheitsprozesse und -massnahmen die Strategieziele des Unternehmens unterstützen.

Ein solches integriertes Vorgehen liegt dem CobiT-Rahmenwerk des „IT Governance Instituts" (ITGI) mit seinen Zusatz-Rahmenwerken „Val IT" und „Risk IT" zugrunde. Auch der Standard ISO/IEC 27001 fordert die Ausrichtung des Sicherheitsmanagements am strategischen Risiko-Management des Unternehmens.

Das „IT Governance Institut" knüpft dabei die Nutzengenerierung durch die IT ganz allgemein an die Unternehmens-Governance und das Mangement von Risiken und Chancen.

Die drei Rahmenwerke des CobiT, Val IT und Risk IT ergänzen sich gegenseitig. Die Frage nach einem Nutzen der Massnahmen (u.a. der Sicherheitsmassnahmen) wird durch alle drei sich gegenseitig unterstützenden und ergänzenden Rahmenwerke beantwortet.

Die unter Val IT definierten Prozesse sind in die folgenden drei Hauptgruppen (Domänen) unterteilt:

↪ **Werte-Governance (VG)**

↪ **Portfolio-Management (PM)**

↪ **Investitions-Management (IM)**

Ein zentrales Instrument von Val IT ist der "Business Case"; dieser behandelt Fakten und Analysen über alle Lebenszyklus-Phasen einer Investitition oder eines Investitionsprogramms. Als Ergebnis soll er eine umfassende Begründung für den Investitionsentscheid liefern.

Das Risiko-Management basiert auf Kennzahlen (Key Risk Identicators) und „Scores" und wird im dafür bestimmten Dokument „Risk IT" ausführlich behandelt. Dieses Framework ist in die folgenden Hauptgruppen (Domänen) und Prozesse unterteilt:

Risiko-Governance (RG):

↪ Aufbau und Unterhalt einer gemeinsamen Risiko-Sicht (RG1)

↪ Integration in das Unternehmens-Risiko-Management (RG2)

↪ Risikobewusste Geschäftsentscheide (RG3)

Risiko-Bewertung (RE):

↪ Erheben von Daten (RE1)

↪ Analysieren der Risiken (RE2)

↪ Unterhalt von Risiko-Profilen (RE3)

Risiko-Reaktion (RR):

↪ Aufzeigen von Risiken und Findings (RR1)

↪ Behandlung der Risiken (RR2)

↪ Reaktionen auf Ereignisse (RR3)

Sämtliche Domains, Prozesse und Aktivitäten sind mit Zielen und Metriken versehen. Die Vernetzungen der Prozessaktivitäten über Inputs und Outputs an andere Prozessaktivitäten (auch von COBIT und VAL IT) sorgen für effektive Massnahmenentscheide. Das Finden geeigneter Kennzahlen, welche sowohl die an den Unternehmenszielen und Risiken zu messende Effektivität (Wirksamkeit) als auch die Effizienz (Wirtschaftlichkeit) wiedergeben, wird zukünftig eine Ergänzung oder eine Alternative zum ROSI-Ansatz darstellen.

11.7   Kontrollfragen und Aufgaben

1. Ein Unternehmen stellt seinen Mitarbeitern „Remote Access" mittels PC über das Internet zum Zugriff auf eine Firmen-Datenbank und zum Zugriff auf das Firmen E-Mail zur Verfügung. Die Authentisierung des Benutzers erfolgt mit einem einfachen Passwort. Im vergangenen Jahr konnten 10 Hacking-Attacken auf die Datenbank und auf E-Mail-Accounts registriert werden. Der durch diese Attacken verursachte Schaden betrug insgesamt 100'000 €. Mit dem geplanten Einsatz einer „starken Authentisier-Methode" wird erwartet, dass die Anzahl von Attacken auf eine innerhalb zwei Jahren reduziert werden können. Die Einführung und der Betrieb der Massnahme führt zu jährlichen Kosten von 50'000 €.

   Berechnen Sie mit der ROSI-Formel den ROSI-Wert.

2. Ein Unternehmen hat auf seinen Arbeitsplatz-PCs veraltete Viren-Scanner im Einsatz. Im letzten halben Jahr mussten 5 Viren-Verseuchungen bereinigt werden. Die Kosten für den Bereinigungsaufwand und den Produktionsausfall aufgrund der Nichtverfügbarkeiten betrug 50'000 €. Der Anschaffungwert und die Betriebsmehrkosten eines neuen Scanning Tools beträgt 40'000 €. Es wird erwartet, dass mit dem neuen Tool statt der 5 noch eine Virus-Verseuchung pro Jahr eintritt.

   Berechnen Sie den ROSI-Wert.

3. Diskutieren Sie die Nützlichkeit der ROSI-Berechnungen in den beiden obigen angeführten Fällen (Aufgabe 1 und Aufgabe 2).

4. Zur Fällung von Investitionsentscheiden für die beiden oben genannten Fälle kann das Framework VAL IT und Risk IT beigezogen werden. Nennen Sie wichtige Aktivitäten, die zwangsläufig durchgeführt werden müssen, um die Entscheide zu fällen.

5. Was heisst ein Vorgehen nach VAL IT und Risk IT für die Lösung des Sicherheitsproblems? Sind gleiche oder komplett andere Lösungen zu erwarten?

6. Schlagen Sie einige Kennzahlen vor, die der Analyse und Lösung des Problems dienlich sind.

Teil D

Unternehmens-
Prozesse meistern

12 Risiko-Management-Prozesse im Unternehmen

Im Teil B dieses Buches haben wir die Anforderungen an ein RM im Unternehmen aufgezeigt. Aus diesen Anforderungen ging hervor, dass das RM auf höchster Unternehmensebene zur Frühwarnung und Steuerung der Risiken im Gesamtunternehmen für eine gute Corporate Governance unerlässlich ist. Die Einblicke in das Führungssystem zeigten, dass das Risiko-Management Einfluss auf die Strategiefindung im Unternehmen haben muss. Um den Erfordernissen einer risikoabhängigen Strategiefindung bezüglich Strategien und Massnahmen gerecht zu werden, ist sogar die Integration des RM in den Führungs- und Strategieprozess des Unternehmens zu empfehlen.

Im Teil C wurden Modelle, Methoden und Verfahren für das Management der IT-Risiken beleuchtet.

In diesem Teil D des Buches wird veranschaulicht, wie der IT-RM-Prozess und auch andere RM-Prozesse mit dem Gesamt-RM-Prozess und dem Strategie-Prozess verzahnt werden können. Auch werden die aus der Sicherheits-Perspektive des Unternehmens wichtigen Prozesse der „Geschäftskontinuitäts-Planung", des „Outsourcing" und des „Vulnerability- und Incident-Management" aufgezeigt.

12.1 Verzahnung der RM-Prozesse im Unternehmen

Der Forderung eines Gesamt-RM-Prozesses wird nicht widersprochen, wenn in Teilbereichen eines Unternehmens, z.B. in einer Geschäftseinheit, in einem strategischen Geschäftsfeld, in einzelnen Gruppengesellschaften oder in einzelnen Organisationseinheiten spezifische RM-Prozesse durchgeführt werden.

Kompatibilität für Gesamt-RM-Prozess

Für einen sinnvollen Gesamt-RM-Prozess müssen jedoch die untergeordneten, nachgeordneten oder übergeordneten Risiko-Management-Prozesse zueinander kompatibel sein.

Mit anderen Worten, die Risiko-Informationen als Output des einen Prozesses müssen als Input bei einem anderen Prozess richtig interpretiert werden können.

Informationen über grösste Risiken

So erhält beispielsweise der übergeordnete Gesamt-RM-Prozess von einem IT-RM-Prozess die Analyse-Ergebnisse über die grössten IT-Risiken. Bestehen bereits Massnahmen, dann werden die Restrisiken und die für die Risiko-Bewältigung eingesetzten Massnahmen an den übergeordneten RM-Prozess „berichtet".

Das Mittel dazu kann der in Abschnitt 2.5.4 vorgestellte Risiko-Katalog sein. Aus der Sicht aller Unternehmens-Risiken und deren Vernetzungen untereinander müssen diese Risiken (resp. Restrisiken) allenfalls neu bewertet werden.

Neue Risiko-Bewertung

Entscheide über Risiko-Bewältigung

Von der Ebene des Gesamt-RM-Prozesses werden die Entscheide über die Risiko-Bewältigung (z.B. einzuschlagende Risiko-Strategie, Aktionspläne oder Budgets für Massnahmen) an die untergeordneten Risiko-Management-Prozesse zurückgegeben (Abbildung 12.1).

Betrachten wir einen IT-Risiko-Management-Prozess als einen dem Geschäfts-RM-Prozess nachgeordneten RM-Prozess, dann müssen der Geschäfts-RM-Prozess und der IT-RM-Prozess ebenfalls kompatibel zueinander sein, da die IT-Risiken innerhalb der Geschäftsrisiken meist eine wesentliche Rolle spielen. Diese Situation ergibt sich beispielsweise beim „Geschäftskontinuitäts-Plan", in welchem der nachgeordnete „IT-Notfall-Plan" entscheidend zur Geschäftskontinuität beiträgt.

Zeitlich aufeinander abgestimmte RM-Prozesse

Die untereinander kommunizierenden RM-Prozesse müssen auch zeitlich aufeinander abgestimmt sein. Besteht beispielsweise das strategische Ziel, einen bestimmten Geschäftsprozess oder Teile davon zu „outsourcen", dann sind die IT-Risiken und deren Konsequenzen vor dem Strategie-Beschluss durch die Fachstellen der IT-Sicherheit zu analysieren.

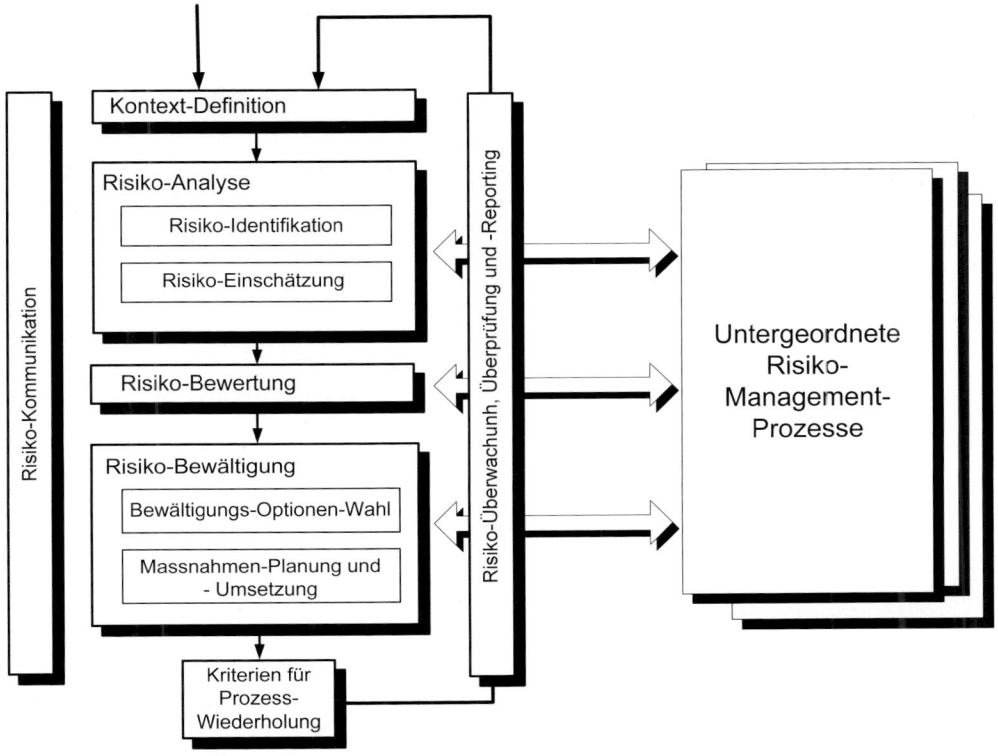

Abildung 12.1: RM-Prozess mit Sub-RM-Prozessen

12.1.1 Risiko-Konsolidierung

Zur Gewährleistung der Kompatibilität von untergeordneten mit nachgeordneten und übergeordneten Risiko-Management-Prozessen ist, ähnlich einer „Konzernrechnung", die Konsolidierung der Risiken notwendig.

Risiken dürfen nicht addiert werden

Im Gegensatz zu den Rechnungslegungsinformationen sind die Risiken statistische Werte, die meist gewisse statistische Abhängigkeiten voneinander haben (Korrelationen). Die Werte dürfen deshalb nicht, wie beispielsweise in einer konsolidierten Buchführung, einfach addiert werden, sondern sind gemäss ihrer Korrelationen zu aggregieren. Die quantitative Aggregation von Einzelrisiken zu einem Gesamtrisiko durch Bildung eines VaR (Value at Risk) aus den Einzel-Risikopositionen wurde in den

Abschnitten 2.5.5 und 3.2.3 grob beleuchtet. Wobei auf die meist ungenügende Datenlage der grossen IT- Risiken für statisitische Aggregationsverfahren aufmerksam gemacht wurde. Selbst wenn die Aggregation mittels Monte-Carlo-Methode stochastisch simuliert wird, muss mit grossen Abweichungen der quantiativen Ergebnisse von der Wirklichkeit gerechnet werden. Die Risikolage kann aber auch mit geeigneten Kennzahlen und „semiquantitativen Scores" zur Entscheidungsfindung berichtet werden.

Ordnen der Risiken

Für eine Gesamt-RM-Betrachtung ist es oft auch sinnvoll, die Risiken nach ihrer Höhe unter Angabe ihrer Abhängigkeiten lediglich zu ordnen (s. Abschnitt 2.5.5). Bei der Ordnung der Risiken für eine Gesamt-RM-Betrachtung spielt die Aktualität der Erhebung eine wichtige Rolle. Abbildung 12.2 zeigt die Parameter, die an den Schnittstellen der Risiko-Management-Prozesse kompatibel sein müssen.

Kompatible Parameter

> ❏ Häufigkeits-Metrik (z.B. „selten = 1 mal in 10 Jahren, s. Abbildung 2.2)
>
> ❏ Schadens-Metrik (d.h. Zuordnung von kardinal oder ordinal eingestuften Schweregraden zu bestimmten Schadenskategorien, s. Abbildung 2.3)
>
> ❏ Risiko-Metrik (s. Abbildung 2.2)
>
> ❏ Massnahmenkosten-Metrik
>
> ❏ Zeitperiode und Konfidenzintervall bei quantitiver Aggregation mit VAR

Abbildung 12.2:   Kompatible Parameter für verschiedene Risiko-Management-Prozesse

12.1.2   Subsidiäre RM-Prozesse

Risiken behandeln wo sie entstehen oder Schaden anrichten

Ein wesentlicher Grund für die Einrichtung eines Risiko-Managements, insbesondere eines IT-Risikomangements, ist die Bewältigung der Risiken mit entsprechenden Massnahmen. Werden die Massnahmen bereits mit den subsidiären Risiko-Management-Prozessen durch die dafür verantwortlichen Organisationseinheiten ergriffen und umgesetzt, dann verbleiben für den Gesamt-RM-Prozess lediglich die „Restrisiken" zu konsolidieren und mit entsprechenden Strategien und Massnahmen zu steuern. Ganz allgemein gilt, dass Risiken dort behandelt werden müssen, wo sie entstehen oder wo sie primären Schaden anrichten können. Dabei orientieren sich die Risiken wie auch die

Massnahmen an den Zielvorgaben des Unternehmens. Für das Zusammenspiel der Sub-Prozesse mit dem Gesamt-RM-Prozess müssen die Sub-Prozesse über kompatible Schnittstellen den Gesamt-RM-Prozess mit den notwendigen Risiko-Manage–mentinformationen alimentieren. Nur so kann die Unternehmens-führung und Unternehmensaufsicht Einblick in die Restrisiken sowie die getroffenen und zu treffenden Massnahmen erhalten und ihrer Verantwortlichkeit bezüglich des Risiko-Managements nachkommen. Auch ist es nur so möglich, die Risikokosten (z.B. in der Form von Eigenkapital) und die Massnahmenkosten in ausgewogener Weise den Risikobereichen (z.B. den einzelnen Geschäftsfeldern) zuzuordnen. Hier rufen wir die Balanced Sco-recard in Erinnerung, welche die Ausgewogenheit der strategi-schen Zielsetzungen unter den vier Unternehmensperspektiven „Lernen und Entwickeln", „Interne Geschäftsprozesse", „Kunden" und „Finanzen" anstrebt und alle Aktivitäten im Unternehmen auf die Strategie fokussiert.

Bottom-up-Vorgehen

Im Abschnitt 2.6 haben wir das Top-Down-Vorgehen für das RM im Unternehmen diskutiert. Zu einem wirksamen Risiko-Management und einer optimalen Gesamtsicht über die Risiken gehört aber auch das Bottom-up-Vorgehen. In den einzelnen Geschäftseinheiten, Organisationseinheiten und Prozessen wer-den beispielsweise projektspezifische, systemspezifische und prozessspezifische Risiko-Analysen durchgeführt. So dient die im Abschnitt 10.1 gezeigte Erstellung von Sicherheitskonzepten in der Struktur eines Risiko-Management-Prozesses einem solchen Bottom-up Vorgehen. Dabei gehen lediglich die nach der Um-setzung der Sicherheitskonzepte verbleibenden „grossen" Restri-siken in den übergeordneten Risiko-Management-Prozess ein.

Grosse Restrisiken in übergeordneten Risiko-Arten

Im übergeordneten Risiko-Management-Prozess werden diese Risiken allenfalls noch in übergeordnete Risiko-Arten zusammen-fasst und konsolidiert.

Verschiedene System-Ausfall-Risiken innerhalb eines wichtigen Geschäftsprozesses werden beispielsweise auf der übergeordne-ten Ebene zu einem einzigen Ausfall-Risiko des gesamten Ge-schäftsprozesses aggregiert und konsolidiert. In der Terminologie der operationellen Risiken sind dies dann nicht die „erwarteten" kleinen Verluste, sondern die „unerwarteten" und „katastropha-len" grossen Verluste (s. Abbildung 3.5).

Prinzip der Wesentlichkeit

Allgemein müssen im Unternehmen die Kommunikation und die Behandlung der Risiken dem „Prinzip der Wesentlichkeit" gehor-chen und stufengerecht erfolgen. So sollte die oberste Führungsstufe nur die grössten Risiken behandeln (Erfahrungswert: Twenty is plenty). Die kleineren Risiken werden lokal behandelt und an das zuständige Management respektive den Risiko-Owner des Bereichs berichtet. Auch dort gilt, dass im Bereich einer Linienverantwortung sinnvollerweise nicht mehr als 20 hauptsächliche Risiken bearbeitet werden sollten (vgl. [Brüh03], S. 110 ff).

12.1.3   IT-RM und Rollenkonzepte im Gesamt-RM

Die Unterstützung fast aller Geschäftsprozesse durch die IT führt dazu, dass die IT-Risiken fast in allen Bereichen anfallen. Im vorigen Abschnitt haben wir die lokale Behandlung der Risiken als notwendig herausgehoben.

Risiko-Ownership

Bei der Frage, wie Risiko-Ownership den IT-Risiken zugeordnet werden könnte, bietet sich beispielsweise die IT-System-Ownership an. Bei der IT-System-Ownership werden aus der Geschäftsperspektive die verschiedenen IT-Verantwortlichkeiten rund um ein IT-System aufgeteilt.

Im Falle eines kleinen Unternehmens mit nur wenigen IT-Systemen wird pro IT-System (komplette Anwendung mit Server-Plattform) eine verantwortliche Person bzw. ein sog. Owner bestimmt. (Für mehrere IT-Systeme kann es durchaus dieselbe Person sein.)

Einem solchen Owner obliegen die Aufgaben, Verantwortlichkeiten und Kompetenzen zum Management der Risiken im Zusammenhang mit den durch „sein" IT-System zu bearbeitenden Informationen und Prozesse. Diese Person sollte insbesondere in der Lage sein, die Risiken in seinem Verantwortungsbereich zu erkennen und einzustufen.

Risk Owner

Als „Risk Owner" wird diese Person die IT-Risiken an den Gesamt-RM-Prozess berichten. Hinsichtlich der Sicherheits-Verantwortung kann diese Person auch für die Anfertigung eines IT-Sicherheitskonzeptes verpflichtet werden. Natürlich kann die Ownership-Verantwortung dieser Person auch auf weitere Risiko-Arten als die IT-Risiken ausgedehnt sein.

Unterschiedliche Verantwortlichkeiten

In grossen Unternehmen mit vielen und umfangreichen Geschäfts-Anwendungen und Server-Plattformen können einem Geschäftsprozess und seinen IT-Unterstützungsprozessen auch entsprechend spezifische „Owner-Funktionen" zugeordnet werden. Z.B.

> ↪ Geschäfts-Owner verantwortlich für den Geschäftsprozess (oder die Anwendung)

    ↳   Betriebs-Owner verantwortlich für den Betrieb der Applikation und

    ↳   Plattfform-Owner für die Client und Server-Plattformen und die Hardware

Geschäfts-Owner Der Geschäfts-Owner wird die SLA*s bestimmen und für die Erstellung eines IT-Sicherheitskonzepts basierend auf einer Risiko-Analyse sorgen. Die anderen am Geschäftsprozess beteiligten Owner werden im Rahmen der SLA's und der unternehmensweiten Sicherheitsweisungen ihren Beitrag zu einem gemeinsamen Sicherheitskonzept für den Geschäftsprozess beisteuern (s. Abschnitt 10.1).

Darüberhinaus obliegt es dem Geschäfts-Owner, im Jahres-Rhythmus die Aktualität der in seinem Verantwortungsbereich liegenden Sicherheitskonzepte zu überprüfen und die aktuelle Risikosituation verbindlich an den Gesamt-RM-Prozess zu berichten.

Berichterstattung Die „aktuelle Risikosituation" beinhaltet, unter Bezugnahme auf die Geschäftsanforderungen und die strategischen Ziele, die grossen Restrisiken und die wichtigen Massnahmen (Ist- und Soll-Massnahmen).

Koordination und Schulung In einem grossen Unternehmen mit vielen IT-Ownern (resp. Risk-Ownern) bedarf die ständige Aufrechterhaltung einer solchen Organisation eines gewissen Koordinations-Aufwandes. Ebenso bedürfen die lokalen Risiko-Management-Prozesse eines gewissen Masses an Schulung.

Chief Information Security Officer Die Koordinations- und Schulungsaufgaben für das subsidiäre Management der IT-Risiken gehören sicherlich in das Pflichtenheft eines Chief Information Security Officers.

Chief Risk Officer oder Risk Manager Die Koordiantions- und Coaching-Aufgaben für die adäquate Lieferung der Risiko-Informationen an den Gesamt-RM-Prozess fallen hingegen in die Verantwortung eines „Chief Risk Officer" oder eines „Risk Manager".

Es empfiehlt sich, die Rechte und Pflichten der in solches Rollenkonzept eingebundenen Funktionsträger mit entsprechenden Weisungen zu regeln.

---

* SLA: Service Level Agreement

> **Praxistipp:**
>
> Für ein funktionierendes Unternehmens-Risiko-Management sind die subsidiären Aufgaben und Verantwortlichkeiten von entscheidender Bedeutung. Es empfiehlt sich deshalb, den Funktionsträgern ihre Rollen und Verantwortlichkeiten hinsichtlich Risiko-Managements in klarer und schriftlicher Form (z.B. mittels Weisungen und Funktionsbeschreibungen) aufzuerlegen.

12.2   Risiko-Management im Strategie-Prozess

Gesamtprozess und kompatible Sub-Prozesse

Bei der Verankerung des RM-Prozesses im Strategieprozess stellen wir fest, dass es, analog zu einer Gesamtstrategie und danach ausgerichteten Unterstrategien, auch ein Gesamt-RM-Prozess und danach ausgerichtete kompatible Sub-RM-Prozesse geben muss (Abbildung 12.3).

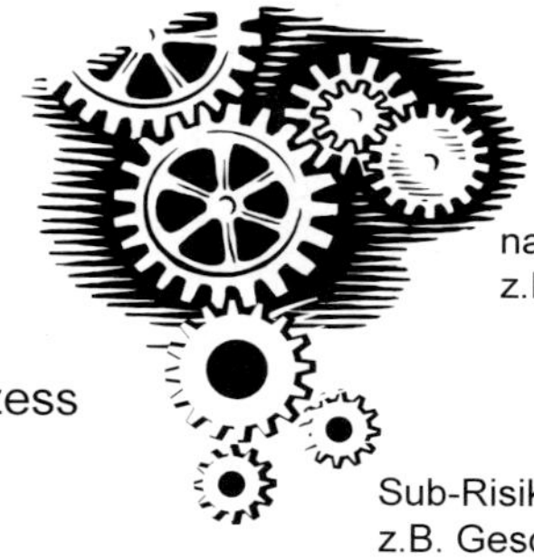

Strategie-Prozess

nachgelagerte Strategien
z.B. IT-Strategie

Gesamt-Risiko-
Management-Prozess

Sub-Risiko-Management-Prozesse
z.B. Geschäfts-Kontinuitäts-Planung

Abbildung 12.3:   Risiko-Management-Prozess im Strategie-Prozess

Damit erhalten wir eine Makrobetrachtung auf der Ebene des Gesamt-RM-Prozesses.

In den einzelnen Teilbereichen (z.B. Geschäftsbereiche, Organisationseinheiten, Informatik mit ihren kritschen IT-Systemen) finden die Mikro-Betrachtungen über die spezifischen Risiken des Bereichs statt. Verfügt das Unternehmen über einen Strategie-Prozess, dann sollte der RM-Prozess fest mit dem Strategie-Prozess gekoppelt oder noch besser in diesen integriert werden (s. Abbildung 12.3).

Chancen / Risiken-Abwägung

Auf diese Weise sind die Vorraussetzungen vorhanden, dass die Risiken mit den Chancen abgewogen werden können. Auch der

Entstehung von Folgerisiken in den Support-Prozessen (z.B. IT-Strategie) infolge der Geschäfts-Strategien kann damit Rechnung getragen werden.

12.2.1 Risiko-Management und IT-Strategie im Strategie-Prozess

Unternehmens-Strategie

In diesem Abschnitt wird gezeigt, wie das IT-Risiko-Management in einen Gesamt-RM-Prozess und in die Unternehmens-Strategie einfliesst.

Nehmen wir an, der Strategieprozess würde mit einen Zeithorizont von 3 Jahren im Jahresrhythmus durchgeführt.

Im Folgenden wird der in Abbildung 12.4 gezeigte Prozess erläutert, ohne dabei in die näheren Details einzugehen.

Praxistipp:

Die Einrichtung eines RM-Prozesses in einem Unternehmen bedarf oft tief greifender organisatorischer Veränderungen. Die Einführung sowie die regelmässige Fortführung des Prozesses müssen auf allen Ebenen des Unternehmens durch das Management getragen und in das Führungssystems integriert werden. Bei fehlenden internen Erfahrungen ist für die Einführung ein externes Coaching ratsam. Wichtig ist vor allem, dass das Risiko-Management mit seinen Zielen, Aktivitäten und Ergebnissen durch die Führungspersonen und die Mitarbeitenden des Unternehmens getragen und gelebt wird.

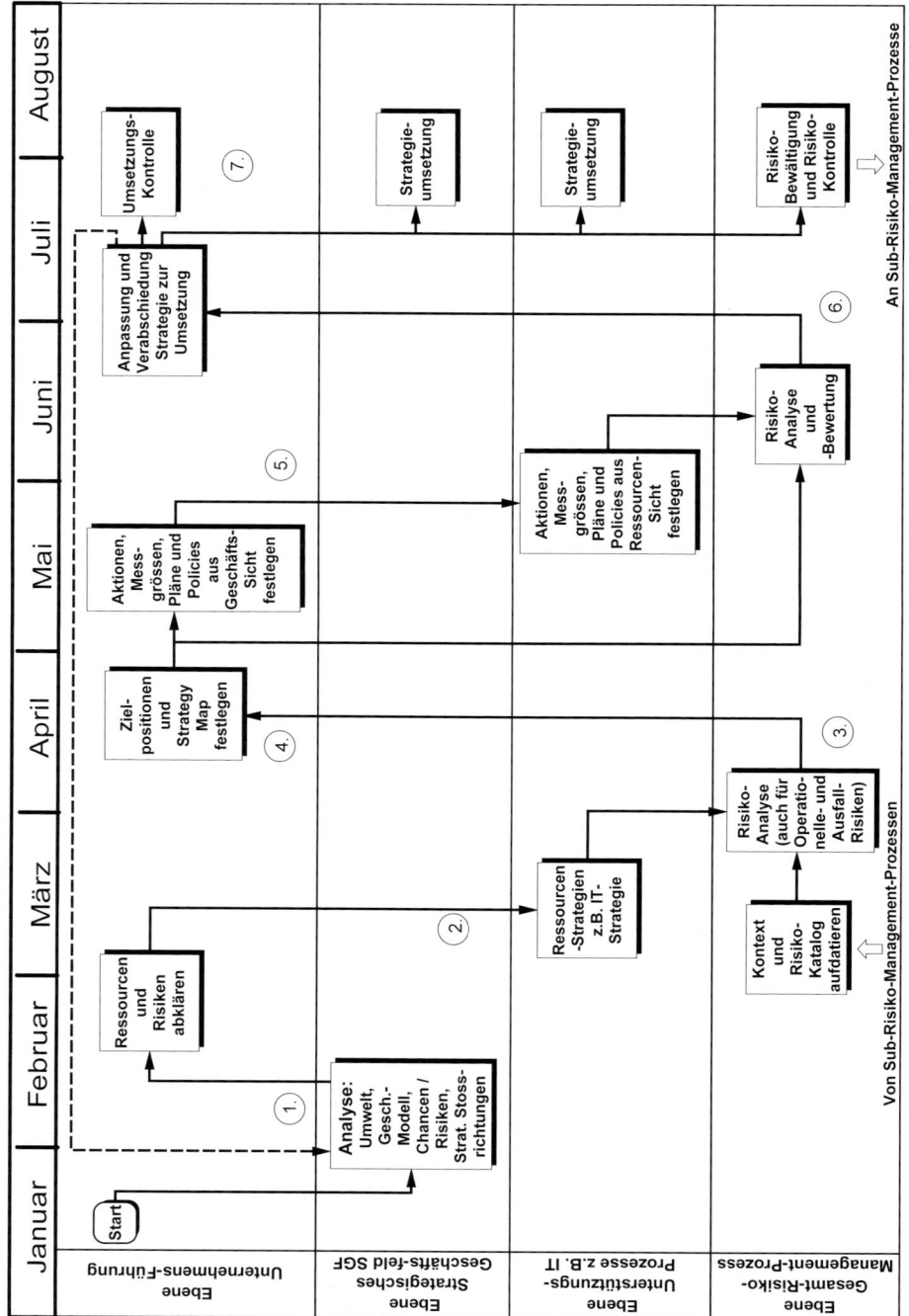

Abbildung 12.4: Integrierter Risiko-Management-Prozess

*Ablauf Strategie-
und Gesamt-RM-
Prozess*

1. In den strategischen Geschäftsfeldern werden aufgrund einer Umwelt-Analyse für das Geschäftsfeld die Chancen und Risiken sowie die Stärken und Schwächen des Geschäftsmodells und entsprechende strategische Stossrichtungen entwickelt.

2. In weiteren Schritten werden nun die Ressourcen, u. a. die benötigten IT-Ressourcen abgeklärt.

3. Danach wird in den Gesamt-RM-Prozess verzweigt, wo die Risiken im Zusammenhang mit den strategischen Stossrichtungen untersucht werden. Der Risiko-Katalog muss dazu bereits in einer aktualisierten Version vorliegen. Im Gesamt-RM-Prozess werden die Risiken im Kontext des Gesamtunternehmens analysiert und zusätzliche Angaben bezüglich Stärken und Schwächen des Unternehmens für die zu betrachtenden strategischen Stossrichtungen gemacht.

   Beispiel:
   Bedarf die strategische Stossrichtung einer hohen IT-Verfügbarkeit über die Kommunikationsschiene „Internet", dann sind an dieser Stelle die Bedrohungen und Risiken aus Untenehmenssicht (z.B. Denial of Service-Attacken) aufzuzeigen.

4. Zur Festlegung der konkreten strategischen Ziele und deren Wirkungszusammenhänge in der „Strategy-Map" liegen nun eine komplette und bereinigte SWOT-Analyse[*] sowie weitere Informationen über die mit strategischen Stossrichtungen zusammenhängenden Risiken vor.

5. Zur Umsetzung der strategischen Ziele werden die Messgrössen, strategischen Aktionen, Pläne und Policies auf der Ebene der Unternehmensführung und anschliessend auf der Ebene der Ressourcen (Unterstützungsprozesse) definiert.

6. Die gewählten strategischen Aktionen einschliesslich der Messgrössen und Pläne, etc. werden noch einer Risiko-Betrachtung aus Gesamtsicht des Unternehmens (einschl. der Unterstützungsprozesse) unterzogen bevor sie im nächsten Schritt verabschiedet werden.

7. Die Umsetzung der Strategie wird vor allem im Rahmen des regulären Risiko-Reportings überwacht.

---

[*]   (S=Strengths, Weaknesses, O=Opportunities, T=Threats)

12.2.2   Periodisches Risiko-Reporting

*Regelmässiges
Reporting an
Geschäftsleitung*

Das Risiko-Reporting erfolgt im Rahmen der normalen Berichtssysteme und -Prozesse. So werden der Geschäftsleitung, ähnlich dem Budget-Reporting, regelmässig die Risiko-Positionen unterbreitet. Zum Reporting eignet sich beispielsweise ein monatlich aktualisierter Risiko-Katalog. Dieser sollte sowohl in seiner detaillierten Form als auch für einen möglichst raschen Überblick auf die wichtigsten Positionen zusammengefasst werden. Ebenfalls im Risiko-Katalog enthalten sollten die Massnahmen-Entscheide sowie der Stand und die Wirksamkeit der Massnahmen veranschaulicht sein.

*Risiko-Katalog
mit wichtigsten
Positionen*

12.3   Zusammenfassung

In einem integrierten Risiko-Management müssen die verschiedenen Risiko-Management-Prozesse mit dem Gesamt-Risiko-Management-Prozess und dem Strategie-Prozess „verzahnt" werden. Für einen sinnvollen Gesamt-Risiko-Management-Prozess müssen die untergeordneten, nachgeordneten und übergeordneten Risiko-Management-Prozesse zueinander kompatibel sein.

Eine quantitative Aggregation von Einzelrisiken zu einem Gesamtrisiko kann oft aufgrund der ungenügenden Datenlage der grossen IT-Risiken und der grossen Abweichungen der Zahlenwerte von der Wirklichkeit nicht sinnvoll durchgeführt werden.

*Ordnen der
Risiken*

Für eine Gesamt-RM-Betrachtung ist es in solchen Fällen sinnvoll, die Risiken nach ihrer Höhe unter Angabe ihrer Abhängigkeiten zu ordnen. Die Risikolage kann auch mit geeigneten Kennzahlen und semi-quantitativen Scores zur Entscheidungsfindung berichtet werden.

Die Risiken müssen dort behandelt werden, wo sie entstehen und/oder primären Schaden anrichten können. Die in einzelnen IT-Sicherheitskonzepten verbleibenden grossen Restrisiken sind Risiken, die in den übergeordneten RM-Prozess einfliessen sollten.

Im übergeordneten RM-Prozess können auch Risiken zusammengefasst werden, so werden verschiedene Ausfallrisiken auf der Ebene eines Prozesses zu einem einzigen Ausfall-Risiko des gesamten Geschäftsprozesses aggregiert. Dem Prinzip der „Wesentlichkeit" gehorchend, sollte die oberste Führungsstufe eines Unternehmens höchsten die zwanzig höchsten Risiken behandeln Die kleineren Risiken werden lokal behandelt und dem zuständigen Management oder Risiko-Owner berichtet.

Ein „Owner" über ein bestimmtes IT-System kann gleichzeitig auch Risiko-Owner sein. In grossen Unternehmen mit vielen Geschäfts-Anwendungen und Server-Plattformen können einem System verschiedene Owner mit unterschiedlichen Verantwortlichkeiten zugeordnet werden. Z.B.

↪ Geschäfts-Owner verantwortlich für den Geschäftsprozess (oder die Anwendung)

↪ Betriebs-Owner verantwortlich für den Betrieb der Applikation und

↪ Plattform-Owner für die Client und Server-Plattformen und die Hardware

Neben dem Risiko-Management mittels zwangsläufig zu erstellenden Sicherheitskonzepten wird es notwendig sein, im Jahres-Rhythmus die wichtigsten Geschäftsprozesse und Supportprozesse eines Unternehmens auf IT-Risiken hin zu untersuchen.

Die daraus resultierenden Berichterstattungen an den Gesamt-RM-Prozess müssen entsprechend den regulativen Erfordernissen für die Geschäfts-Berichterstattung sowie zum Startzeitpunkt des jährlichen Strategieprozesses jeweils verfügbar sein.

Der Risiko-Management-Prozess sollte in den Strategie-Prozess integriert oder fest an ihn gekoppelt werden. Auf diese Weise werden auf der Geschäftsleitungs-Ebene die Vorraussetzungen geschaffen, dass die Risiken und Chancen gegeneinander abgewogen werden können. Auch der Entstehung von Folgerisiken in den Support-Prozessen (z.B. IT-Strategie) aufgrund der Geschäfts-Strategien kann damit Rechnung getragen werden. Für das Risiko-Reporting werden, ähnlich dem Budgetreporting, der Geschäftsleitung die wichtigsten Risiko-Positionen unterbreitet. Zum Reporting eignet sich ein monatlich aufdatierter Risiko-Katalog.

12.4 Kontrollfragen und Aufgaben

1. Welche Parameter müssen an den Schnittstellen der RM-Prozesse kompatibel sein?

2. Welchen Vorteil bringt die Integration des RM-Prozesses in den Strategie-Prozess eines Unternehmens?

3. Wie kann die Umsetzung der Strategie überwacht werden?

4. Bei der Zuordnung untenstehender Verantwortlichkeiten für eine IT-Anwendung wird welcher Owner die SLAs für den Betrieb einer Applikation bestimmen?

&cw; Owner für den Geschäftsprozess (oder Anwendung)

&cw; Owner für den Betrieb der Applikation und

&cw; Owner für die Server-Plattform und Hardware

5. In einem Unternehmen mit einem fortgeschrittenen Strategie-Prozess und einem vorhandenen Risiko-Management werden Sie welche Variante eines Risiko-Managements antreffen?

   a) Explizites einfaches Risiko-Management, das wenigen Mitarbeitenden und Führungspersonen bekannt ist.

   b) Explizites, in das Führungssystem und den Strategieprozess des Unternehmens integriertes Risiko-Management, das unternehmensweit kommuniziert ist.

6. Kann die Unternehmens-Strategie verabschiedet werden, ohne die Vorlage der strategischen Aktionen der Ressourcen-Strategien (z.B. IT-Strategie) und ohne eine entsprechende Risiko-Analyse?

   Begründen Sie.

13 Geschäftskontinuitäts-Management und IT-Notfall-Planung

Bedeutung Geschäftskontinuität

Aus der ganzheitlichen Sicht der Unternehmens-Risiken, aus der dieses Buch geschrieben ist, kommt der Geschäftskontinuität (Business Continuity) eine hohe Bedeutung zu. In vielen Unternehmen ist die Geschäftskontinuität in einem solchen Mass von den IT-Systemen und Informations-Ressourcen abhängig, dass bei Ausfällen der IT auch die gesamten Geschäftsprozesse zum Erliegen kommen.

Geschäftskontinuität gehört zur Corporate Governance

Bevor wir zur Behandlung der IT-Kontinuiät im einzelnen gelangen, gehen wir auf das übergeordnete Management der Geschäftskontinuität und deren notwendigen Planungsaspekte ein. Das Management der Geschäftskontinuität ist eine „Schlüsselaufgabe" der Unternehmensführung und gehört zu einer guten Corporate Governance.

Unter dem englischen Bergriff des „Business Continuity Management" (BCM) wird heute ein Management-System verstanden, das ähnlich dem Qualitäts-Management-System oder dem Informations-Sicherheits-Management-System die Geschäftskontinuität in einem „PDCA-Zyklus" effektiv und nachhaltig steuert.

BS25999-1 und BS25999-2

Die englische Standardisierungsorganisation „British Standards Institution" hat deshalb einen Standard mit dem Titel „Business continuity management" herausgegeben, der sich in zwei Teilen präsentiert: Der erste Teil (BS25999-1:2006 [Buco06]) enthält einen „Code of practice" für das Business Continuity Management und der zweite Teil (BS25999-2:2007 [Busp07]) die „Specification" auf der Basis eines „PDCA-Zyklus" (Plan-Do-Check-Act). Mit dem PDCA-Zyklus wird insbesondere der Aktualiät und der Nachhaltigkeit bei der Geschäftkontinuitäts-Vorsorge Rechnung getragen, da in geplanten Zeitintervallen die Vorkehrungen überprüft, geübt und den aktuellen Umständen angepasst werden müssen.

Planungsgebiete

Wenngleich der Geschäftskontinuitäts-Prozess als ein Management-Prozess verstanden wird, der weit über das alleinige Festlegen von Plänen hinausreicht, unterteilen wir das Geschäftskontinuitäts-Management im Folgenden in einzelne Planungsgebiete, aus denen entsprechende Pläne resultieren [Nisc02]. Einzelne Pläne sind es vor allem deshalb, weil deren Erstellung, Unterhalt sowie deren Einsatz im Notfall unterschiedliche Expertisen und Fertigkeiten bedürfen (z.B. Geschäftskompetenzen, organisatorische und bauliche Expertisen sowie Kenntnisse und Fertigkeiten der IT). Diese Pläne werden meist in der Form von „Handbüchern" und „Richtlinien-Dokumenten" für den eventuellen Notfall-Einsatz, aber auch für die periodischen Übungs- und Testaktivitäten vorbereitet.

Koordinierung und Abstimmung der Pläne

Für ein möglichst wirksames Geschäftskontinuitäts-Management müssen die einzelnen Pläne koordiniert und aufeinander abgestimmt sein. Dabei ist nicht nur die Integration der einzelnen Kontinuitäts-Pläne untereinander, sondern auch die Integration mit anderen Managementsystemen (z.B. dem Informations-Sicherheits-Managementsystems oder des Service-Managements) als vorteilhaft anzusehen.

13.1   Einzelpläne zur Unterstützung der Geschäftskontinuität

Die Aufteilung in einzelne Planungsgebiete ist weitgehend durch die Art des Unternehmens geprägt. Demzufolge ist die nachfolgend in den Abschnitten 13.1.1 bis 13.1.6 vorgestellte Aufteilung in Einzelpläne beispielhaft zu verstehen [Nisc02]. In den Abschnitten 13.2 und 13.3 werden sodann die zur Geschäftskontinuität gehörenden Prozesse mit Schwergewicht auf die IT-Aktivitäten und -Funktionen näher behandelt.

Präventive Handlungen

Bemerkenswert ist, dass in einem integrierten „Business Continuity Management" einige Pläne (z.B. Vulnerability- und Incident[*]-Management) bereits bei Ereignissen ohne Schadensfolgen (z.B. bekanntgewordene Vulnerability) entsprechend eingeübte präventive Handlungen erfordern. Ein effektives Business Continuity Management muss dehalb auch der Prävention genügend Beachtung und Ressourcen einräumen!

---

[*]   Der englische Business Continuity Standard BS 25999-2:2007 [Busp07] definiert ein "incident" als eine "situation that might be, or could lead to, a business disruption, loss, emergency or crisis."

Als Reaktionen auf ein real eingetretenes Schadensereignis sind die Aktionen,

- Notfall-Reaktion,
- Kontinuitätssicherung und
- Wiederherstellung Normalbetrieb

zu unterscheiden (s. Abbildung 13.1).

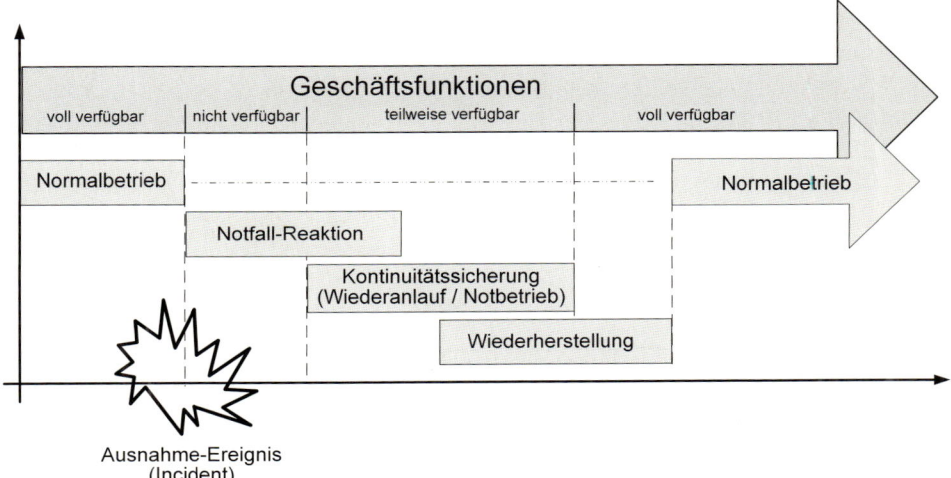

Abbildung 13.1: Aktionen-Ablauf im Ereignisfall.

13.1.1 Geschäftskontinuitäts-Plan (Business Continuity Plan)

Aufrechterhaltung der Geschäftsfunktionen

Dieser Plan ist auf eine nachhaltige Aufrechterhaltung der Geschäftsfunktionen eines Unternehmens fokussiert. Darin enthalten sind auch Massnahmen zur Aufrechterhaltung kritischer Geschäfts-Prozesse während einer Katastrophe, eines Notfalls oder einer Ausfallsituation. Für einzelne Geschäftsfunktionen können separate Geschäftskontinuitäts-Pläne aufgesetzt werden oder es kann für alle wichtigen Geschäftsprozesse (Key Business Processes) auch ein einziger gemeinsamer Geschäftskontinuitäts-Plan erstellt werden. Dies hängt von der Art des Unternehmens und seinen Geschäftsprozessen ab.

Geschäftswiedererlangungs-Plan

Für den Fall, dass infolge einer Katastrophe das Geschäft an einem anderen Ort mit einer anderen Infrastruktur und anderen Ressourcen weitergeführt werden soll, wird manchmal neben dem Geschäftskontinuitäts-Plan ein separater sog. Geschäftswiedererlangungs-Plan (Business Recovery Plan) erstellt und unterhalten.

Der Plan zur Sicherstellung der IT-Kontinuität wird dort mit dem Geschäftskontinuitäts-Plan verknüpft, wo die IT die Geschäftfunktionen unterstützen muss.

Verknüpfung untergeordneter Pläne

Mit dem übergeordneten Plan für die Geschäftskontinuität werden weitere untergeordnete Pläne verknüpft, die im Folgenden kurz erläutert werden. Bei der Ausarbeitung und Überarbeitung eines Geschäftskontinuitäts-Plans müssen die Anforderungen und Ergebnisse der untergeordneten Pläne berücksichtigt werden.

Für den zielgerichteten Einsatz der einzelnen Pläne wird eine für das Unternehmen charakteristische Einstufung der Schadensszenarien vorgenommen. Die Tabelle 13.1 zeigt beispielhaft eine solche Einstufung.

Tabelle 13.1:   Beispiel einer Szenarieneinstufung

Stufe	Beispielszenario	Eskalation	Stressbedingung
7	Gebiet/Region grossflächig ausgefallen	Katastrophe	Katastrophaler Verlust
6	Betriebswichtiges Gebäude samt Personen ausgefallen		(Linderung durch Kontinuitätsmanagement)
5	Schlüsselpersonen oder grössere Personengruppen ausgefallen	Krise	Unerwarteter Verlust
4	Betriebswichtiges Gebäude ausgefallen		(Berücksichtigung im Rahmen der Risikovorsorge und des Kontinuitätsmanagements)
3	Einzelpersonen ausgefallen	Notfall	Erwarteter Verlust
2	Einzelsysteme ausgefallen		(Im Normalbetrieb und unter laufenden Kosten zu berücksichtigen)
1	Incident mit lediglich Schadenspotential oder geringer Schadensfolge	Kritischer Zustand	

13.1.2   Betriebskontinuitäts-Plan (Continuity of Operations Plan)

Andere Standorte/ Personen

Der Betriebskontinuitäts-Plan (COOP) beinhaltet die Vorkehrungen für die Wiedererlangung der wichtigsten Betriebsfunktionen[*] für eine begrenzte Zeit an einem anderen Standort (z.B. bei einer Partnerfirma) bis zum Normalbetrieb zurückgekehrt werden kann. Darin enthalten sind organisatorische Regelungen, wie Verantwortlichkeitszuweisungen und Nachfolgeregelungen sowie die Vorkehrungen für die Auslagerung lebenswichtiger Informationen. Nicht notwendigerweise darin enthalten sind die IT-Prozesse, die in einem eigenen IT-Notfall-Plan (s. Abschnitt 13.1.4) behandelt werden.

13.1.3   Ausweichplan (Disaster Recovery Plan)

Kein Betrieb in "normaler" Umgebung möglich

Dieser Plan kommt dann zur Ausführung, wenn durch ein katastrophales Ereignis, wie Brand im Hauptgebäude, die Geschäftsprozesse mit ihren Support- und Infrastruktureinrichtungen (z.B. IT-Systeme, Rechenzentrumsgebäude) über eine längere Zeitdauer ganz ausgefallen sind und/oder nicht in ihrer normalen Funktion betrieben werden können. Der Plan beschreibt beispielsweise, wie der Betrieb auf eine Ausweichs-Infrastruktur ausgelagert und von dort betrieben werden kann.

Ungleich dem Geschäftskontinuitäts-Plan enthält dieser Plan keine Massnahmen für die (allenfalls minimale) Aufrechterhaltung von kritischen Geschäftsprozessen während der Katastrophensituation. Deshalb sollte er in geeigneter Weise mit dem Geschäftskontinuitätsplan, der diesem Umstand Rechnung trägt, verknüpft sein. Der Ausweichplan ist oft auf katastrophale Ausfälle der IT-Systeme und -Prozesse fokussiert, kann aber auch die Betriebswiederlangungs-Prozeduren für andere wichtige Produktionseinrichtungen (z.B. Notbetrieb für Produktionsmaschinen) beinhalten. Nicht enthalten im Ausweichplan sind kleinere Ausfälle oder präventive Aktionen, wie sie im IT-Notfall-Plan (s. Abschnitt 13.1.4) vorgesehen sind.

---

[*]   Im Unterschied zum zuvor erwähnten Plan für die Geschäftskontinuität werden mit diesem Plan lediglich die wichtigsten Betriebsfunktionen eines Unternehmens (z.B. eines Hauptsitzes) sichergestellt. Gemäss dem „Federal Preparedness Circular, FPC 65" muss jede Regierungsstellestelle in den USA einen solchen Plan eingerichtet haben.

13.1.4   IT-Notfall-Plan (IT Contingency Plan)

*Wiederherstellung
und Aufrecht-
erhaltung der IT-
Prozesse*

Der IT-Notfall-Plan adressiert in erster Linie Störungen und Ausfälle von IT-Systemen, die sowohl der direkten als auch der indirekten Unterstützung der Geschäftsprozesse dienen.[*] Die verschiedenen Supportprozesse und IT-Systeme sind entsprechend ihrem Einfluss auf die kritischen Geschäftsprozesse und deren Priorisierung in den IT-Notfall-Plan einzubeziehen. Der IT-Notfall-Plan ist deshalb stark mit dem Geschäftskontinuitäts-Plan verknüpft. Er enthält neben den Massnahmen zur Wiederherstellung der IT-Funktionen auch die allenfalls notwendigen IT-Support-Massnahmen zur Aufrechterhaltung der Geschäftsprozesse während einer Störung oder einem Ausfall. Im Gegensatz zu dem zuvor behandelten Ausweichplan werden im IT-Notfall-Plan auch die für die Geschäftskontinuität ohne Schadensfolge verlaufenden Problemsituationen sowie die Ereignisse mit (noch) geringen Schadensauswirkungen behandelt. Für „unerwartete" oder „katastrophale" Ausfallereignisse wird der IT-Notfall-Plan mit dem Ausweichplan verknüpft.

13.1.5   Vulnerability- und Incident Response Plan

Neben den unbeabsichtigten Fehlfunktionen der IT-Prozesse sind vermehrt bösartige Angriffe (gezielt oder ungezielt) auf Software (z.B. Windows) zu grossen operationellen Risiken der Unternehmen geworden. Die Angreifer benutzen meist Internet-Applikationen (z.B. Web oder Mail), um auf die zu schädigenden Systeme und deren Informationen zu gelangen. „Als Einschleusungs-Kanäle" von „bösartigem Code" dienen aber nicht nur Verbindungen ins Internet, sondern auch Datenträger, wie CDs und Memory Sticks.

---

[*]   Die direkten Supportsysteme unterstützen in Form von Geschäftsapplikationen direkt einen Geschäftsprozess. Die indirekten Supportsysteme (z.B. Büro-Automation, Administration, Buchhaltung, Dokumentenarchivierung) unterstützen mit entsprechenden Applikationen alle Prozesse, einschliesslich der direkten Support-Prozesse. Ebenfalls dient die IT-Infrastruktur (z.B. Server, Speichereinheiten, Informationennetze) sowohl den direkten als auch den indirekten Supportprozessen.

Fehlerfunktionen, Attacken und Vulnerabilities

Der „Vulnerability- und Incident Response Plan" schliesst sowohl die Ereignisse aufgrund von bekannt gewordenen Schwachstellen (Vulnerabilities), als auch Fehlerfunktionen und „Attacken" (z.B. Hacking, Viren, Würmer, Trojanische Pferde, Denial of Service-Attacken) ein. Dieser Plan enthält beispielsweise Gegenmassnahmen, Eskalationskriterien, Kommunikations-, und Dokumentations-Vorgaben und operiert sowohl in der präventiven Phase, als auch in der akuten Phase eines Ausnahme-Ereignisses. Die Kombination des Vulnerability- und Incident-Managements in einem gemeinsamen Plan bietet sich aufgrund der vielfach überlappenden Fach-Expertisen in diesen Gebieten an; sie ist zudem zweckmässig, da die präventiven Massnahmen zur Behebung der Vulnerabilities (z. B. Patching) meist unvorhergesehen und sofort durchgeführt werden müssen.

Die Kombination in einem Plan muss natürlich den unterschiedlichen Prozesszielen des Vulnerability-Managements und des Incident Managements in korrekter Weise Rechnung tragen.

13.2 Business Continuity Mangement im Risk Management

Schlüssel-Geschäftsziele

Die Geschäftskontinuität (Business Continuity) gehört in vielen Unternehmen zu den lebenswichtigen Faktoren, da die Schlüssel-Geschäftsziele während und nach einer Betriebsunterbrechung weiterhin aufrecht erhalten werden müssen.

Geschäftskontinuität als Risiko-Ziele

Somit geht die Geschäftskontinuität als Ziel (Risiko-Ziel) in die strategischen Zielsetzungen eines Unternehmens ein: Z.B.

a) Ausfälle von Geschäftsfunktionen bei Notfall-Ereignissen (z.B. Stromausfall) dürfen nicht länger als 1 Std. andauern.

b) Ausfälle von Geschäftsfunktionen aufgrund katastrophaler Ereignisse (z.B. Erdbeben, Brände, Überschwemmungen) dürfen nicht länger als 24 h andauern bis der Geschäftsbetrieb (mit allenfalls geringerer Leistung) fortgesetzt werden kann.

Das Geschäftskontinuitätsmanagement kann als wichtiger Subprozess des Unternehmens-Risiko-Managements mit eigener „Busines-Impact-Analyse" betrachtet werden.

Der Prozess des Geschäftskontinuitätsmanagements muss vor allem folgende Punkte berücksichtigen (vgl. [Anhb04]):

• Den unternehmensspezifischen Kontext, innerhalb welchem die Geschäftskontinuität sichergestellt werden muss.

- Die Untersuchung der Kontinuitäts-Risiken und die Verletzlichkeit des Unternehmens sowie die möglichen Szenarien, die zu Kontinuitäts-Risiken führen.

- Die Identifikation vorhandener Ressourcen und Infrastruktureinrichtungen, die im Normalbetrieb notwendig sind, um die kritischen Funktionen und Prozesse zu unterstützen.

- Die Identifikation der Schutzobjekte (Business Funktionen, Prozesse, Infrastrukturen, Informationen und Personen), die für die Kontinuität der Geschäftsprozesse im Sinne einer akzeptablen Betriebs-Fortführung geschützt werden müssen.

- Die Kriterien für die Auslösung von Sofortmassnahmen, Kontinuitäts- und Wiedererlangungshandlungen.

- Ein geplantes Vorgehen, wie die Funktionstüchtigkeit der getroffenen Massnahmen überprüft und an den aktuellen Erfordernissen ausgerichtet werden kann.

- Die Bestimmung der Kommunikations-Anforderungen, der Kommunikationsmethoden und -Kanäle vor, während und nach einer Betriebsunterbrechung.

Geschäftskontinuitäts-Planung im Unternehmens-RM-Prozess

Die Geschäftskontinuitäts-Planung ist für die Erreichung der Geschäftsziele unerlässlich und somit ein Sub-Prozess des integrierten Unternehmens-Risiko-Management-Prozesses (s. Abbildungen 12.3 und 13.2). Er ist ein spezieller Risiko-Management-Prozess, der eng auf die Anforderungen der Geschäftskontinuität für den Fall von Notfall- oder Katastrophen-Ereignissen fokussiert ist. Im Folgenden wird dieser Prozess, wie er sich aus der Überlagerung des australisch-neuseeländischen Handbuches HB 221:2004 mit dem britischen Standard BS 25999-x im Wesentlichen ergibt, behandelt.

Die Hauptschritte des Kontinuitäts-Prozesses sind:

1) Start Geschäftskontinuitäts-Prozess

2) Kontinuitäts-Analyse

3) Massnahmen-Strategien

4) Notfall-Reaktionen und Pläne

5) Tests, Übungen und Plan-Unterhalt

6) Kontinuitäts-Überwachung, -Überprüfung und -Reporting

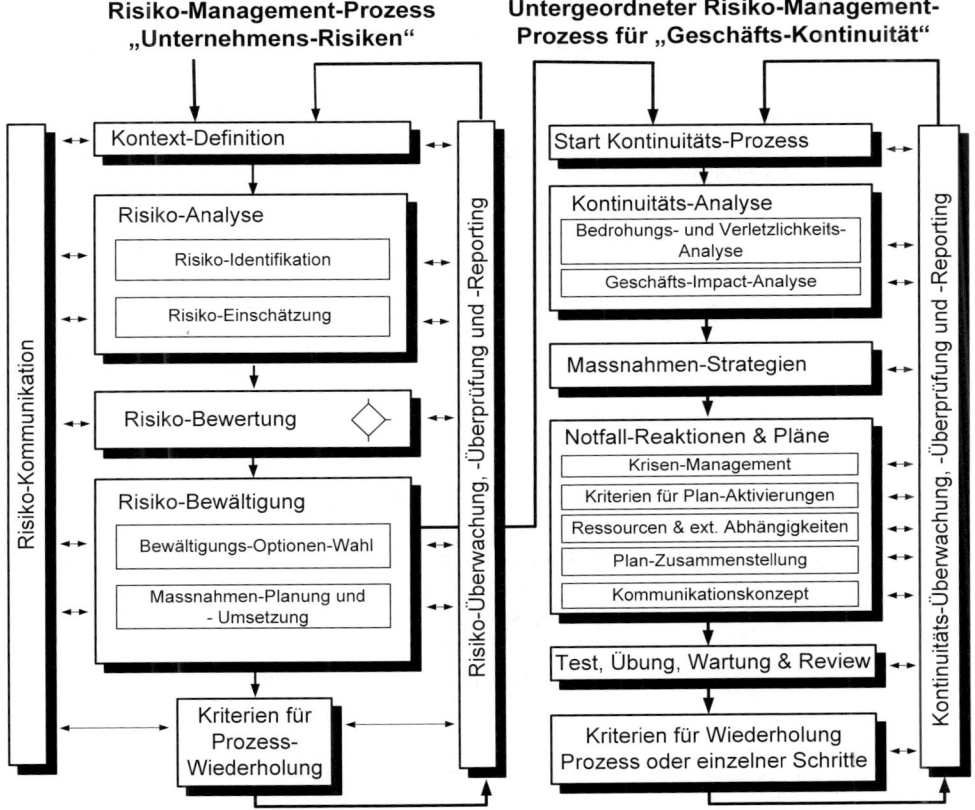

Abbildung 13.2: Geschäftskontinuitäts-Prozess als untergeordneter RM-Prozess (vgl. [Anhb04], [Onno08] und [Buco06])

13.2.1   Start Gechäftskontinuitäts-Prozess

Mit diesem Prozessschritt wird der Rahmen für das Kontinuitäts-mangement und ein allenfalls dafür eröffnetes Projekt abgesteckt. Im Weiteren werden sämtliche für den Prozess wichtigen allge-meingültigen Definitionen und Voraussetzungen festgelegt.

Festlegung einer Geschäftskontinuitäts-Politik:

- Angabe der Verküpfungen mit dem Strategieprozess: z.B. Geschäftsziele, abgeleitete Ziele und Grundsätze für die Ge-schäftskontinuität, Kritische Erfolgsfaktoren, Key-Goal-Indikatoren sowie Key-Performance-Indikatoren

- Definition des Einsatz- und Geltungsbereichs (einschliesslich Abgrenzungen und Restriktionen)

- Aktiver Einbezug des Top-Managements und Erlass der Politik durch den Verwaltungsrat

- Organisatorische Einbettung (Governance)

- Festlegung der im Prozess wahrzunehmenden Hauptaufgaben, Verantwortlichkeiten und Kompetenzen

- Geographische Standorte

- Angabe der Anspruchsgruppen (Kunden, Mitarbeiter, Aktionäre, Lieferanten), die vom Prozess abhängig und in die Kommunikation einzubeziehen sind

- Kriterien für Politiküberprüfung und –überarbeitung

- Hinweise auf Dokumentationsrichtlinien (z.B. für Politik, Risiko-Analysen, Übungsaufgebote, Handbücher, Konfigurationspläne, Dokumentklassifikation)

- Hinweise für Bewusstseinsbildung und Kommunikation mit den Mitarbeitenden und Partnern

Festlegung eines Geschäftskontinuitäts-Projekts:

- Projektziele und Projektinhalte

- Projektstrukturierung (allenfalls Teilprojekte)

- Zeitlich abgestufte Lieferobjekte

- Projektorganisation

- Zeit- und Kostenplanungen

- Projektreporting, -review und -steuerung, dabei aktiver Einbezug des Top-Managements berücksichtigen

13.2.2   Kontinuitäts-Analyse

Bei diesem Prozessschritt geht es vor allem um die Analyse des Unternehmens, seiner Schlüsselprodukte- und -Dienstleistungen sowie deren Anforderungen an die kritischen Ressourcen und Aktivitäten hinsichtlich Kontinuität. Damit soll erreicht werden, dass die Vorkehrungen und Massnahmen für die Geschäftskontinuität an den Zielen des Unternehmens und dessen Verpflichtungen ausgerichtet sind.

Bedrohungs- und Verletzlichkeits-Analyse

- Priorisierung der Kontinuitäts-Risiken aus dem übergeordneten Unternehmens-Risiko-Managment-Prozess

- Durchführung spezifischer Analysen des Unternehmens und seines Umfeldes bezüglich möglicher Bedrohungen der Kontinuität (z.B. Energie-Engpässe, Telekom-Unterbrechungen, Sabotagen, Seuchen, Feuer)

- Aufsuchen der Verletzlichkeiten, Schwachstellen und Abhängigkeiten in den kritischen Geschäftsprozessen

- Untersuchung der Abhängigkeit der Geschäfts-Prozesse von Support-Prozessen (z.B. IT-Prozesse, Liefer- und Transportprozesse) und deren Verletzlichkeiten

Geschäfts-Impact-Analyse*

- Identifikation der kritischen Geschäftsfunktionen, Prozesse und Aktivitäten, welche die wichtigen Geschäftsziele (Key Goals) unterstützen. Eine „Prozesskarte", welche die Verknüpfung der verschiedenen Prozesse (einschliesslich der Support-Prozesse) aufzeigt, ist dafür ein nützliches Hilfmittel.

- Aufzeigen der für eine minimale Aufrechterhaltung der kritischen Geschäftsfunktionen notwendigen Ressourcen, z.B.:

  o Personal

  o Informationen, Daten und IT-Infrastruktur

  o Büro- und Spezialarbeitsgeräte

  o Räume, Infrastruktur und Versorgungseinrichtungen

  o Interne Schnittstellen (z.B. Verbindungen zu anderen Geschäfts- oder Supporteinheiten)

  o Externe Schnittstellen (z.B. Lieferanten, Kunden, Vertragspartner, Regulatoren)

  o Lagerbestände

- Bestimmung von Art und Höhe der Geschäfts-Impacts (finanziell, operationell und strategisch) für den Ausfall einer jeden kritischen Geschäftsfunktion für verschiedene Unterbrechungszeiten (z.B. 4h, 8h, 12h, 18h, 24h, 48h). Dazu kom-

---

*   Business Impact Analysis (BIA)

men Zeitaufwand, Kosten und Ressourcen für die Aufarbeitung der aufgestauten Aktivitäten (Backlogs).

- Bestimmung der maximal akzeptierbaren Ausfalldauer (MTPD=Maximum Tolerable Period of Disruption oder auch MAO=Maximum Acceptable Outage). Die Lebensfähigkeit des Unternehmens ist unwiderruflich bedroht, wenn innerhalb dieser Zeit die Produkte- oder Dienstleistungslieferung nicht wiedererlangt wird. Die maximal akzeptierbaren Schäden (Impacts) werden oft im Verhältnis zum Betriebserfolg vor Abschreibung (EBITDA) eines Unternehmens angegeben.

- Ausgehend von den ermittelten MTPD-Zeiten und der analysierten Impacts werden für jede kritische Geschäftsfunktion (resp. jeden kritischen Geschäftsprozess) die maximalen Soll-Zeiten sowie die Prioritäten für

  o Wiederanlauf[*] und

  o Wiederherstellung[†]

sowie die Soll-Zeit der

  o maximal möglichen Notbetriebsdauer[‡]

definiert.

Als Grundlage für die im nächsten Schritt zu definierenden Massnahmenstrategien werden sodann die zu den Soll-Zeiten korrespondierenden Ist-Zeiten analysiert ([Röss05], S. 491-492).

- Bei IT-Systemen und Daten ist auch der maximal tolerierbare Datenverlust RPO (Recovery Point Objective) zu analysieren, für dessen Dauer zu beachten ist, dass Daten bereits vor dem Ausfallzeitpunkt inkonsistent (unbrauchbar) sein können ([Mose02], S. 40-41).

- Untersuchung der bereits vorhandenen Umgehungsmassnahmen (Workarounds).

---

[*] Wird auch als "RTO = Recovery Time Objective" bezeichnet. Diese Dauer liegt unter der MTPD-Zeit.

[†] Nach dieser Zeit wird aus dem Notbetrieb wieder in den Normalbetrieb zurückgekehrt.

[‡] Die maximal mögliche Notbetriebsdauer muss den maximalen Zeitpunkt zur Wiederherstellung überschreiten (Beispiel: Kraftstoffvorrat für Notstromdiesel).

Definition der Kontinuitäts-Anforderungen

Aus den Bedrohungs- und Verletzlichkeits-Analyse sowie aus der Geschäfts-Impact-Analyse werden die Anforderungen für die Kontinuitäts-Sicherstellung abgeleitet.

Generell gelten beim Kontinuitäts-Management wie beim Risiko-Management für jede kritische Geschäftsfunktion (Schlüssel-Produkt oder -Dienstleistung) die folgenden Risiko-Bewältigungs-Optionen:

- akzeptieren, d.h. das Ausfallrisiko bewusst tragen
- transferieren (z.B. Versicherungen, Verträge)
- vermeiden
- reduzieren

Bei der Option „reduzieren" soll möglichst ein Optimum durch Reduktion

- der Häufigkeit,
- der Unterbrechungsdauer und/oder
- des Schadens

erreicht werden.

13.2.3 Massnahmen-Strategien

Die Massnahmen für die Erfüllung der Anforderungen an die Geschäftskontinuität eines Unternehmens können aufwändig und einschneidend sein. Zur Erreichung der Kontinuitätsziele bestehen jedoch meist mehrere Möglichkeiten, die sich bezüglich Aufwand und Eignung in einem Unternehmen stark unterscheiden können. Der sorgfältigen Abwägung und Auswahl der geeigneten Massnahmen in der Form von Prozessen, Aktivitäten und Ressourcen kommt deshalb grosse Bedeutung zu. Die grundlegenden Strategien für die Erhaltung, Wiederlangung und -herstellung der Geschäftskontinuität müssen festgelegt werden, bevor die Pläne und Vorgehensweisen im Detail ausgearbeitet werden können.

Die im konkreten Fall zu wählenden Strategien hängen von folgenden Faktoren ab:

- Anforderungen aus Kontinuitäts-Analyse, z.B. maximal tolerierbare Unterbrechungsdauer (MTPD=Maximum Tolerable Period of Disruption),
- Aufwand und Kosten,

- betriebliche Konsequenzen für den Normalbetrieb und den Ereignisfall.

Nachfolgende Tabelle 13.2 zeigt Beispiele von Themen innerhalb einzelner Ressourcen-Gruppen, aus denen geeignete Strategien ausgewählt werden können.

Tabelle 13.2:   Strategie-Themen von Ressourcen-Gruppen

Ressourcen-Gruppen	Themen-Beispiele für strategische Optionen
Personal	- Zuordnung der Kernkompetenzen auf unterschiedliche Personen zur Vermeidung von „Klumpenrisiken"; - Fähigkeiten und Ausbildung für den Normalbetrieb und den Ereignisfall; - Einsatz externer Kräfte im Ereignisfall.
Gebäude / Lokationen	- Ausweichstandorte und Distanzen; - Ausweichstandorte bei anderen Unternehmen; - Personaleinsatz in Heimarbeit; - Personalbereitschaft an Ausweichstandort.
Technologie	- Unterhalt redundanter Technologie am Ausweichstandort („heisser" oder „kalter" Back-up); - Redundante Telecom-Verbindungen; - Prozesssteuerung via „Remote-Access"; - Automatisierte Back-up-Umschaltung;
Informationen	- Angemessene Vertraulichkeit, Integrität und Verfügbarkeit von kritischen Prozessen und Aktivitäten; - Strategien für die Wiederherstellung von verlorenen oder verfälschten Informationen.
Zulieferung und Versorgung	- Reserve-Lagerhaltung an mehreren Standorten; - Lieferung durch Ausweich-Lieferanten; - Verträge und SLAs mit Notfallklausel; - Alternative Versorgungskanäle.
Anspruchsgruppen	- Berücksichtigung der Interessen von wichtigen „Stakeholders" (z.B. Kunden); - Ärtzliche/psychologische Betreuung.
Offizielle Krisen- und Notfallorganisationen	- Vertrautheit/Vorgehensplanung/Meldwesen mit ext. Krisenmanagement, Feuerwehr, Polizei, Ambulanz.

13.2.4   Notfall-Reaktionen und Pläne

Nach der Definition der Massnahmenstrategien folgt nun im „BCM-Lebenszyklus" die Phase der Entwicklung geeigneter Reaktionen und Pläne für ein mögliches „Incident" (s. Abbildung 13.3).

Die Definition eines Incidents im Zusammenhang mit dem Geschäftskontinuitäts-Management lautet [Buco06]:

Incident

> Ein „Incident" ist eine Situation, welche zu einer Geschäftsunterbrechung, zu einem Verlust, Notfall oder einer Krise führen kann oder könnte.

Das schnelle und folgerichtige Handeln beim Eintritt eines Incidents ist nach Möglichkeit vorzubereiten. Wie bereits erwähnt, kann ein Incident sowohl schadensminimierende als auch lediglich präventive Aktionen erforderlich machen.

13.2.4.1   Krisenmanagement

Sprechen die Anzeichen eines Incidents für den Einsatz von präventiven Massnahmen oder ist eine Schadenssituation in lediglich geringfügigem Ausmass eingetreten, dann wird diese unterste Eskalationsstufe als „**kritischer Zustand**" bezeichnet. Hingegen wird der Begriff „**Notfall**" verwendet, wenn ein Zustand erreicht wird, bei dem ein Prozess in seiner normalen Funktionsweise innerhalb einer definierten Zeit nicht wiedererlangt werden kann. Entsprechend der häufig verwendeten Terminologie werden Ereignisse, die bei einzelnen Geschäftsprozessen mit beachtlichen Schäden einhergehen als „**Krisen**" bezeichnet. Die Ereignisse der höchsten Eskalationsstufe, bei denen Schadenauswirkungen bei mehreren oder allen Geschäftsprozessen auftreten, werden als „**Katastrophen**" definiert. Entsprechend solcher Eskalationsstufen (s. Tabelle 13.1) wird auch das entsprechende „Führungsgremium" einberufen, das sich mit dem Ereignis zu befassen hat.

Führungs-
Gremien

Häufig anzutreffende Bezeichnungen für Gremien, die sich mit der Bewältigung eines bestimmten Ausnahmezustands zu befassen haben, sind die Begriffe „Notfallstab", „Krisenstab" oder „Katastrophenstab".

Alarmierungs-
verfahren

Die Einberufung eines derartigen Gremiums erfolgt durch ein **Alarmierungsverfahren**, das nach vorgegebenen Regeln mit vorbestimmten Kommunikationseinrichtungen (z.B. Telefon, Pager, Lautsprecher-Durchsagen) verläuft und oft in einen „**Incident-Management-Prozess**" eingebettet ist.

Beim Eintritt einer Ausnahmesituation gilt es, anhand der vorbereiteten Pläne und möglichen Massnahmen-Optionen, das für die Bewältigung optimale Vorgehen zu entscheiden.

Führungs-
rhythmus

Das Führen des für die Ausnahmesituation im Voraus nominierten Gremiums[*] (Notfallstab, Krisenstab oder Katatrophenstab) erfolgt nach einem für derart zeitkritische Führungssituationen definierten Prozess, dem sogenannten „**Führungsrhythmus**".

Protokollierung
Einzelschritte

Das für alle Gremiumsmitglieder sichtbare Protokollieren der Einzelschritte (z.B. mit Flip-Chart, Beamer oder Hellraumprojektor) ist bei komplexen Entscheidungssituationen unverzichtbar. Bei allen Aktivitäten, die durch diesen Prozess ausgelöst werden, ist die Zeit zu registrieren, budgetieren und zu kontrollieren.

Schritte des Führungsrhythmus:

1. Problemerfassung
2. Sofortmassnahmen
3. Beurteilung der Lage
4. Entschluss
5. Auftrag
6. Umsetzungssteuerung / Überwachung

Schritt 1: Problemerfassung

Um beim Auftritt eines Ausnahmezustands bestimmen zu können, welche Sofortmassnahmen und welche Pläne in welcher Form zum Einsatz gelangen sollen, sind durch das aufgebotene Gremium, wir bezeichnen es im weiteren als Krisenstab, die Problemerfassung an allererster Stelle durchzuführen. Diese erste Aufgabe besteht darin, sich ein Bild über das eingetretene Ereignis zu verschaffen und eine erste Lagebeurteilung durchzufüh-

---

[*] Entsprechend der Organisationsstruktur des Unternehmens können für verschieden Problemkategorien verschiedene Gremien definiert sein, die hierarchisch aufeinander abgestimmt und geführt werden. Es können auch dieselben Gremien entsprechend der Führungsanforderungen personell modifiziert werden.

ren. Die für die Problemerfassung zu beantwortenden Fragen sollten womöglichst anhand einer Checkliste vorgängig eingeübt sein:

Checkliste Problemerfassung und Lagebeurteilung

☐ Was ist geschehen und wer ist betroffen?

☐ Schäden an Leib und Leben?

☐ Betroffene Bereiche, Räumlichkeiten, Einrichtungen?

☐ Betroffene kritische Geschäftprozesse und Auswirkung auf Markt und Kunden?

☐ Betroffene Support-Prozesse und IT-Systeme?

☐ Bestehen Informationsdefizite und wie können diese geschlossen werden?

☐ Haben sich Informationsverluste ergeben?

☐ Grobe Schätzung der Schadensauswirkung und Schadenshöhe?

☐ Wer wurde bereits informiert?

☐ Bereits getroffene Massnahmen?

☐ Ist bereits eine Eskalation an andere oder höhere Notfallinstanzen notwendig?

☐ Gibt es bereits wichtige Hinweise für die Ursachen die zum Ereignis führten?

☐ Mit welcher Unterbrechungsdauer ist zu rechnen?

☐ Besteht das Potential für eine Ausweitung und weitere Schäden?

Schritt 2: Sofortmassnahmen

Aufgrund erster Informationen trifft der Krisenstab die Entscheide für die Beauftragung von Sofortmassnahmen. Solche Sofortmassnahmen sind beispielsweise:

- sofortige Hilfeleistungen;
- weitere notwendige Alarmierungen;
- Massnahmen zur Verhinderung von Schadensausweitungen;
- Anforderung wichtiger Spezialisten, Materialien, Werkzeuge und Transportmittel;
- Einholung wichtiger Informationen;
- Benachrichtigung wichtiger Stakeholder- und Behörden-Instanzen.

Bei den Sofortmassnahmen ist darauf zu achten, dass sie aufgrund des jeweiligen Informationsstands jederzeit möglich sein müssen und dass die später zu treffenden Entschlüsse nicht präjudiziert werden.

Schritt 3: Beurteilung der Lage

Die Lagebeurteilung soll die Grundlagen für die dem Ereignis angemessenen weiteren Entschlüsse liefern. Dafür sind die bereits eingetretenen und die noch zu erwartenden Schäden zu beurteilen. Wichtig sind dabei die Zeitverhältnisse und möglichen Massnahmen zur möglichst effektiven und effizienten Bewältigung sowie zur späteren Rückführung in den Normalzustand. Bereits dieser Schritt erfordert die Darlegung von alternativen Problemlösungen mit ihren Vor- und Nachteilen.

Schritt 4: Entschlüsse

Aufgrund der in der Lagebeurteilung dargestellten Schadensbeurteilungen und Problemlösungen fällt der Krisenstab die zu diesem Zeitpunkt möglichen Entscheide zur Bewältigung des Ausnahmezustands. Die Entschlüsse sollen zielorientiert unter Abwägung der Vor- und Nachteile der relevanten Alternativen gefällt werden. Nach Möglichkeit werden dazu zusätzliche Informationsquellen (z.B. Helpdesk) und die Kommunikation mit internen und externen Instanzen und Stakeholders beigezogen.

Schritt 5: Aufträge

Die Aufträge an die verschiedenen Teams werden durch den Krisenstab mittels einer Aktivitätenenliste verwaltet. Jede Aktivität erhält einen beauftragten Owner einen Ausgabezeitpunkt und ein Zeitbudget sowie einen Berichterstattungszeitpunkt an dem der Fortschritt der Aktivität kontrolliert und abgestimmt werden muss.

Schritt 6: Umsetzungssteuerung / Überwachung

Die Berichterstattungszeitpunkte ermöglichen dem Krisenstab die Kontrolle über den Bewältigungs-Fortschritt und das Fällen weiterer Entschlüsse. Der Führungsrhythmus ist ein Kreislauf-Prozess, der entsprechend der Entwicklung der Situation, iteriert durchlaufen wird. In der Regel liegt der wiederholte Einstieg in den Führungskreislauf bei der „Beurteilung der Lage".

13.2.4.2   **Kriterien für Plan-Aktivierungen**

Die Pläne enthalten für grundlegende Szenarien sozusagen die vorgefertigten Rezepte und Massnahmenkonstellationen (Dispositive) für eine effektive und effiziente Problembewältigung. Die Pläne werden nach einem Ereigniseintritt aufgrund bestimmter Kriterien aktiviert. Solche Kriterien sind im Voraus festzulegen (s. Checkliste) und sind beispielsweise:

Kriterien

- o   Ereignisart (z.B. Comuterviren, Gebäudebrand, Stromausfall, Bombendrohung)

- o   Gefährdung von Menschen

- o   Schadensausmass für Gebäude und Einrichtungen

- o   Kritikalität für kritische Geschäftsprozesse

- o   Voraussichtliche Dauer der Störung oder Unterbrechung

Bei einem Notfall sind generell die Phasen „Notfall-Reaktion", „Kontinuitäts-Erhalt" und „Wiederherstellung" zu unterscheiden (s. Abbildung 13.1). Einige der in einer Notfallsituation[*] einzusetzenden Pläne sind im Abschnitt 13.1 bereits kurz erläutert. Schon beim Eintritt eines Ereignisses, in dessen Folge ein Notfall entstehen könnte, sind Massnahmen zu ergreifen, die zur Schadensverhinderung oder -reduzierung führen.

Plan-
Aktivierungen

Entsprechend der Ausnahmesituation und der Phase in der sich der Ausnahmezustand befindet, wird der entsprechende Plan aktiviert:

> ➪   **Plan-Aktivierung:**
>
> - ● Betrifft die Ausnahmesituation die IT-Prozesse, dann kommt der **IT-Notfall-Plan** zum Einsatz.
>
> - ● Sind bei einer Ausnahmesituation auch kritische Geschäftsprozesse über ein festgelegtes Zeitlimit hinaus betroffen, dann kommen der **„Geschäftskontiunitäts-Plan"** und der **„Geschäftswiedererlangungs-Plan"** zum Einsatz. Die Aktivierung des Betriebskontinuitätsplans, des Ausweichplans und/oder des IT-Notfall-Plans hängen vom Szenario ab und sind dem Geschäftskontinuitäts-Plan untergeordnet.

---

[*]   Der Begriff „Notfall" wird oft auch für die Eskalationsstufen „Krise" und „Katastrophe" verwendet.

13.2.4.3   ## Ressourcen und externe Abhängigkeiten

Bei der Kontinuitäts-Analyse und den Massnahmen-Strategien wurden bereits wichtige Anforderungen und Ressourcen zur Kontinuitätssicherung festgelegt. In diesem Schritt des BCM-Prozesses werden nun die Ressourcen und externen Abhängigkeiten für den notfallbedingten Einsatz in der Form Listen, Verzeichnissen, Checklisten und Einsatzplänen zusammengestellt.

Zusammenstellung der Ressourcen für den Notfall:

- Lebenswichtige Informationen und Informationenbestände (vital records);

- Kontaktlisten für Notfallorganisation und Mitarbeiter (Adressen, Telefonnummern, usw.);

- Betriebs-Handbücher;

- IT-Notfall-Plan (einschliesslich Wiederanlaufverfahren);

- Lager- und Informationen-Speichereinrichtungen an Ausweichstandorten mit entsprechenden Zugriffsprozeduren (Zweit- und ggf. Drittstandorte);

- Ausweichstandorte (falls erforderlich) für kritische Geschäftsprozesse einschliesslich kritischer Support-Prozesse (z.B. Zentral-Computer, vernetzte IT-Arbeitsplätze);

- Minimale Anzahl notwendiger Mitarbeiter zur Betreuung der notwendigen Prozesse und Funktionen (Auflistung der Mitarbeiter und deren Aufgaben und erforderlichen Fertigkeiten);

- IT-Infrastruktur und Applikationen;

- Telekommunikations-Infrastruktur und –Support;

- Büro- und Spezialgeräte;

- Versorgungs-Infrastruktur (z.B. Wasser, Strom, Entsorgung).

Zusammenstellung der externen Abhängigkeiten:

- Kontaktlisten für Kontaktpersonen innerhalb und ausserhalb der Geschäftszeiten;

- Zu erfüllende Anforderungen der Anspruchsgruppen (z.B. minimaler Service-Level, Verpflichtungen);

- Alternative Situation im Notfall (z.B. andere Postadressen, geänderte Lieferbedingungen);

- Alternative Möglichkeiten zur Vertragserfüllung.

13.2.4.4 **Plan-Zusammenstellung**

Nachdem in den vorangegengen Schritten wichtige Anforderungen und Ressourcen zur Kontinuitätssicherung sowie die Ressourcen rund um den notfallbedingten Einsatz ausgearbeitet wurden, erfolgt in diesem Schritt die Zusammenstellung der Pläne für den konkreten Einsatz. Dieser Schritt kann entweder für jeden kritischen Geschäftsprozess separat oder für alle kritischen Geschäftsprozesse gemeinsam in einem einzigen Geschäftskontinuitäts-Plan durchgeführt werden.

Die Aktivitäten dafür sind:

❑ Koordinierung, Konsolidierung und Dokumentation der Pläne über folgende Inhalte:

- Geschäftsfunktionen, Organisationseinheiten und Standorte;

- Planung der organisatorischen Umsetzung und Inkraftsetzung der Pläne;

- Definition von Zeitvorgaben einzelner Aktivitäten während der Notfallsituation und „vorbehaltener Entscheide"[*] für bestimmte Konstellationen und Massnahmen-Varianten.

❑ Festlegung der Notfallorganisation:

- Definition der Katastrophen-, Notfall- und Krisenstäbe, welche im Ereignisfall für die Abwicklung der Kontinuitätspläne resp. deren Teilpläne verantwortlich sind;

- Festlegung der Funktionen und Rollen einschliesslich der Verantwortlichkeiten und Kompetenzen für das Notfall- und Geschäftskontinuitätsmanagement. Besetzung der Funktionen durch Personen und Stellvertreter;

- Festlegung der Eskalations-Kriterien für die Übergabe der Führungsverantwortlichkeiten und Kompetenzen des Normalbetriebs in die Führungsverantwortlichkeiten und Kompetenzen der Notfall- und Krisenstäbe.

---

[*] „Vorbehaltene Entscheide" gelangen zur Ausführung, sobald die im Notfallplan vorgesehenen Bedingungen erfüllt sind. Ein vorbehaltener Entscheid kann beispielsweise lauten, dass nach vergeblichen Reparatur- und Restart-Versuchen von x Stunden, ohne weitere Rückfragen die Umschaltung auf ein kaltes Backup-System vorgenommen wird.

❏   Festlegung von Krisensitzungs-Räumen mit entsprechenden Sitzungs-Ressourcen (z.B. Konferenz-Telefon, Projektor, Situationspläne);

❏   Verzeichnis der Checklisten, diversen Kontaktlisten (Kunden, Lieferanten und Mitarbeiter);

❏   Festlegung der Informations- und Aufgebots-Hierarchie;

❏   Festlegung der Anlaufstellen für öffentliche Notfallorganisationen (z.B. Polizei, Feuerwehr, Spitäler);

❏   Erstellung der Kontinuitäts- und Notfalldokumentation in mobiler Form und an den diversen Standorten verfügbar. Der Zugriff auf diese Dokumentationen darf nur durch dafür autorisiertes Personal möglich sein. (Die Dokumentation kann in chiffrierter Form auf eine CD gebrannt werden. Die autorisierten Personen erhalten einen Dechiffrier-Schlüssel, sodass sie die Dokumentation mit einem herkömmlichen Notebook dechiffrieren und lesen zu können).

13.2.4.5   Kommunikationskonzept

❏   Festlegung der im Notfall (rep. Katastrophen- oder Störfall) zu erreichenden Informationsempfänger:

- Mitarbeiter und allenfalls ihre Familien-Mitglieder
- Aktionäre
- Verwaltungsratsmitglieder
- Medien (z.B. Presse, Radio und Fernsehen)
- Behörden, kommunale und staatliche Stellen
- Regulatoren
- Kunden, Lieferanten und Vertragspartner
- usw.

❏   Festlegung wie und durch wen informiert wird (z.B. CEO, Public-Relation-Stelle, Personalverantwortliche, Vorgesetzte);

❏   Einschränkungen bezüglich Information (z.B. Bankgeheimnis, Informationenschutz, vertragliche Geheimhaltungsvereinbarungen);

❏   Festlegung, durch welche Stellen die Abgabe von Informationen autorisiert sein muss;

❏   Festlegung der Informationsart an die verschiedenen Empfänger und Vorbereitung von Muster-Texten an die verschiedenen Informations-Empfänger unter Annahme verschiedener Szenarios;

❐   Festlegung und Vorbereitung der Informationskanäle (z.B. Telefon, Anlaufstellen bei Medien, Fax, Hotline, Homepage) und der Kommunikations-Intervalle für die verschiedenen Empfänger.

13.2.5 Tests, Übungen und Plan-Unterhalt

Die Ergebnisse der Tests, Übungen und die Ausrichtung der Kontinuitätsvorkehrungen an den aktuellen Geschäftsanforderungen sind Bestandteil der Kontrollverantwortung der Leitungsorgane (Verwaltungsrat, Geschäftsleitung) eines Unternehmens.

Nachweispflicht   Die Nachweispflicht über die Funktionstüchtigkeit des Kontinuitätsmanagement ersteckt sich jedoch meist noch weiter, indem Auftraggeber, Regulatoren und weitere Anspruchsgruppen periodisch Bericht über die Ergebnisse von realistisch durchgeführten Tests und Übungen verlangen. Viele Unzulänglichkeiten und Fehler treten bei Tests und Übungen, aber auch bei tatsächlich aufgetretenen Ereignissen und Notfällen zutage.

BCM-Kultur   Im Sinne eines kontinuierlichen Verbesserungsprozesses (PDCA-Zyklus) verlangen heutige BCM-Standards (z.B. [Busp07]) die Pflege einer auf die Kontinuitätsziele ausgerichteten Unternehmens-Kultur.

> **Praxistipp:**
>
> Zu einer Kontinuitätskultur der kontinuierlichen Verbesserung gehört u.a., dass Fehler und Mängel zur Ableitung von Lehren (lessons learned) und korrektiven Massnahmen kommuniziert werden.

13.2.5.1 Tests

Wirklichkeitsnahe Tests   Die Pläne müssen mit ihren zugrunde liegenden Prozessen, Systemen und Personen möglichst wirklichkeitsnah getestet werden. Beim Testen wird in erster Linie die Logik des Plans sowie die Funktionstüchtigkeit und Angemessenheit der für den Notfall zur Verfügung stehenden Ressourcen (z.B. Systeme, Einrichtungen, Umschalt- und Ausweichprozesse) überprüft.

Finden von Mängeln und Fehlern   Die Tests dienen dem Auffinden von allfälligen Mängeln und Fehlern in der Logik, der Kapazitäten und der Leistungsfähigkeiten der zur Verfügung stehenden Ressourcen.

Die Tests sollen den aus einzelnen Risiko-Szenarien resultierenden Anforderungen unterworfen werden. Aus den gewonnenen Testresultaten können Schlüsse für die Festlegung von wichtigen Parametern (z.B. Auslegung von Noteinrichtungen, Zeitpunkte der Informationensicherungen) sowie der notwendigen Verbesserungen gezogen werden.

13.2.5.2   Übungsvorbereitungen und -Durchführungen

Vorbereitung auf allfälliges Ereignis

Bei den Übungen geht es in erster Linie um die Vorbereitung der Mitarbeiter, des Managements und vor allem der Mitglieder der am Krisenmanagement beteiligten Gremien und Organisationseinheiten auf ein allfälliges Ereignis.

Lernen und Überprüfen

Sie dienen dem Lernen und der Überprüfung der notwendigen Kenntnisse und Fertigkeiten zur Bewältigung der Notfälle. Aufgrund realistischer Szenarien wird der Ablauf eines Notfalls vom Zeitpunkt des Ereignis-Entritts, über die geänderte Geschäftsweiterführung bis hin zur Wiederherstellung des Normalbetriebs durchgespielt.

Fiktive Situationsbeschreibungen

Für nicht real durchführbare Situationen werden entsprechende Situationen durch Meldungen mit fiktiven Situationsbeschreibungen kommuniziert, worauf von den Übungsteilnehmern entsprechende Entscheide, Anordnungen und Aktionen durchgeführt werden müssen (z.B. Evakuations-Übung aufgrund einer fiktiven Katastrophe).

Die Übungen erfordern eine umfangreiche Vorbereitung:

❑ Ein entsprechechendes Notfallszenario wird mittels eines Drehbuches in eine Übungsabfolge umgesetzt;

❑ Die Steuerung der Abfolge kann durch „Markeure" erfolgen, die zu gegebenen Zeitpunkten fiktive Lagebeschreibungen und Zusatzinformationen an die Übungsteilnehmer abgeben;

❑ Die Aktionen der „Beübten", aufgrund vorgegebener Lagebeschreibungen, wird durch die Übungsleitung beurteilt und bei den auf die einzelnen Übungssequenzen folgenden Übungsbesprechungen im Sinne von Verbesserungshinweisen mit den Übungsteilnehmern besprochen.

Wichtige Übungsziele sind beispielsweise:

☐ Überprüfung und Verbesserung des Führungsverhaltens in Notfall- und Krisensituationen mit zeit- und sachgerechten Entscheidungen;

☐ Stufengerechte Informations- und Verantwortungsübertragung;

☐ Krisenkommunikation gegenüber Anspruchsgruppen und Medien (einschl. Üben von Fernsehauftritten);

☐ Zeitgerechte und angemessene Alarmierungen sowie rechtzeitige Einfindung am vorgegebenen Treffpunkt (z.B. Krisenraum);

☐ Schnelle und reibungslose Evakuationen;

☐ Überprüfung des organisatorischen Ablaufes bei der Notfall- und Krisenbewältigung;

☐ Schaffung eines angemessenen Risiko- und Sicherheitsbewusstseins unter Führungspersonen und Mitarbeitern;

☐ Vertrauensbildung für Anspruchsgruppen Führungspersonen und Mitarbeiter (Anspruchsgruppen sollen, wo sinnvoll und möglich, auch in die Plan-Überprüfungen einbezogen werden).

Wartung und Überprüfung der Kontinuitäts-Vorkehrungen:

Periodische und fallweise Prüfung, Anpassung und Kommunikation

Die Pläne müssen periodisch (z.B. jährlich) überprüft und angepasst werden. Bei signifikanten Veränderungen (z.B. Umzügen, Reorganisationen, Veränderung bei den Geschäfts- oder Supportprozessen) müssen die Pläne entsprechend der Veränderungen der Risiken und Massnahmen-Situationen angepasst werden. Wichtig ist, dass die Änderungen der Pläne, Checklisten und sonstigen Utensilien, in geeigneter Form an die massgeblichen Stellen kommuniziert werden.

Jahresprogramm

Die Entwicklung und Wartung sämtlicher Pläne, Aktivitäten, Massnahmen, Tests, Übungen usw. werden vorteilhaft in einem entsprechende „Jahresprogramm" geplant und festgehalten. Für den Unterhalt des fortlaufenden Kontinuität-Programms empfiehlt es sich, eine Person oder Organisationseinheit zu beauftragen.

Überprüfung

Das Programm kann sowohl in der Form einer Selbstüberprüfung (Selfassessment) anhand vorhandener Standards als auch durch „Interne Kontrolle" oder „Externe Reviews" (Audits) überprüft werden.

Praxistipp:

Zur Nachführung der Pläne müssen dazu verantwortliche Personen nominiert werden. Für einfache Geschäfts- oder Supportfunktionen kann das Nachführen durch eine Person nebenamtlich durchgeführt werden. Für komplexe Funktionen bedarf es hauptamtlicher Stellen oder Teams, die für das Nachführen verantwortlich zeichnen. Die Aktualität ist von einer Kontrollstelle regelmässig zu überprüfen. Bei den periodisch durchzuführenden Übungen soll u. a. die Aktualität der Pläne ein Kriterium der Übungsbeurteilung sein.

Die Pläne sind vor allem übersichtlich und nur mit wichtigen und für den Ereignisfall absolut notwendigen Informationen aufzubauen. Ansonsten können sie kaum aktuell gehalten werden und können im Ereignisfalle zu Fehlentscheiden und unnötigen Verzögerungen führen.

13.2.6   Kontinuitäts-Überwachung, -Überprüfung und -Reporting

Im vorherigen Schritt des Kontinuitätsmanagement-Prozesses waren Übungen und Tests wie auch die Wartung des aufgebauten „Kontinuitätsprogramms" zu überprüfen. Aus der Sicht der Oberleitung des Unternehmens (Verwaltungsrat und Geschäftsleitung) ist es wichtig, die Angemessenheit des vorhandenen Kontinuitätsmanagement-Prozesses zu überwachen und auf Effektivität und Effizienz zu überprüfen. Dabei geht es beispielsweise um folgende Fragen:

- Ist die definierte Kontinuitätspolitik den aktuellen Geschäftsanforderungen angemessen?

- Ist ein wirksames Kontinuitätsprogramm aufgestellt und wird es umgesetzt?

- Welche Übungen und Tests wurden durchgeführt und was sind die Ergebnisse?

Solche Informationen erhalten die Leitungsgremien eines Unternehmens zum einen aus geplanten regelmässigen Berichterstattungen und zum anderen aus aktiven Mitwirkungen im Prozess. Für die Leitungs-Instanzen prädestinierte Mitwirkungsaktivitäten sind Impact-Bewertungen, Abnahme von Zwischenergebnissen und das Fällen von wichtigen Entscheiden bei Planung und Umsetzung des Kontinuitätsmanagements.

Einbezug Leitungsgremien

Als konkrete Beispiele für den Einbezug der Leitungsgremien in den BCM-Prozess können genannt werden:

- Akzeptanz grosser Risiken aus Unternehmenssicht;

- Genehmigung von Policy-Dokumenten sowie der Pläne und Projekte zur Kontinuitäts-Verbesserung;

- Lehren resultierend aus aufgetretenen Fällen;

- Compliance zu gesetzlichen, regulatorischen und vertraglichen Anforderungen.

Aussagekräftige Indikatoren

Zur Berichterstattung an die Leitungsgremien sind u.a. aussagekräftige Indikatoren einzusetzen, die auf möglichst vergleich- und reproduzierbaren Fakten beruhen. Dabei ist dem Umstand Rechnung zu tragen, dass schwere Ausfälle womöglichst nicht und nur selten vorkommen und somit wenig Erfahrungsmaterial liefern.

Kennzahlen ohne Ereigniseintritt

Deshalb müssen die Leistungskennzahlen so definiert werden, dass sie über Effektivität und Effizienz Auskunft geben, ohne dass entsprechend schwere Ereignisse eingetreten sind. Solche Indikatoren beruhen beispielsweise auf erfolgreich abgewehrten oder häufig eingetretenen Ausnahmeereignissen mit geringen Schäden aber hohem Schadenspotential. Aussagekräftige Indikatoren können auch durch unangemeldete Tests (z.B. Reaktionszeiten nach Probealarmierungen) aufdatiert werden. Aussagekräftige Indikatoren ergeben sich auch aus dem wiederholten Auftreten gleichartiger Fälle.

Hypothetische Ereignisszenarien

Wichtig sind auch regelmässige Aussagen über mögliche Massnahmen in rein hypothetischen Ereignis-Szenarien, die unter gewissen Bedingungen eintreten könnten (z.B. Blended Threats, Insider-Angriffe).

13.3 IT-Notfall-Plan, Vulnerability- und Incident-Management

IT-Notfall-Plan

Der IT-Notfall-Plan wurde unter Abschnitt 13.1.4 grob vorgestellt. Die einzelnen Prozess-Schritte und die Methode des Aufbaus sind dem Geschäftskontinuitäts-Plan ähnlich. Deshalb wird sein detaillierter Aufbau im Folgenden nicht weiter behandelt. Die Vernetzung des IT-Notfall-Plans mit dem Geschäftskontinuitäts-Plan ist jedoch von Unternehmen zu Unternehmen stark verschieden. In Unternehmen mit überwiegend IT-Dienstleistungen können die Geschäftskontinuitäts-Pläne und IT-Notfallpläne in vielen Punkten miteinander verschmolzen werden.

Integration Vulnerability- und Incident Plan

Für den IT-Notfall-Plan ist die Integration des „Vulnerability- und Incident-Plans" von grosser Bedeutung. Beim Vulnerability- und Incident-Management geht es zum einen um die meist sofortige Prävention gegenüber bösartiger Attacken, die heute zum grossen Teil über das Internet erfolgen[*]. Zum anderen können die Ausnahmeereignisse auch aus unbeabsichtigtem Fehlverhalten von Personen oder von Fehlern und Ausfällen technischer Einrichtungen resultieren. Dabei kümmert sich das Incident-Management jeweils in erster Linie um die schnellstmögliche Kontinuitätssicherung des Geschäftsbetriebs, aber auch um das Ziel, den „Normalbetrieb" in nützlicher Frist wieder herzustellen. Dazu gehören die unmittelbare Kommunikation des Ausnahmeereignisses an die für die Beseitigung zuständigen Stellen sowie die Handlungen zur Bewertung und Aufzeichnung hinsichtlich einer kontinuierichen Verbesserung der Sicherheitslage.

Incident

Die Definition eines „Incident" lautet (vgl. [Buco06]):

> Ein Incident ist eine Situation, die zu einer Geschäftsunterbrechung, einem Verlust einem Notfall oder einer Krise führen könnte oder kann.

Integration interne und externe Ursachen

Es ist sinnvoll, alle extern und auch intern verursachten IT-Ereignisse, die plötzlich zu grossen Schadensereignissen eskalieren können[†], in diesen Management-Prozess zu integrieren. Die Vereinigung des Vulnerability-Managements mit dem Incident-Management ist zweckmässig, da die präventiven Massnahmen zur Behebung der Vulnerabilities (z. B. Patching) meist unvorhergesehen und unverzüglich durchgeführt werden müssen.

Zu solchen Ereignissen gehören Hackings, Viren, Würmer, Trojanische Pferde sowie die plötzlich bekannt werdenden „Vulnerabilities" und „Exploits" in der Software, die mit entsprechenden Massnahmen (u.a. Software Patches) behoben werden sollen.

---

[*]   Die „NIST-Richtlinie" „Contingency Planning Guide for Information Technology Systems" beschränkt solchen Plan auf einen „Cyber Incident Response Plan" [Nisc02].

[†]   Sowohl der Standard ISO/IEC 27002:2005 [Isoc05] als auch das CobiT Framework [Cobf00] schlagen ein „Security Incident Management" für die Behandlung sämtlicher Ereignisse und Schwachstellen vor.

IT-Notfall

Wie die Abbildung 13.3 zeigt, werden Ereignisse, solange sie lediglich einen Einfluss auf die IT-Infrastruktur haben, als „Kritischer Zustand" oder IT-Notfall" bezeichnet. Bei steigender Bedrohung oder bei erfolgten Schadenseintritten werden Ereignisse, die sich auf einzelne Geschäftsprozesse beziehen, als Krisen bezeichnet. Zur Problembehandlung bei Krisen werden die für die Geschäftsprozesse zuständigen Krisenstäbe einberufen.

Krisen

Katastrophe

Sobald die Ereignisse Auswirkungen auf mehrere oder alle Geschäftsprozesse haben, werden sie als Katastrophen bezeichnet[*]. Zum Management einer Katastrophe wird der „Katastrophenstab" einberufen. Zur integrierten Bewältigung aller „IT-Incidents" über alle Eskalations-Ebenen dient der „IT-Notfall-Plan".

Eskalations-Zustand

In diesem Plan ist auch festgelegt, bei welchem Eskalations-Zustand die Führung durch ein übergeordnetes Gremium übernommen wird.

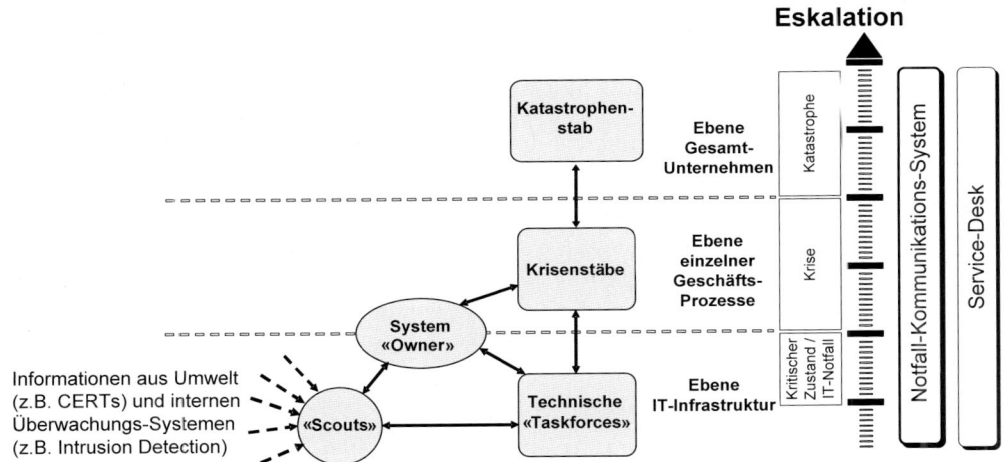

Abbildung 13.3: Eskalations-Ebenen der „Notfall"-Planung

---

[*] Die Begriffe für die einzelnen Eskalationsstufen werden von Unternehmen zu Unternehmen unterschiedlich verwendet; so ist beispielsweise auch die Verwendung des Begriffs „Notfall" für eine der „Krise" übergeordnete Eskalationsstufe anzutreffen. Wichtig ist die einheitliche Verwendung der Begriffe in einem Unternehmen.

*Vulnerability-
und Incident
Management*

Die unterste Ebene des „IT-Notfall-Plans" (s. Abbildung 13.3), die sich in erster Linie mit dem „Vulnerability- und Incident-Management" befasst, ist mit Aufgaben, Funktionsstellen und Kommunikations-System im Abschnitt 13.3.1 näher behandelt.

13.3.1   Organisation eines Vulnerability- und Incident-Managements

Nachfolgend wird gezeigt, wie ein Vulnerability- und Incident-Management aufgebaut werden kann. Aufgrund der IT-Organisation sowie der unterschiedlichen Bedrohungsarten und deren Auswirkungen können folgende System-Bereiche unterschieden werden:

❑   Office-Systeme

❑   Netzwerk- und Midrange-Systeme

❑   Mainframe

❑   Krypto-Systeme

*Organisatorische
Funktionen*

Für jeden dieser System-Bereiche (Taskforces) werden Mitarbeitende mit folgenden organisatorischen Funktionen nominiert:

❑   Scout

❑   Taskforce-Mitglied und Taskforce-Leiter

Funktion „Scout"

*Störungsereignisse
überwachen*

Die Aufgabe der Scouts besteht darin, im zugeteilten Aufgaben-Gebiet (z.B. Windows Clients, Oracle Datenbank) die Störungsereignisse zu überwachen und die möglichen Gefahren und Schwachstellen zu erkunden, z.B. Überwachung mit den zugeteilten Monitoring-Systemen und tägliche Sichtung von Sicherheits-Informationen der CERT[*]s.

*Problem-
behandlung*

Relevante Informationen für mögliche Ereignisse werden durch die „Scouts" sofort an die für die Problembehandlung zuständigen Stellen weiter geleitet (u.a. an die zuständigen Taskforce-Leiter). Im Rahmen ihrer eigenen stellenbedingten Fachaufgaben werden sie die in ihren Kompetenzbereich fallenden Problemlösungen direkt einleiten.

*Incident-
Informations-
System*

Jedes für das Unternehmen relevante Ereignis wird sofort mit einer Risiko-Einschätzung in einem „Incident-Informations-System" dokumentiert. In diesem System werden auch die einzelnen Problemlösungsschritte sowie Veränderungen der Situati-

---

[*]   Computer Emergency Response Team

on (ggf. des Risikos) mit automatischem Zeitstempel und Bearbeiternamen nachgetragen.

Jedes Ereignis wird auch mit einem Ticket im „Notfall-Kommunikations-System" versehen. Ereignis-Meldungen aus dem Unternehmen werden an einem „Service Desk" in einem „System Control Center" rund um die Uhr entgegengenommen und bearbeitet (Pikettdienst).

Funktion „Taskforce"

Rasche fachgerechte Lösung

Die interne Taskforce ist eine aus den Scouts im betreffenden Fachgebiet zusammengestellte Gruppe von Personen. Die Taskforce nimmt sich ab einer bestimmten Risiko-Stufe der Problemsituationen an und sorgt für die rasche und fachgerechte Lösung oder initialisiert entsprechend risikomindernde Massnahmen. Eine Schlüsselrolle kommt dem ebenfalls nominierten permanenten Leiter einer Taskforce zu. Dieser Taskforce-Leiter beruft bei gegebener Risikosituation seine Taskforce ein und ist Ansprechstelle für Fragen, welche die Taskforce betreffen. Für den Taskforce-Leiter sind ständige Stellvertretungen nominiert und organisiert.

*Eskalation an
Owner und
Krisenstab*

Falls ein eingetretenes Problem droht, bestimmte Geschäftsprozesse zu beeinflussen, wird an die dafür zuständigen System- oder Prozess-Owner und Krisenstäbe eskaliert.

❐ **Office-Taskforce**

Behandelt die Bedrohungen und Schwachstellen im Office Bereich, einschliesslich der Probleme im Browser-, Viren- und Mail-Bereich.

❐ **Netzwerk- und Midrange-System-Taskforce**

Behandelt die Bedrohungen und Schwachstellen hinsichtlich Systemattacken und unautorisierten Zugriffen, einschliesslich der Probleme im Firewall-, Netzwerk-, und Midrange-System-Bereich.

❐ **Mainframe-Taskforce**

Behandelt die Bedrohungen und Schwachstellen hinsichtlich Systemattacken und unautorisierten Zugriffen im Mainframe-Umfeld.

❐ **Krypto-Taskforce**

Behandelt bereits erfolgte oder zu erwartende Kompromittierungen sowie bekannt gewordene Schwachstellen in den

Kryptographie- und Key-Management-Systemen (z.B. Zertifikatschwächen, PIN-Kompromittierungen).

Service Desk

Service Desk

Das „Service Desk" als Kommunikationsplattform übernimmt als Anlaufstelle wichtige kommunikative Aktivitäten des Incident-Managements. Solche Aktivitäten sind die Aufnahme der Incidents von den Anwendern und das Alarmieren und Aufbieten der zur Behandlung des Ausnahme-Ereignisses prädestinierten Mangement- und Fachpersonen. Zur Auskunftserteilung bei Problemen, die den Betrieb/Service akut beeinflussen steht das „Service Desk" mit einer permanent besetzten „Hotline" zur Verfügung. Ebenfalls übernimmt das Service Desk Aktivitäten für die Prävention im Sinne eines ständigen Verbesserungsprozesses wie die Kategorisierung und Priorisierung aller Incidents oder die Durchführung von Anwenderbefragungen.

Notfall-Informations-System

Die rasche und zweckdienliche Kommunikation und Dokumentation in den einzelnen Problemlösungs-Phasen und Eskalations-Stufen erfolgt mittels eines dafür speziell eingerichteten Systems.

Interdisziplinäre Kommunikation bei der Problemlösung

In einer dem systemischen Problemlösungs-Prozess angepassten Benutzerführung dient es der interdisziplinären Kommunikation über den Fortgang der Problemlösung der in den Prozess eingeschalteten Fachpersonen (Scouts, Taskforceleiter, Owner). Ebenfalls zeigt es ein sukzessives Reporting der Problembehandlung. Die zuständigen Führungspersonen haben ebenfalls Zugriff auf dieses System.

Tickets

Abgeleitet vom Stand der Problemlösung werden entsprechende „Tickets" ausgefüllt und kommuniziert, aus denen eine allfällige Problembehebung oder Problemeskalation ersichtlich ist. Das Notfall-Informations-System beinhaltet ein „Incident-Informations-System", das im Abschnitt 13.3.2 näher beschrieben ist.

13.3.2   Behandlung von plötzlichen Ereignissen als RM-Prozess

Wie aus dem vorangegangenen Abschnitt hervorgeht, liegt dem Vulnerability- und Incident-Management das Gerüst eines Risiko-Management-Prozesses zu Grunde.

Bei der Auslegung des oben angeführten „Incident-Informations-Systems" wurde diesem Umstand Rechnung getragen.

*Initialisierung
RM-Prozess*

Die Initialisierung des Risiko-Managment-Prozesses erfolgt aufgrund einer als relevant erkannten Störung, Attacke oder Vulnerability oder eines sich anbahnenden Schadensereignisses.

*Problem-
erkennung
und -lösung*

Die Eingabe-Maske des Incident-Informations-Systems verlangt zur Problemerkennung und –lösung der Reihe nach folgende Informations-Eingaben

❏ Problemerfassung und Kontext

❏ Identifikation des Risikos

❏ Einschätzung des Risikos

❏ Bewertung des Risikos für das Unternehmen

❏ Problemlösungs-Strategie (z.B. Selbst lösen, Taskforce einberufen, oder Problem eskalieren)

❏ Problem bewältigen (z.B. Patch einspielen, Schaden einschränken durch Stoppen von Prozessen, Schaden beheben, Normalbetrieb herstellen)

❏ Problemlösung sowohl hinsichtlich zukünftiger Verbesserungen als auch der Prävention retrospective aufarbeiten

Das System ist gleichzeitig Kommunikations-Werkzeug und hinterlässt die Spur zum Nachvollzug des Problemlösungs-Prozesses und der aus dem Fall gezogenen Konsequenzen.

*Eskalation in
übergeordneten
RM-Prozess*

Wird das Problem an die nächsthöhere Notfall-Instanz eskaliert, dann bedeutet dies eine Verzweigung in den übergeordneten Risiko-Management-Prozess.

Der Unterschied zu einem planerischen Risiko-Management-Prozess (z.B. IT-Sicherheits-Konzept) besteht darin, dass im Ereignisfalle die einzelnen Schritte mit vorgefertigten Schablonen möglichst rasch durchgeführt werden müssen.

13.4   Zusammenfassung

In vielen Unternehmen ist die Geschäftskontinuität in einem solchen Masse von den IT-Systemen abhängig, dass bei Ausfällen der IT auch die gesamten Geschäftsprozesse zum erliegen kommen. Die Geschäftskontiuitäts-Planung setzt sich aus einer Reihe einzelner Massnahmen-Pläne zusammen. Einzelne Massnahmen-Pläne sind es vor allem deshalb, weil die Ausarbeitung, der Unterhalt sowie deren Einsatz im Notfall unterschiedlicher Expertisen und Fertigkeiten bedürfen (z.B. Geschäfts-Expertise, organisatorische und bauliche Expertise sowie IT-Expertise). Im Rahmen eines integrierten Geschäftskontinuitäts-Managements müssen die einzelnen Pläne koordiniert und aufeinander abgestimmt sein. Die Pläne müssen periodisch (z.B. jährlich) überprüft und angepasst werden. Bei signifikanten Veränderungen (z.B. Umzügen, Reorganisationen, Veränderung bei den Geschäfts- oder Supportprozessen) müssen die Pläne entsprechend der Veränderungen der Risiken und Massnahmen-Situationen überarbeitet werden.

Die Einzelpläne zur Unterstützung der Geschäftskontinuität sind:

- Geschäftskontinuitäts-Plan (Business Continuity Plan)
- Geschäftswiedererlangungs-Plan (Business Recovery Plan)
- Betriebskontinuitäts-Plan (Continuity of Operation Plan)
- Ausweich-Plan (Disaster Recovery Plan)
- IT-Notfall-Plan (IT Contingency Plan)
- Vulnerability- und Incident Response Plan

Die Geschäftskontinuitäts-Planung ist ein Sub-Prozess des integrierten Unternehmens-Risiko-Management-Prozesses und wird in der Struktur eines Risiko-Management-Prozess entwickelt und dokumentiert. Die Haupt-Schritte bei der Geschäftskontinuitäts-Planung sind:

1) Start Geschäftskontinuitäts-Prozess

2) Kontinuitäts-Analyse

3) Massnahmen-Strategien

4) Notfall-Reaktionen und Pläne

5) Tests, Übungen und Plan-Unterhalt

6) Kontinuitäts-Überwachung, Überprüfung und -Reporting

Der „**IT-Notfall-Plan**" ist stark mit dem Geschäftskontinuitäts-Plan verknüpft. Er enthält neben den Massnahmen zur Wiederherstellung der IT-Support-Funktionen auch die allenfalls notwendigen IT-Support-Massnahmen zur Aufrechterhaltung der Geschäftsprozesse während einer Störung oder einem Ausfall.

Bei dem in den IT-Notfall-Plan integrierten „**Vulnerability- und Incident-Plan**" geht es zum einen um die meist sofort notwendige Prävention gegenüber bösartigen Attacken, die zum grossen Teil über das Internet eingeschleust werden. Zum anderen kümmert sich das Incident Management bei jedwelchen Störungen um die schnellstmögliche Wiederherstellung des normalen Dienstleistungsbetriebs unter minimaler Beeinflussung des Geschäftsbetriebs.

Die auf der Ebene der IT-Infrastruktur behebbaren Ereignisse werden als „Kritische Zustände" oder „IT-Notfälle" bezeichnet. Diejenigen Ereignisse, die sich auf einzelne Geschäftsprozesse beziehen, werden als „Krisen" und die Ereignisse, die sich auf mehrere oder alle Geschäftsprozesse beziehen, als „Katastrophen" behandelt. Im IT-Notfall-Plan ist festgelegt, bei welchem Eskalations-Zustand die Führung an ein übergeordnetes Gremium abgegeben wird.

Auf der untersten Stufe, wo es neben dem Incident Management auch um die Prävention von negativen IT-Ereignissen geht, kommen sogenannte „Scouts" zum Einsatz:

Die Aufgabe der Scouts besteht darin, im zugeteilten Aufgaben-Gebiet (z.B. Windows Clients, Oracle Datenbank) die Störungs-ereignisse zu überwachen und die möglichen Gefahren und Schwachstellen zu erkunden, z.B. Überwachung mit den zugeteilten Monitoring-Systemen und die tägliche Sichtung von Sicherheits-Informationen der CERTs.

Eine interne **Taskforce** nimmt sich ab einer bestimmten Risiko-Stufe den Problemsituationen an und sorgt für die rasche und fachgerechte Lösung oder initialisiert entsprechend risikomindernde Massnahmen. Die Taskforce setzt sich aus den Scouts im betreffenden Fachgebiet zusammen.

Die rasche und zweckdienliche Kommunikation und Dokumentation während den einzelnen Problemlösungs-Phasen und Eskalations-Stufen erfolgt mittels eines **Notfall-Informations-Systems** und eines integrierten speziellen **Incident-Informations-Systems**. Der Prozess bei der Behandlung eines Incidents oder einer Vulnerability ist gemäss dem Muster eines Risiko-Management-Prozesses aufgebaut.

13.5 Kontrollfragen und Aufgaben

1. Erklären Sie den Zweck des Geschäftskontinuitäts-Plans.

2. Erklären Sie den Zweck des Geschäfts-Wiedererlangungs-plans und seine Abgrenzung zum Geschäftskontinuitäts-Plan?

3. Was sind die Unterschiede zwischen dem Ausweich-Plan und dem IT-Notfall-Plan?

4. Nennen Sie 5 Aktivitäten bei der Bedrohungs- und Verletz-lichkeits-Analyse im Geschäftskontinuitäts-Plan.

5. Nennen Sie 5 Aktivitäten bei der Impact-Analyse im Geschäftskontinuitäts-Plan.

6. Nennen Sie 5 Aktivitäten für das Kommunikationskonzept im Geschäftskontinuitäts-Plan.

7. Was wird beim Testen des Geschäftskontinuitäts-Plans vor allem überprüft?

8. Welchen Zweck hat das Üben des Geschäftskontinuitäts-Plans?

9. Welche Situationen deckt der Vulnerability- und Incident-Plan ab?

10. Erläutern Sie die Funkionen Scout und Taskforce beim möglichen Ansatz eines Vulnerability- und Incident-Management.

14 Risiko-Management im Lifecycle von Informationen und Systemen

Die mit der Informations-Sicherheit und IT-RM-Prozessen zu schützenden Güter sind die Informationen und ihre technologischen Gefässe, namentlich die IT-Systeme. Zu diesen Gefässen zählen wir die Codierungen der Informationen und Prozeduren (z.B. Programme) sowie die IT-Prozesse, die Hardware und die technischen Kommunikations-Einrichtungen.

Die Informationen und die IT-Systeme sind während ihres gesamten Lebenszyklus zu schützen.

14.1 Schutz von Informationen im Lifecycle

Schutzphasen

Der Lifecycle der Informationen kann grob in die Schutz-Phasen

- ⇨ Entstehung,
- ⇨ Bearbeitung,
- ⇨ Übertragung (Übermittlung),
- ⇨ Speicherung (Archivierung) und
- ⇨ Entsorgung (Löschung)

unterteilt werden.

Einer jeden dieser Phasen liegt ein bestimmter Zweck und ein bestimmter Schutzbedarf zugrunde. Der Schutzbedarf ergibt sich aus der Art und der Sensibilität der Informationen aufgrund einer bezüglich „Vertraulichkeit", „Integrität" und „Verfügbarkeit" durchgeführten Risiko-Einschätzung.

14.1.1 Einstufung der Informations-Risiken

Informations-Klassierung

Für einen praktikablen Umgang mit Informationen wird eine Impact-Einschätzung anhand einiger Kriterien oft pragmatisch in nur wenigen Impact-Stufen vorgenommen. Dieser Impact-Einschätzungsprozess wird meist als „Informations-Klassierung" bezeichnet.

*Intern,
Vertraulich und
streng Vertraulich*

Als Impact-Stufen für schützenswerte (unternehmensinterne) Informationen werden für das System-Ziel „Vertraulichkeit" oft die drei Stufen „INTERN", „VERTRAULICH" und „STRENG VER-TRAULICH" eingesetzt. Für eine solche Informations-Einstufung ist es nicht praktikabel, bereits die Wahrscheinlichkeit eines möglichen Schadens in die Einstufung einzubeziehen, da das Bedrohungs-Umfeld zum Zeitpunkt der Informations-Einstufung noch gar nicht bekannt ist.

*Worst-Case-
Kriterien*

Die Einstufung erfolgt somit nach „Worst-Case-Kriterien" oder allenfalls nach äusseren Anforderungen (gesetzlich, regulativ oder vertraglich).

Im Anhang (Tabelle A.2.1) ist anhand eines Beispiels gezeigt, wie die Einstufungskriterien in einem Unternehmen, für die System-Ziele Vertraulichkeit und Integrität zusammengestellt werden können.

14.1.2   Massnahmen für die einzelnen Schutzphasen

*Pro Schutzphase
und Einstufung
spezifische Mass-
nahme*

Für jede der oben genannten Schutz-Phasen können auch typische Bedrohungen definiert werden. Anhand dieser Bedrohungen können pro Schutzphase für jede Einstufung spezifische Massnahmen im Sinne von Sicherheits-Mechanismen zugeordnet werden.

> Beispiel:
>
> Während der Schutzphase „Übertragung (Übermittlung)" besteht die Bedrohung „Abhören von Informationen".
>
> Haben die Informationen die Einstufung „vertraulich", dann lautet die spezifische Massnahme „Übertragungs-Chiffrierung". Im Anhang (Tabellen A.2.3 und A.2.4) sind solche Massnahmen, bezogen auf die Schutz-Phase und die Einstufung der Information, zusammengestellt.

*Informationen
risikogerecht
schützen*

Der pragmatische Ansatz der Informations-Einstufung und der Zuordnung von Massnahmen erlaubt, dass jeder Mitarbeitende seine Informationen selbst einstufen und mit dem als Policy ausgearbeiteten „Massnahmen-Rezept" risikogerecht schützen kann (die Massnahmen sind ggf. im Arbeitsplatz-Computer bereits als „Werkzeuge" verfügbar). Das Beispiel eines solchen Massnahmen-Rezepts ist im Anhang (Tabellen A.2.3 und A.2.4) gezeigt.

14.2   Risiko-Management im Lifecycle von IT-Systemen

Die IT-Systeme eines Unternehmens durchlaufen in groben Phasen den folgenden für die Sicherheit relevanten Lebenszyklus:

Lebenszyklus-Phasen

1)   Anforderungs-Analyse
2)   Anforderungsdefinition und Entwurf
3)   Entwicklung oder Beschaffung
4)   Integration und Test
5)   Einführung und Ausbreitung
6)   Systembetrieb
7)   Systemoptimierung
8)   Systemabbau, -Archivierung und Entsorgung

Je nachdem, ob das System entwickelt oder extern beschafft wird, ergeben sich Unterschiede in der feineren Unterteilung der Schritte.

Es gibt eine Anzahl von Lifecycle-Modellen mit entsprechend feinen Phasen-Unterteilungen, die meist primär für die Software-Entwicklung zugeschnitten sind. Beispiele dafür sind das für deutche Bundes-IT-Projekte gebräuchliche V-Modell oder das bei Schweizer Bundesstellen gebräuchliche Hermes zu erwähnen.

ITIL-Applikations-Management-Prozess

In Ergänzung zum ITIL-Service-Management-Prozess, ist gemäss dem Applikations-Lebenszyklus auch ein ITIL[*]-Applikations-Management-Prozess formuliert (s. Abbildung 14.1).

---

[*]   ITIL=IT Infrastructure Library: herstellerunabhängiges Regelwerk der zentralen Informationsberatungsstelle der britischen Regierung früher CCTA = Central Computer and Telecommunications Agency, jetzt OGC = Office of Government Commerce.

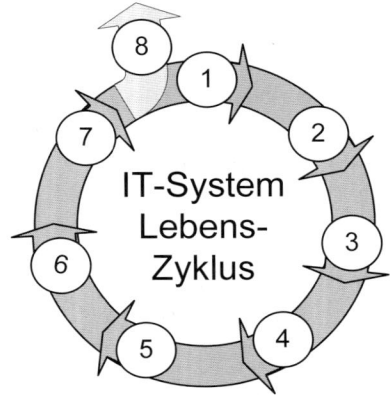

	System-Lebenszyklus-Phasen	ITIL Application Management Lifecycle
1)	Anforderungs-Analyse	Requirements
2)	Anforderungsdefinition und Entwurf	Design
3)	Entwicklung oder Beschaffung	Build
4)	Integration und Test	
5)	Einführung und Ausbreitung	Deploy
6)	Systembetrieb	Operate
7)	Systemoptimierung	Optimise
8)	Systemabbau, - Archivierung und Entsorgung	

Abbildung 14.1: Für Risiken wichtige IT-System Lebenszyklus-Phasen

Durchgängiges IT-Risiko-Management

Der Vorteil dieses Ansatzes ist, dass die Prozesse vom Geschäftsbedürfnis über die Entwicklung bis hin zur betrieblichen Lieferung der IT-Dienstleistung durchgängig definiert sind (s. Abbildung 14.2). Ein solcher Ansatz ist auch für ein durchgängiges IT-Risiko-Management hilfreich.

		ITIL Service Lifecycle				
		Service Strategy	Service Design	Service Transition	Service Operation	Continual Service Improvement
Application Management Lifecycle	Requirements	x	x			
	Design		x			
	Build			x		
	Deploy			x		
	Operate		x	x		
	Optimise		x			x

X: Abstimmungsaktivitäten zwischen den Lebenszyklen

Abbildung 14.2:   ITIL Lebenszyklen (vgl. [Itss08], S. 5)

14.3 Synchronisation RM mit System-Lifecycle

Einbringen der Sicherheitsanforderungen

Das Einbringen der Sicherheitsanforderungen in die IT-Systeme ist bereits bei der Strategiefindung sowie in einem konkreten Entwicklungs-Projekt in den Phasen Anforderungs-Analyse und „Entwicklung oder Beschaffung" sehr wichtig. Zu spät erkannte Anforderungen können oft nicht mehr eingebracht werden oder führen zu Unverträglichkeiten und zu unpraktischen und teuren Lösungen.

Die Sicherheitsanforderungen resultieren vor allem aus den Geschäftsanforderungen und dem technischen und organisatorischen Umfeld (Kontext) eines Systems, in welchem es später betrieben werden soll.

IT-RM-Prozess im Projektvorgehen

Im Folgenden wird ein pragmatischer Ansatz eines IT-Risiko-Management-Prozesses gezeigt, der mit der Projekt-Vorgehens-Methode synchronisert ist:

1. Abnahme nach der „Anforderungs-Analyse"

First Cut

Bereits nach der „Anforderungs-Analyse" wird eine grobe Risiko-Analyse über das neue System in seinem Umfeld erstellt. Diese als „First Cut" bezeichnete Risiko-Analyse liefert Anhaltspunkte darüber, ob höhere Risiken vorhanden oder ob die Risiken weitgehend durch bestehende Grundschutzmassnahmen abgedeckt sind. Bestehen grössere Risiken, dann wird bereits zu diesem Zeitpunkt eine detaillierte Risiko-Analyse vorgenommen, die als Input für die nachfolgende Phase „Anforderungsdefinitionen und Entwurf" dient.

Das ausgefüllte Formular (s. Anhang 3), mit dem das Ergebnis des „First Cut" dokumentiert wird, wird vom zuständigen „Owner" des Systems und weiteren für das Projekt verantwortlichen Personen (z.B. Projektleiter) unterzeichnet. Das unterzeichnete „First Cut"-Dokument gehört zu den Abnahme-Lieferobjekten der Phase „Anforderungs-Analyse". Zur Durchführung der „First Cut"-Risiko-Analyse befinden sich entsprechende Formulare im Anhang (Tabellen A.3.1, A.3.2 und A.3.3).

2. Abnahme vor der „Entwicklung oder Beschaffung"

Grobes Sicherheitskonzept

Vor der Phase „Entwicklung oder Beschaffung" wird in der Regel der Beschluss zur Realisierung gefasst, der auf den in der vorangegangenen Phase „Anforderungsdefinition und Entwurf" ermittelten Systemkosten basiert. Wird das System beschafft, dann werden zu diesem Zeitpunkt die Verträge unterzeichnet.

Zu diesem Zeitpunkt ist es wichtig, die Sicherheits-Massnahmen sowie deren Kosten und Realisierbarkeit zu kennen. Zur Abnahme der Phase „Anforderungsdefinitionen und Entwurf" wird demzufolge u.a. ein grob mit allen sechs Kapiteln ausgearbeitetes Sicherheitskonzept als Lieferobjekt vorgelegt (s. Abschnitt 10.1). Die Risiko-Analyse muss dafür bereits die grössten IT-Sicherheits-Risiken enthalten.

3. Abnahme vor der „Einführung und Ausbreitung"

Detailliertes Sicherheitskonzept

Vor der Phase „Einführung und Ausbreitung" wird das definitive, im Detail ausgearbeitete Sicherheitskonzept als Lieferobjekt zur Abnahme vorgelegt. Das Sicherheitskonzept dokumentiert zu diesem Zeitpunkt die Risiken, Massnahmen, Restrisiken und Umsetzungs-Aktivitäten für den späteren einwandfreien Systembetrieb.

Abnahmehürde vor Inbetriebnahme

Systeme, bei denen ein solches Dokument nicht abgenommen ist oder bei denen das Dokument nicht der Realität entspricht, dürfen nicht in Betrieb genommen werden. Bei sicherheitskritischen Systemen ist eine solche letzte Abnahmehürde unerlässlich. Die Praxis lehrt auch, dass Sicherheitskonzepte, welche keine solche Abnahmehürde bestehen müssen, selten ordnungsgemäss fertiggestellt werden. Abbildung 14.3 veranschaulicht die geschilderten Abnahmezeitpunkte im Rahmen des Projekt-Vorgehens.

1)	Anforderungs-Analyse
	⇨ Abnahme „First Cut"
2)	Anforderungsdefinition und Entwurf
	⇨ Abnahme Sicherheitskonzept „Grobfassung"
3)	Entwicklung oder Beschaffung
4)	Integration und Test
	⇨ Abnahme Sicherheitskonzept „Betriebsfassung"
5)	Einführung und Ausbreitung
6)	Systembetrieb
7)	Systemoptimierung
8)	Systemabbau – Archivierung und Entsorgung

Abbildung 14.3:   Abnahme-Zeitpunkte von Sicherheits-Dokumentationen

*Entwicklungs-
Vorgehens-
Modelle*

Ein solches Vorgehen kann bei den meisten Entwicklungs-Vorgehens-Modellen eingeschlagen werden. Selbstverständlich erfolgt die Erarbeitung der Risiko- und Massnahmen-Beschreibungen innerhalb der feinen Verästelungen der Sub-Prozesse eines Vorgehens-Modells, wie es an Ausschnitten des V-Modells ersichtlich ist (s. Abbildung 14.4).

*Signifikante
Veränderungen*

In der Phase „System-Optimierung" erfordern allenfalls auftretende „signifikante" Veränderungen der Risikolage ein „Nachziehen" des Sicherheitskonzepts mit einer entsprechenden Risiko-Analyse und mit entsprechenden Sicherheits-Massnahmen.

Es empfiehlt sich, die „System-Optimierungen" wie den „System-Abbau" projektmässig abzuwickeln, womit die Ordnungsmässigkeit auch dieser Lebenszyklus-Phasen sichergestellt werden kann.

Praxistipp:

Sicherheitsdokumentationen und Sicherheitskonzepte sollten womöglichst projektbegleitend durch aktiv im Projekt mitwirkende Personen erstellt werden. Das sicherheitsspezifische know how kann in Form von Coaching durch einen Sicherheits-Experten eingebracht werden.

14.4   Zusammenfassung

Die Informationen wie ihre technologischen Gefässe (Informationen, Prozeduren, Hardware usw.) sind während ihres ganzen Lebenszyklus schutzbedürftig. Für die Informationen können die Schutzphasen „Entstehung", „Bearbeitung", „Übertragung (Übermittlung)", „Speicherung (Archivierung)" und „Entsorgung (Löschung)" unterschieden werden. Ein pragmatischer Ansatz, die Information durch jeden Mitarbeitenden risikogerecht zu schützen, besteht darin, die Einstufungskriterien in Form einer kurzen Anleitung den Mitarbeitenden in die Hand zu geben. Die Einstufungskriterien leiten sich von gesetzlichen, regulativen, vertraglichen Anforderungen oder aufgrund von „Impacts" ab.

Sind die Informationen eingestuft, dann können pro Schutzphase und Informationseinstufung mit einem „Massnahmen-Rezept" die angemessenen „Werkzeuge" (z.B. Chiffrier-Programm) direkt am Arbeitsplatz-Computer eingesetzt werden.

Das Risiko-Management der IT-Systeme kann mit folgendem Vorgehen sichergestellt werden:

- ➪ „First Cut"- Risiko-Analyse vor der Phase „Anforderungsdefinition und Entwurf"
- ➪ Sicherheitskonzept in Grobfassung vor dem Entscheid für die System-Entwicklung oder die -Beschaffung und
- ➪ Sicherheitskonzept in der detaillierten Betriebsfassung vor der Systemeinführung und der -Ausbreitung.

Auch die Phasen der Systemoptimierung oder des Systemabbaus bedürfen einer entsprechenden Begleitung mit Sicherheitskonzepten.

14.5 Kontrollfragen und Aufgaben

1. Welches sind die Schutzphasen der Informationen, während denen sie generell unterschiedlichen Bedrohungen unterliegen?
2. Aufgrund welcher generellen Kriterien können die Informationen eingestuft (klassiert) werden?
3. Mit welcher Massnahme (Werkzeug) schützen Sie vertrauliche Informationen bei der elektronischen Übertragung (Übermittlung) gegen unberechtigte Kenntnisnahme?
4. Nennen Sie drei Lieferobjekte, die im Projektablauf abgenommen sein müssen, bevor jeweils die nächste Projektphase begonnen werden darf. Wie heissen die entsprechenden Projektphasen?
5. Wie sollten im Verlauf eines Projektes die Sicherheitsdokumente erstellt werden:
   a) zum jeweiligen Abschluss einer Phase?
   b) projektbegleitend?
   c) durch einen ausserhalb des Projektes eingesetzten Sicherheits-Experten?
   d) durch aktiv im Projekt mitwirkende Personen?
   e) wie kann ein allenfalls fehlendes Sicherheits-„know how" eingebracht werden?
6. Ein Unternehmen bietet die sichere Verwahrung von Wertpapieren und Wertgegenständen an. Zur Rationalisierung dieser Dienstleistung plant das Unternehmen ein neues IT-System für die Steuerung und Verwaltung eines Hochregallagers. Das gestartete Projekt für die Entwicklung und Inbetriebnahme dieses IT-Systems wird in Anlehnung an das **V-Modell** abgewickelt. Im Rahmen der Projektabwicklung wird

Ihnen die Rolle des IT-Sicherheitsbeauftragten zugeteilt. In dieser Rolle sind Sie in das Projekt eingebunden, und es fällt Ihnen die Erstellung verschiedener Lieferobjekte zu. Eine Ihrer Aufgaben ist die Erstellung einer „First Cut"-Analyse und eines IT-Sicherheitskonzepts. Das Sicherheitskonzept muss während des Projektablaufs zweimal abgenommen und genehmigt werden und zwar zu einem ersten Vorlagetermin in einer groben Fassung und zu einem zweiten Vorlagetermin in seiner detaillierten Fassung. Sie wissen, dass verschiedene System-Lifecycle-Modelle meist aufeinander abgebildet werden können. Das V-Modell kennt die vier Submodelle:

↪   Systemerstellung

↪   Projektmanagement

↪   Konfigurations-Management

↪   Qualitätssicherung

a)   Zeichnen Sie in der nachfolgenden Abbildung 14.4 der „Aktivitäten" im Sub-Modell „Systemerstellung" die Vorlagetermine für die „First Cut"-Dokumentation und für das Sicherheitskonzept ein.

Abbildung 14.4: Aktivitäten im Sub-Modell „Systemerstellung" im V-Modell

b)   In welchem Kapitel Ihres Sicherheitskonzepts führen Sie die Anforderungen aus dem Datenschutzgesetz auf?

15 Risiko-Management in Outsourcing-Prozessen

Viele Unternehmen prüfen die Möglichkeiten, einige ihrer aufwändigen Prozesse zu „outsourcen".

Argumente für Outsourcing

Die Argumente für ein Outsourcing insbesondere der IT-Prozesse sind (vgl. [Buch04], S. 185 ff):

❏ Komplexitätsreduktion durch Outsourcen von IT-Prozessen, welche die Kernkompetenzen nicht direkt unterstützen;

❏ Konsolidierung von historisch gewachsenen IT-Landschaften im Unternehmen;

❏ Variabilisierung der Fixkosten durch Ausnützung der Synergien des Outsourcer mit anderen Kunden und dadurch Möglichkeit eines mengenabhängigen Pricings;

❏ Verbesserung der Zuverlässigkeit und Innovation durch „kritische Masse" des Outsourcers für neue technologische Trends und für Massnahmen zur Einhaltung aktueller Sicherheitsstandards;

❏ Reduktion von Mitarbeitern und Erzielen von Cash-Effekten und Umlage von Anlagevermögen in Umlaufvermögen.

Kostenerhöhung in Überganhsphase

Die typische Ergebniskurve von IT-Outsourcing zeigt eine Kostenerhöhung für die Übergangsphase durch

❏ Aufbau eines „Demand Managements" (z.B. durch Aufbau notwendiger Ansprechpartner auf der Auftraggeber-Seite);

❏ Transferkosten für Eingliederung von IT-Technik und IT-Personal beim IT-Outsourcer;

❏ Sichtbarmachung versteckter IT-Kosten, die zuvor erbracht, aber nicht abgerechnet wurden.

Nach einer Übergangsphase von ca. 4 Jahren sollten Kosten-Einsparungen von > 20 % möglich sein.

Risiko-Kosten

Einige der auf den ersten Blick einzusparenden Kosten werden durch neue Kosten bezüglich nachträglicher Erfüllung der IT-Sicherheits-Anforderungen und der neuen „Risiko-Kosten" neutralisiert.

Nach sorgfältiger Untersuchung kann es für einige IT-Bereiche und auch Geschäftsprozesse durchaus sinnvoll und wirtschaftlich sein, ein Outsourcing einzugehen.

IT-RM-Prozess

In jedem Falle muss dem Outsourcing von Prozessen mit Informationsabhängigkeiten ein gründlicher IT-Risiko-Management-Prozess zu Grunde gelegt werden.

> **Praxistipp:**
>
> Für beide Outsourcing-Partner gilt von Anfang an zu bedenken, dass die Sicherheits-Massnahmen vorab vereinbart werden müssen und einen Preis haben.

15.1   IT-Risiko-Management im Outsourcing-Vertrag

Rundschreiben der Eidg. Bankenkommission

Für nach schweizerischem Recht organisierte Banken und Effektenhändler sowie für schweizerische Zweigniederlassungen ausländischer Banken und Effektenhändler besteht eine Auflage der Eidgenössischen Bankenkommission (EBK) in Form eines Rundschreibens (26. Oktober 1999 mit letzter Änderung am 22. August 2002).

Sicherheitsanforderungen vertraglich festlegen und überwachen

Darin wird unter anderem verlangt, dass das auslagernde Unternehmen und der Dienstleister die Sicherheitsanforderungen vertraglich festhalten müssen und dass das auslagernde Unternehmen diese überwachen muss.

Sicherheitsdispositiv

Weiter müssen das auslagernde Unternehmen und der Dienstleister ein Sicherheitsdispositiv ausarbeiten, das die Weiterführung des ausgelagerten Geschäftsbereichs erlaubt, falls der Dienstleister aus irgendwelchen Gründen verhindert ist, seine Leistung zu erbringen. Das Sicherheitsdispositiv hat sämtliche Notfälle abzudecken. Die ordnungsgemässe Geschäftsführung muss jederzeit aufrechterhalten werden können.

Schutz der Kundeninformationen

Unter anderem müssen Kunden-Informationen durch angemessene technische- und organisatorische Massnahmen gegen unbefugte Einsichtnahme und Bearbeitung geschützt werden.

Auslagerungen ins Ausland

Weiter besteht der Grundsatz, dass Auslagerungen ins Ausland vom ausdrücklichen Nachweis der Prüfmöglichkeiten[*] abhängig gemacht sind.

---

[*]   Prüfmöglichkeiten durch das Unternehmen als auch durch seine banken- und börsengesetzliche Revisionsstelle sowie die Bankenkommission

Gartner Group

Für das häufig erwogene „Offshore Outsourcing" wird von der Gartner Group[*] äusserste Vorsicht angeraten: "Service providers are unable to provide standard security solutions because regulations, legislation and consequently risk vary vastly between industries and geographies."

„Due Diligence" während Lifecycle

Gemäss Gartner sollte das Unternehmen die Sicherheit früh adressieren und „Due Diligence" während dem gesamten „Lifecycle" der Auslagerung durchführen.

Sicherheitskosten im „Off-shore Exposure"

Gartner macht darauf aufmerksam, dass erhebliche Sicherheitskosten anfallen und es nicht kosteneffektiv sei, für jeden Aspekt dasselbe Sicherheits-Niveau im „Off-shore Exposure" bereitzustellen. Deshalb sollten die Unternehmen wissen, welche Aufzeichnungen und Informationen geschützt werden müssen und warum und wieviel sie für die Sicherheit bezahlen wollen.

Die Gartner-Empfehlung kann wie folgt zusammengefasst werden:

Gartner-Empfehlung

> Die Sicherheitsanliegen müssen möglichst früh in der Sourcing-Strategie und bei der Entwicklung des Vorhabens angegangen werden. Es muss ein detaillierter Dialog mit dem Dienstleister erfolgen, um den Lösungsansatz des Dienstleisters bezüglich Sicherheit zu verstehen. Dabei ist wichtig, die wesentlichen Aspekte des Sicherheits-Managements und der -Kontrolle sowie einige Audit-Mechanismen im eigenen Hause zu behalten.
>
> Zusammen mit dem Dienstleister müssen in einem „Framework" sämtliche Sicherheitsanliegen identifiziert und behandelt werden. Dabei muss die Gültigkeit der Risiken vereinbart und die Höhe der Kosten zur Reduktion der Risiken in die Entscheide einbezogen werden.

15.1.1 Sicherheitskonzept im Sourcing-Lifecycle

Ein Instrument, um die Risiken, Sicherheitsanforderungen und Massnahmen zugrunde legen zu können, ist das in Abschnitt 10.1 gezeigte Sicherheitskonzept. Sowohl am Beispiel der Forderungen der Eidg. Bankenkommission als auch gemäss der Emp-

---

[*] Partha Iyengar, Research Vice President, Gartner Indien: Gartner says Security Becomes Key Concern in Global Sourcing. Gartner Press Release Egham, UK, September 21, 2004

fehlungen der Gartner Group erlaubt ein rechtzeitig und durch die Partner gemeinsam erarbeitetes Sicherheitskonzept, die Sicherheits-Untersuchungen und -Abwägungen schrittweise aufzubauen und gegenseitig abzustimmen.

Sicherheitskonzept im Sourcing-Vertrag

Das Sicherheitskonzept sollte in seiner abgestimmten Fassung zum integrierenden Bestandteil des Sourcing-Vertrages gemacht werden. Im Lifecycle des Sourcing-Vorhabens (s. Abbildung 15.1) wird eine erste verbindliche Fassung zum Zeitpunkt der Vertragsunterzeichnung fertig gestellt sein.

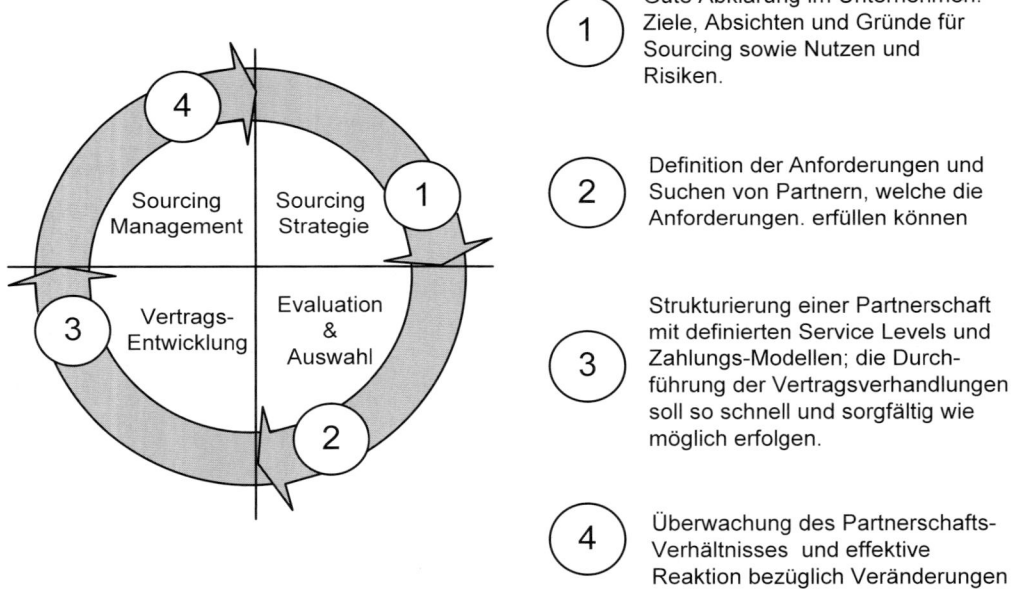

1   Gute Abklärung im Unternehmen: Ziele, Absichten und Gründe für Sourcing sowie Nutzen und Risiken.

2   Definition der Anforderungen und Suchen von Partnern, welche die Anforderungen. erfüllen können

3   Strukturierung einer Partnerschaft mit definierten Service Levels und Zahlungs-Modellen; die Durchführung der Vertragsverhandlungen soll so schnell und sorgfältig wie möglich erfolgen.

4   Überwachung des Partnerschafts-Verhältnisses und effektive Reaktion bezüglich Veränderungen

Abbildung 15.1: Lifecycle für Sourcing gemäss Gartner[*]

---

[*]   www4.gartner.com

Das Sicherheits-Konzept (s. Abbildung 15.2) wird wie folgt erstellt:

1) Phase der Outsourcing-Strategie

Sicherheitskonzept für bestehenden Prozess

Bereits während der Phase der Outsourcing-Strategie wird ein Sicherheitskonzept über den auzulagernden Prozess erstellt. Das Konzept dient der Analyse und Dokumentation des bestehenden Prozesses (ein allenfalls bereits vorhandenes Sicherheitskonzept wird auf seine Aktualität und Zweckmässigkeit hin untersucht).

Risiken, Anforderungen und bestehende Massnahmen

Das Sicherheitskonzept soll Risiken, Anforderungen, bestehende Massnahmen und Anhaltspunkte über die aktuellen Massnahmen-Kosten aufzeigen. Die Erstellung des letzten Kapitels über Massnahmen-Umsetzung kann in dieser frühen Phase entfallen.

Aufbau IT-Sicherheitskonzept

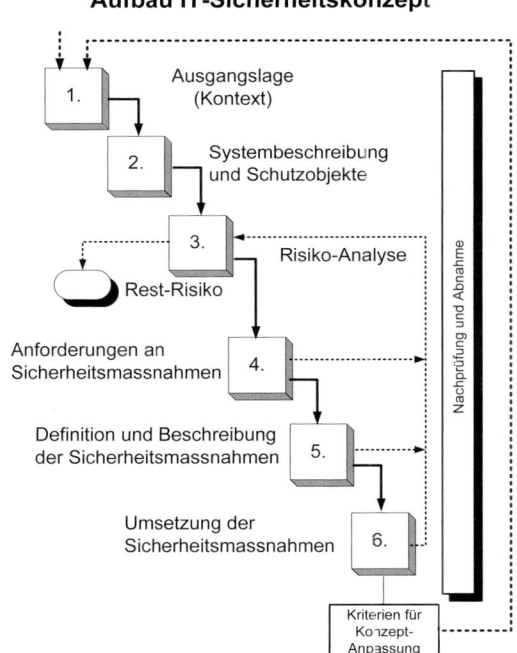

Sicherheitskonzepte in den Sourcing-Phasen:

Phase 1 (Sourcing-Strategie):
↳ Sicherheitskonzept alt

Phase 2 (Evaluation & Auswahl):
↳ Kapitel 1 bis 4, in Kapitel 3 lediglich Impact-Analyse

Phase 3 (Vertragsentwicklung):
↳ Sicherheitskonzept neu

Phase 4 (Sourcing-Management):
↳ Umsetzung Sicherheitskonzept neu

Abbildung 15.2: Erstellung IT-Sicherheitskonzept in Sourcing-Phasen

2) Phase Evaluation und Auswahl

Teile des Sicherheitskonzepts in „Request for Proposal"

In der Phase der Suche eines geeigneten Dienstleisters sollen die für diese Phase wichtigen Teile aus Kapitel 1 bis 4 des Sicherheitskonzepts in den „Request for Proposal" (RFP) aufgenommen werden:

- ❑   Kapitel 1: Kontext,

- ❑   Kapitel 2: System- resp. Prozessbeschreibung

- ❑   Kapitel 3: Nicht die volle Risiko-Analyse, sondern lediglich die Impact-Analyse

- ❑   Kapitel 4: Anforderungen an die Sicherheits-Massnahmen

Die aus der Sicht des auslagernden Unternehmens erstellte volle Risiko-Analyse (Kapitel 3) ist für den RFP nicht relevant und wird deshalb nicht herausgegeben.

3) Vertragsentwicklung

Neues Umfeld im Sicherheitskonzept

In dieser Phase werden mit dem Dienstleister zusammen alle Kapitel 1 bis 6 des Sicherheitskonzepts unter Berücksichtigung des neuen Umfelds gemeinsam überarbeitet.

Bei der Risiko-Analyse steuert das auslagernde Unternehmen vor allem die Impact-Analyse, hingegen der Dienstleister vor allem die Analyse der Bedrohungen und Schwachstellen zur Risiko-Analyse bei.

Gemeinsame Risiko-Bewertung

Nach gemeinsamer Risiko-Bewertung werden die neuen Anforderungen an die Sicherheitsmassnahmen gemeinsam definiert. Grosse Aufmerksamkeit und Sorgfalt ist auch bei der Massnahmen-Beschreibung (Kapitel 5), beim Umsetzungs-Plan (Kapitel 6) sowie der anschliessenden Rest-Risiko-Betrachtung notwendig.

Im Kapitel 6 über die Umsetzung der Sicherheitsmassnahmen sind die Bedingungen zur späteren Überarbeitung des Sicherheitskonzepts aufzunehmen. Solche Bedingungen sind beispielsweise signifikante Veränderungen des Auslagerungs-Gegenstands und der Risiko-Lage. Die Überarbeitung kann auch auf Grund einer Überprüfung (Revision) durch den Auftraggeber notwendig sein. Das Vorgehen und die Periodizität von solchen Überprüfungen (z.B. jährlicher Review) gehört auch im Umsetzungsplan beschrieben. Ein solches gemeinsam erarbeitetes Sicherheitskonzept kann nur dann seinen Zweck erfüllen, wenn es als integrierender Bestanteil des Vertrags deklariert wird.

4) Sourcing-Management

Während dieser Betriebsphase können alle Überwachungen und Weisungs-Möglichkeiten ausgeschöpft werden, die im Vertrag und dem Sicherheitskonzept vereinbart wurden. Kontroll-möglichkeiten durch den Chief Information Security Officer so-wie interne oder externe Revisions-Stellen sind nützlich und aufgrund regulativer Auflagen (z.B. Eidg. Bankenkommission, Sarbanes-Oxley-Act) sogar unumgänglich.

Koordination und Überwachung auf Auftraggeber-Seite — Auf der Auftraggeber-Seite sollte wenigstens eine Person als für die Koordination und Überwachung mit entsprechendem Ein-sichtsrecht definiert und eingerichtet sein. Auch eine zusätzliche Person eines unabhängigen Beratungs-Unternehmens mit ein-schlägigen Erfahrungen mit Einblick in die Geschehnisse ist zu empfehlen.

15.1.2 Sicherheitskonzept beim Dienstleister

Der Ablauf bezüglich Festlegung der Sicherheitsanforderungen auf der Seite des Dienstleisters wird weitgehend durch den Auf-traggeber bestimmt. Doch hat der Dienstleister zum einen eigene Sicherheits-Interessen bezüglich seiner IT-Umgebung und zum anderen das Interesse, die Massnahmen kostengünstig zu gestal-ten.

Niedrige Kosten — Niedrige Kosten steigern die Konkurrenzfähigkeit. Strebt der Dienstleister eine dem Dienstleistungs-Objekt nicht angemessene zu niedere Sicherheit an, kann dies seinem Ruf und damit seiner Konkurrenzfähigkeit schaden.

1) Sicherheits-Strategie des Dienstleisters (Phase 1)

Der Dienstleister wird an einer möglichst effektiven und ange-messenen Lösung der Sicherheits-Anforderungen interessiert sein. Werden die Sicherheits-Anforderungen erst spät oder gar nach dem Betrieb des Outsourcings erkannt und definiert, dann können Streitereien über Vertragsinhalte unvorhergesehene Kos-ten hervorrufen und eine gute Partnerschaft in Frage stellen.

Einholen der Sicherheits-anfordereungen — Zu diesem Zwecke wird der Dienstleister sich möglichst früh die Sicherheitsanforderungen einholen. Für Sicherheitsdienste wie Benutzer-Authentisierung, Übertragungs-Chiffrierung oder Zu-griffskontrolle wird er aus Risiko- und Kostensicht unterschied-lich starke Dienste mit unterschiedlichen Preisen anbieten kön-nen.

2) Angebot des Dienstleisters (Phase 2)

Um ein günstiges Angebot mit entsprechend günstigen Sicherheits-Massnahmen unterbreiten zu können, wird der Dienstleister versuchen, die Sicherheitsanforderungen auf der Basis der wirklichen IT-Risiken zu verifizieren.

Stellt ihm der Kunde die im vorigen Kapitel erwähnten Inhalte eines Sicherheits-Konzepts nicht zur Verfügung, dann sollte der Dienstleister (ggf. in Interviews) mit dem Kunden zusammen die Informationen für ein solches Sicherheits-Konzept zusammenstellen. Vom Kunden benötigt er dazu weitgehende Informationen über:

Informationen für Sicherheitskonzept

❑   Kontext des Outsourcing-Gegenstandes

❑   Prozess- resp. Systembeschreibung

❑   Angaben über die Schutzobjekte und möglichen Schäden (Impacts)

❑   Anforderungen an die Sicherheitsmassnahmen.

Grobes Scherheitskonzept bei Angebotsstellung

Zur Ausarbeitung eines Angebots stellt sich der Dienstleister ein Sicherheitskonzept mit sämtlichen Kapiteln zusammen, wobei die Ausarbeitung gemäss dem zu diesem Zeipunkt vorhandenen Informationsstand nur grob sein kann.

Bei der Angebotsausarbeitung muss der Dienstleister bedenken, dass es zu seiner Sorgfaltspflicht gehört, die mit dem Outsourcing notwendigen gesetzlichen und regulatorischen Auflagen an das outsourcende Unternehmen (z.B. Sarbanes-Oxley) einzuhalten. Bei den Risiken werden auch die durch das Projekt eingeführten neuen IT-Risiken des Dienstleisters aufgeführt sein (z.B. Zugriffe über das Internet, Abschottung verschiedener Kundensysteme gegeneinander). Auch diese neuen Risiken bedürfen zusätzlicher Massnahmen. Die wesentlichen Massnahmen und Umsetzungen müssen im Sicherheitskonzept des Dienstleisters formuliert sein. Nur dann können die groben Kosten und folglich die Preise im Angebot angegeben werden.

3) Vertragsentwicklung (Phase 3)

Sicherheitskonzept als Vertragsbestandteil

Der Dienstleister und der potentielle Vertragspartner erarbeiten gemeinsam ein Sicherheitskonzept, das die detaillierten Anforderungen des Sourcing-Projekts erfüllt. Eine solche Version des Sicherheitskonzepts wird zum integrierenden Bestandteil des Sourcing-Vertrags und muss von beiden Vertragspartnern akzeptiert und eingehalten werden.

4) Sourcing Management (Phase 4)

Gemeinsame und überprüfbare Basis

Der Dienstleister hält sich an die im Sicherheitskonzept enthaltenen Massnahmen und an den Umsetzungsplan. Das Sicherheitskonzept bildet somit die gemeinsame und überprüfbare Basis für die Sicherheit des ausgelagerten Prozesses oder Systems.

15.2   Zusammenfassung

Das „Outsourcing" kann für ein Unternehmen eine Reihe von Vorteilen haben, wie Komplexitätsreduktion, Variabilisierung von Fixkosten; vor allem aber die Reduktion der Kosten in der Grössenordnung von 20 %.

Bei aller Attraktivität eines Outsourcing müssen die neuen Kosten, vor allem die der Sicherheit und der Risiken, frühzeitig in die Betrachtungen einbezogen werden.

Für die Auslagerung von Prozessen mit hoher Informationsabhängigkeit muss dem Vorgehen ein gründliches Risiko-Management zugrunde gelegt werden. Es ist zu beachten, dass Gesetze, Regulative und vertragliche Festlegungen Sicherheitsmassnahmen vorschreiben und dass die Sicherheit auch ein „Qualitätsmerkmal" ist. Die Sicherheit muss daher auf einem angemessenen Niveau nachhaltig gewährleistet werden.

Die Gartner Group empfiehlt u.a. anhand ihres Lifecycle-Modells die sorgfältige Analyse und Berücksichtigung der Risiken bis zum Vertragsabschluss in den Phasen der „Strategiefindung", der „Evaluation" und der „Vertragsdefinition". Im ganzen Outsourcing Lifecycle soll das auslagernde Unternehmen „Due Diligence" ausüben.

Als Instrument zur Analyse und Abstimmung der IT-Risiken und Massnahmen zwischen den Partnern bietet sich ein IT-Sicherheitskonzept mit den Eigenschaften eines Risiko-Management-Prozesses an.

Auch für den Dienstleister ist die Kenntnis der Sicherheitsanforderungen bereits zum Zeitpunkt des Angebotes wichtig, zumal jede Sicherheitsmassnahme ihren Preis hat. Vom Kunden benötigt der Dienstleister die Angaben zur Erstellung der Kapitel 1 bis 4 eines Sicherheitskonzepts. Zum Zeitpunkt der Angebotsstellung erstellt der Dienstleister in seinem Interesse ein Sicherheitskonzept in grober Fassung mit allen sechs Kapiteln.

Das als intergrierender Bestandteil des Outsourcing-Vertrages geltende Sicherheitskonzept wird im Dialog zwischen Dienstleister und Kunde erarbeitet und abgestimmt. Es bildet somit im späteren Betrieb die gemeinsame und überprüfbare Basis für die Risiken und die Sicherheit des ausgelagerten Prozesses oder Systems.

15.3   Kontrollfragen

1. Nennen Sie drei Argumente aus Unternehmenssicht für das Outsourcen und drei Gründe für neue Kosten?

2. Zu welchem Zeitpunkt vereinbaren Sie die Sicherheitsmassnahmen mit Ihrem Partner?

3. Nennen Sie die vier Phasen des Gartner Lifecycle für Sourcing-Vorhaben?

4. Nennen Sie mindestens ein Instrument, mit dem Sie Risiken und Massnahmen für Sourcing-Vorhaben systematisch analysieren und die Konsequenzen für Massnahmen und neue Kosten absehen können?

5. Welchen Teilaspekt der Risiken sollte das auslagernde Unternehmen auf jeden Fall analysieren, bevor der Request for Proposal (RFP) ausgegeben wird?

6. Welche Vertragsinhalte werden Sie sowohl als auslagerndes Unternehmen als auch als Dienstleister dringend in die Vertragsausarbeitung einbeziehen?

7. Wie können Sie die Risiken während des Outsourcing-Betriebs unter Kontrolle halten?

8. Aus welchen Gründen, empfehlen Sie dem Dienstleister bereits zum Zeitpunkt der Angebotsstellung, ein grobes Sicherheitskonzept zu erstellen?

Anhang

A.1 Beispiele von Risiko-Arten

Marktrisiken

Abweichungen von System-Zielen	Bedrohungsliste
• Verlust von Abnehmern • Verlust der Marktposition • Probleme mit Partnern • Probleme mit Lieferanten • Schädigung des Unternehmensimage	• Wettbewerber im gleichen Markt • Abhängigkeit von Lieferanten • Schwierige Kunden und Kundenansprüche • Substitutions- und Ersatzprodukte • Veränderungen der Markt- und Branchenkonstellation • Währungsschwankungen

Finanzrisiken

Abweichungen von System-Zielen	Bedrohungslisten
• Gewinneinbussen/Verluste • Schwacher Cash Flow • Geringer Deckungsbeitrag • Schwierigkeiten bei der Finanzmittelaufnahme	• Zinsänderung • Bonitätsverschlechterung einer Gegenpartei • Eigene Bonitätseinbusse • Kursrisiken

Rechtliche Risiken

Abweichungen von System-Zielen	Bedrohungslisten
• Abgeschlossene Geschäfte nicht durchsetzbar • Verlust von Lizenzen • Haftung • Entschädigung • Strafe	• Rechte, Pflichten und Konditionen nicht klar und vollständig dokumentiert • Ungenügende Haftungsausschlüsse • Neue gesetzliche Auflagen • Gesetzesverletzung

Sachrisiken

Abweichungen von System-Zielen	Bedrohungslisten
• Betriebsbehinderungen • Produktionsausfälle • Sachbeschädigungen • Ressourcenschwund	• Brand • Terror • Betrug • Unterschlagung • Sabotage • Vandalismus • Technische Fehler • Wassereinbruch • Versorgungsengpässe (Wasser, Strom, Energie)

Projektrisiken

Abweichungen von System-Zielen	Bedrohungslisten
• Kostenabweichungen • Terminabweichungen • Funktionalitätsabweichungen • Qualitätsabweichungen	• Personalrisiken • Managementschwächen • Kommunikationsprobleme • Planungsdefizite • Lieferverzögerungen • Mängel bei Entwicklungs- und Einführungswerkzeugen

IT-Risiken

Abweichungen von System-Zielen	Bedrohungslisten
• Verlust Integrität (Authentizität) • Verlust Verfügbarkeit • Verlust Vertraulichkeit	• Terroristische Attacken • Mangel notwendiger Fachkräfte • Manipulation / Betrug • Maskerade einer Benutzer- oder System-Identität • Infiltrierung Kommunikation • Abhörung Kommunikation • Einschleusen schädlicher „Codes" • Missbrauch / Lahmlegen von Systemressourcen • Diebstahl von Informationen / Spionage • Absichtliche Beschädigung • Benutzerfehler • Betriebsfehler • Fehlfunktionen Hardware • Fehlfunktionen Software • Naturkatastrophen / Höhere Gewalt

Organisations- / Betriebsrisiken

Abweichungen von System-Zielen	Bedrohungslisten
• Qualitätsmängel • Fehlverarbeitungen / Ausschuss • Abweichungen von Produktspezifikationen • Ineffiziente Prozesse / Abläufe • Mittelabflüsse durch Diebstahl • Unterbrechungen der Leistungserstellung • Kostenexplosion	• Inkompetentes Personal • Schlechte Führung • Schlechte Arbeitsanweisungen, Kompetenzregelungen • Schlechte oder fehlende Kontrollen • Ausfall von Produktionseinrichtungen und IT-Systemen

Personalrisiken

Abweichungen von System-Zielen	Bedrohungslisten
• Personalengpässe • Fachpersonalmangel • Ausbildungsdefizite • Personalmangel	• Krankheit/Verletzung • Abwerbung • Ausgetrockneter Arbeitsmarkt • Abwanderung von Führungskräften • Fehlende Ausbildungsmöglichkeiten

A.2 Muster Ausführungsbestimmung für Informationsschutz

Tabelle A.2.1: Informations-Einstufungskriterien

Die Stufe der Vertraulichkeit wird umso höher gewählt, je höher der mögliche Schaden eines Missbrauchs ist	
Stufe 1	**Schutzwürdige Informationen mit <u>internem</u> Charakter; Beispiele:** • Interne Notizen und Mitteilungen, Konzepte, neutrale Kunden-Informationen (ohne weiteren Aufschluss über die Beziehungen des Kunden oder seine Transaktionen) • Personen-Informationen ohne besonderen Schutzbedarf (z.B. Adressangaben, sofern sie neutral sind und nicht in einem sensiblen Zusammenhang stehen)
Stufe 2	**Nur einem bestimmtem Personenkreis anvertraute Informationen mit <u>vertraulichem</u> Charakter; Beispiele:** • Konzepte oder Computer-Programme mit strategischem Charakter • Informationen von Kunden, welche die Beziehungen oder Transaktionen der Kunden wiedergeben • Besonders schützenswerte Personen-Informationen und Persönlichkeitsprofile
Stufe 3	**Nur den namentlich bezeichneten Personen anvertraute Informationen mit <u>streng vertraulichem</u> Charakter; Beispiele:** • Kryptographische Schlüssel oder Passwörter • Personen-Informationen, welche den Betroffenen schwerwiegend gefährden oder schädigen könnten
Die Stufe der Integrität wird umso höher gewählt, je höher der mögliche Schaden einer Integritätsverletzung ist	
Stufe 1	**Informationen mit <u>niedrigen</u> Verfälschungs-/Verlustauswirkungen; Beispiele:** • Informationen, die bei Integritätsverletzungen ohne grossen Aufwand berichtigt, rekonstruiert oder wiederholt werden können • Informationen, die bei Integritätsverletzungen zu <u>Verlusten unter € 10'000</u> führen
Stufe 2	**Informationen mit <u>mittleren</u> Verfälschungs-/Verlustauswirkungen; Beispiele:** • Informationen, die im Schadensfalle zu <u>bedeutenden Vertrauensverlusten</u> führen • Informationen, die im Schadensfalle zu <u>Verlusten von € 10'000 bis € 100'000</u> führen
Stufe 3	**Informationen mit <u>hohen</u> Verfälschungs-/Verlustauswirkungen; Beispiele:** • Informationen, die im Schadensfalle zu <u>sehr grossen Verlusten</u> führen • Informationen, die im Schadensfalle zu <u>Verlusten von über € 100'000</u> führen

Tabelle A.2.2:　　　　Allgemeiner Grundschutz für Informationen

Für alle Stufen (1, 2 und 3) gültige Grundschutz-Massnahmen
❑ Abhandengekommene Informationsträger oder Dokumente unverzüglich an Vorgesetzten, Informations-Owner und CISO melden
❑ Arbeitsplatz bei Verlassen vor unberechtigtem Zugriff schützen
❑ Arbeitsplatz nach Arbeitsschluss aufräumen, Informationen einschliessen und die persönlichen Arbeitsplatzeinrichtungen kontrolliert abschalten
❑ Datenträger gegen äussere Einwirkungen schützen (z.B. gegen Schmutz, Kratzer, Knicken, Brechen, Wärme, Feuchtigkeit, magnetische Felder)
❑ Informationen auf Informationsträgern kontrolliert vernichten
❑ Informationen und Datenträger geordnet sowie gemäss Aufbewahrungsfristen ablegen, archivieren und sicherstellen
❑ Informationen vor unberechtigter Einsichtnahme, Diebstahl oder Manipulation schützen
❑ Keine Systeme und Datenräger mit unvernichteten Informationen an unberechtigte Externe abgeben
❑ Mobile Systeme und Datenträger aussagekräftig beschriften und gegen Diebstahl sichern (z.B. einschliessen)
❑ Originalinformation sicherstellen (Informationen-Backup)
❑ Passwörter (Chiffrierschlüssel) getrennt von den chiffrierten Informationen aufbewahren und versenden
❑ Systeme, Arbeitsstationen und Datenträger vor Computer-Viren schützen

Tabelle A.2.3: Massnahmen für Informationen der Stufen 2 und 3 in den einzelnen Schutzphasen

Phase	Besondere Massnahmen für Stufe 2	
	Vertraulichkeit	**Integrität**
Erstellung (Entwerfen, Schreiben, Erfassen oder Bearbeiten)	(1) **Berechtigte** festlegen; (2) **Meldepflicht Datenschutzgesetz** für Personendaten prüfen und befolgen; (3) **Klassifikationsvermerk** für Dokumente 'VERTRAULICH'.	(1) **Berechtigte** festlegen; (4) **Sicherstellung.**
Elektronische Übermittlung (z.B. File Transfer und E-Mail)	(7) **Daten-Chiffrierung mit Chiffrier-Werkzeug in der Verantwortlichkeit des Absenders.**	(8) **Digitale Unterschrift.**
Transport (Versand oder Mitnahme)	(9) **Versand geschützt** oder (11) **Transport, begleitet und geschützt.**	(9) **Versand geschützt** oder (11) **Transport, begleitet und geschützt.**
Aufbewahrung (Speicherung und Ablage)	(5) **Zugriff geschützt.**	(5) **Zugriff geschützt;** (12) **Ablage geschützt.**
Löschung / Entsorgung	(14) **Daten-Löschung;** (16) **Informationsträger-Entsorgung**	-

Phase	Besondere Massnahmen für Stufe 3	
	Vertraulichkeit	**Integrität**
Erstellung (Entwerfen, Schreiben, Erfassen oder Bearbeiten)	(1) **Berechtigte** namentlich festlegen; (2) **Meldepflicht Datenschutzgesetz** für Personendaten prüfen und befolgen; (3) **Klassifikationsvermerk** für Dokumente 'STRENG VERTRAULICH'.	(1) **Berechtigte** namentlich festlegen; (6) **Zugriff streng geschützt;** (4) **Sicherstellung** am selben Tag vornehmen.
Elektronische Übermittlung (z.B. File Transfer und E-Mail)	(7) **Daten-Chiffrierung mit Chiffrier-Werkzeug in der Verantwortlichkeit des Absenders.**	(8) **Digitale Unterschrift.**
Transport (Versand oder Mitnahme)	(10) **Versand streng geschützt** oder (11) **Transport, begleitet und geschützt.**	(10) **Versand streng geschützt** oder (11) **Transport, begleitet und geschützt.**
Aufbewahrung (Speicherung und Ablage)	(5) **Zugriff geschützt;** (7) **Daten-Chiffrierung;**	(6) **Zugriff streng geschützt;** (12) **Ablage geschützt;** (13) **Daten-Auslagerung.**
Löschung / Entsorgung	(15) **Strenge Datenlöschung** (17) **Strenge Informationsträger-Entsorgung;**	-

<u>Anm.:</u> Abbildung A.2.4 zeigt Erläuterung der Massnahmen pro Ziffer

Tabelle A.2.4:   Erläuterung der Massnahmen für Informationen der Stufen 2 und 3 in den einzelnen Schutzphasen

---

(1) Berechtigte: Einzelpersonen oder Personengruppen (z.B. organisatorische Einheit), die Kenntnis oder Zugriff auf bestimmte Daten erhalten, werden durch den Owner festgelegt. Owner ist , wenn nicht speziell bestimmt, der Ersteller der Daten oder des Dokuments.

(2) Meldepflicht Datenschutzgesetz: Personendaten auf Meldepflicht des Datenschutzgesetzes (DSG) prüfen und, wenn erforderlich, an den zuständigen Datenschutzbeauftragten der Gesellschaft melden.

(3) Klassifikationsvermerk: Vorderste Seite des höchstklassierten Einzeldokuments mit Vermerk 'VERTRAULICH' oder 'STRENG VERTRAULICH' versehen. Klassifikation kann auch zeitich beschränkt werden, z.B.: 'VERTRAULICH bis 1. August 2005, 12.00 Uhr'.

(4) Sicherstellung: Originaldaten reproduktionsfähig kopieren (Daten-Backup) und getrennt vom Original aufbewahren oder transportieren.

(5) Zugriff geschützt: Zugriff auf Daten nur mittels Schlüssel (Passwort, Schlüssel etc.).

(6) Zugriff streng geschützt: Zugriff geschützt, zusätzlich lückenlose Beweissicherung der erfolgten Zugriffe.

(7) Daten-Chiffrierung: Kryptographische Verschlüsselung der Daten bei der Abspeicherung oder Uebertragung, die nur durch den Besitzer des geheimen Schlüssels (resp. Passworts) rückgängig gemacht werden kann.

(8) Digitale Unterschrift: Kryptographisches Beweisverfahren für die Richtigkeit von Absender und Dateninhalt einer Meldung.

(9) Versand geschützt: Post oder Interner Kurier: Verschlossenes Behältnis und persönlich adressiert.

(10) Versand streng geschützt: Post oder Interner Kurier: Persönlich adressiertes verschlossenes Behältnis mit Klassifikationsvermerk versehen und zusätzlicher äusserer Verpackung mit Vermerken 'EINSCHREIBEN', 'PERSOENLICH'.

(11) Transport, begleitetet und geschützt: Zugriff geschützt und unter persönlicher Aufsicht eines Berechtigten oder einer Vertrauensperson.

(12) Ablage geschützt: Originalfähige Daten vor Elementarereignissen geschützt, d.h. Aufbewahrung in feuersicherem Behältnis, Datensafe, etc. oder in separatem Brandabschnitt.

(13) Daten-Auslagerung: Originalfähige Daten zusätzlich zur Ablage in einem separaten Gebäude aufbewahren (z.B. externes Archiv).

(14) Daten-Löschung: Löschen gemäss Lösch-Standard. Protokollierung des Lösch-Vorgangs.

(15) Strenge Datenlöschung: Löschung gemäss Standard. Lückenlose Beweissicherung.

(16) Informations-Datenträger-Entsorgung: Abholung durch Entsorgungsdienst. Protokollierung des Entsorgungs-Vorgangs.

(17) Strenge Informations-Datenträger-Entsorgung: Vernichten (z.B. Shreddern) durch Informations-Owner selbst oder durch ihn selbst beauftragte Person. Lückenlose Beweissicherung des Vorgangs.

A.3 Formulare zur Einschätzung von IT-Risiken

Tabelle A.3.1: Formular zur Durchführung des „First Cut"

Formblatt First Cut

Abteilung / Projektname / Systembezeichnung:

Kontext und Kurzbeschreibung: Fortsetzung auf Zusatzblätter ☐

Geschäftsprozess, Geschäftsanforderungen, Auftraggeber, Verantwortlichkeiten, verwendete Infrastruktur, Technologie, Anwendungsumfeld, Anzahl Benutzer, Art der Benutzer, Verbindung zu anderen Systemen, Bedeutung für Geschäft, spezifische Sicherheitsanforderungen, Systemabgrenzungen usw.

Kernfragen zur Informations-Sicherheit

1. Sind Grundschutz-Massnahmen eingerichtet?   Nein ☐   Ja ☐
   Wenn ja, welche?
2. Welche Informationen werden mit dem System behandelt?
3. Welche Schutzwürdigkeit besitzen die mit dem System verwendeten Informationen?

	keine	Stufe 1	Stufe 2	Stufe 3
Vertraulichkeit	☐	☐	☐	☐
Integrität	☐	☐	☐	☐

4. Ist das System mit Datennetzen verbunden   Nein ☐   Ja ☐
   Wenn ja, mit welchen?
5. Kann das System andere Systeme gefährden?   Nein ☐   Ja ☐
   Wenn ja, welche?
6. Ist das System mit Systemen von Dritten verbunden?   Nein ☐   Ja ☐
   Wenn ja, mit welchen?
7. Sind Informationen oder IT-Prozesse and Dritte ausgelagert (z.B.   Nein ☐   Ja ☐
   durch Outsourcing)?
   Wenn ja, an wen?

Zusammenfassung der Ergebnisse der Risikoanalyse

Füllen Sie diese Tabelle **nach** der Beantwortung der angefügten Formulare aus	sehr klein	klein	mittel	gross	sehr gross
Vertraulichkeit	☐	☐	☐	☐	☐
Integrität	☐	☐	☐	☐	☐
Verfügbarkeit (höchstes bewertetes Ausfallrisiko)	☐	☐	☐	☐	☐

Einverständnis und Genehmigung First Cut

Vorbehalte / Auflagen:

....

Rolle	Datum	Name	Unterschrift
Projektleiter			
Business Owner (Auftraggeber)			
Chief Information Secuity Officer			

Tabelle A.3.2:   Einstufung der Häufigkeiten aufgrund der Bedrohung

Bezeichnung System / Prozess:..

Wie *häufig* tritt aufgrund einer **Bedrohung** ein Schaden in Bezug auf Vertraulichkeit, Integrität und Verfügbarkeit auf?	Vertraulichkeit **a b c d e**	Integrität **a b c d e**	Verfügbarkeit **a b c d e**
Maskerade einer User- oder System-Identität	☐☐☐☐☐	☐☐☐☐☐	☐☐☐☐☐ 15 Min. ☐☐☐☐☐ 1 Std. ☐☐☐☐☐ 1 Tag ☐☐☐☐☐ 1Woche ☐☐☐☐☐ >1Woche
Abhören der Kommunikation	☐☐☐☐☐		
Infiltrierung der Kommunikation	☐☐☐☐☐	☐☐☐☐☐	☐☐☐☐☐ 15 Min. ☐☐☐☐☐ 1 Std. ☐☐☐☐☐ 1 Tag ☐☐☐☐☐ 1Woche ☐☐☐☐☐ >1Woche
Einschleusen von schädlicher Software	☐☐☐☐☐	☐☐☐☐☐	☐☐☐☐☐ 15 Min. ☐☐☐☐☐ 1 Std. ☐☐☐☐☐ 1 Tag ☐☐☐☐☐ 1Woche ☐☐☐☐☐ >1Woche
Lahmlegen von Systemressourcen			☐☐☐☐☐ 15 Min. ☐☐☐☐☐ 1 Std. ☐☐☐☐☐ 1 Tag ☐☐☐☐☐ 1Woche ☐☐☐☐☐ >1Woche
Diebstahl	☐☐☐☐☐		☐☐☐☐☐ 15 Min. ☐☐☐☐☐ 1 Std. ☐☐☐☐☐ 1 Tag ☐☐☐☐☐ 1Woche ☐☐☐☐☐ >1Woche
Absichtliche Beschädigung / Terrorismus		☐☐☐☐☐	☐☐☐☐☐ 15 Min. ☐☐☐☐☐ 1 Std. ☐☐☐☐☐ 1 Tag ☐☐☐☐☐ 1Woche ☐☐☐☐☐ >1Woche
Benutzerfehler	☐☐☐☐☐	☐☐☐☐☐	☐☐☐☐☐ 15 Min. ☐☐☐☐☐ 1 Std. ☐☐☐☐☐ 1 Tag ☐☐☐☐☐ 1Woche ☐☐☐☐☐ 15 Min.
Betriebsfehler	☐☐☐☐☐	☐☐☐☐☐	☐☐☐☐☐ 15 Min. ☐☐☐☐☐ 1 Std. ☐☐☐☐☐ 1 Tag ☐☐☐☐☐ 1Woche ☐☐☐☐☐ 15 Min.
HW & SW - Wartungsfehler	☐☐☐☐☐	☐☐☐☐☐	☐☐☐☐☐ 15 Min. ☐☐☐☐☐ 1 Std. ☐☐☐☐☐ 1 Tag ☐☐☐☐☐ 1Woche ☐☐☐☐☐ >1Woche
Fehlfunktion / Versagen der Applikations-Software	☐☐☐☐☐	☐☐☐☐☐	☐☐☐☐☐ 15 Min. ☐☐☐☐☐ 1 Std. ☐☐☐☐☐ 1 Tag ☐☐☐☐☐ 1Woche ☐☐☐☐☐ >1Woche
Fehlfunktion / Versagen der infrastrukturnahen Software	☐☐☐☐☐	☐☐☐☐☐	☐☐☐☐☐ 15 Min. ☐☐☐☐☐ 1 Std. ☐☐☐☐☐ 1 Tag ☐☐☐☐☐ 1Woche ☐☐☐☐☐ >1Woche
Fehlfunktion / Versagen der Hardware		☐☐☐☐☐	☐☐☐☐☐ 15 Min. ☐☐☐☐☐ 1 Std. ☐☐☐☐☐ 1 Tag ☐☐☐☐☐ 1Woche ☐☐☐☐☐ >1Woche
Naturkatastrophen		☐☐☐☐☐	☐☐☐☐☐ 15 Min. ☐☐☐☐☐ 1 Std. ☐☐☐☐☐ 1 Tag ☐☐☐☐☐ 1Woche ☐☐☐☐☐ >1Woche
Arbeitskräftemangel	☐☐☐☐☐	☐☐☐☐☐	☐☐☐☐☐ 15 Min. ☐☐☐☐☐ 1 Std. ☐☐☐☐☐ 1 Tag ☐☐☐☐☐ 1Woche ☐☐☐☐☐ >1Woche
Andere (bitte spezifizieren)	☐☐☐☐☐	☐☐☐☐☐	☐☐☐☐☐ 15 Min. ☐☐☐☐☐ 1 Std. ☐☐☐☐☐ 1 Tag ☐☐☐☐☐ 1Woche ☐☐☐☐☐ >1Woche

Hinweis: Metrik zur Einstufung der Häufigkeiten s. Tabelle A.3.3

Tabelle A.3.3:   Metrik zur Einstufung der Häufigkeit

Häufigkeit der Fälle				
a	b	c	d	e
sehr oft	oft	selten	sehr selten	unwahrscheinlich
mehrere mal pro Jahr	1 mal in 1 bis 3 Jahren	1 mal in 3 bis 10 Jahren	1 mal 10 bis 30 Jahren	1 mal in > 30 Jahren

Tabelle A.3.4 :   Bestimmung von Schadensausmass und Risiko

Bezeichnung System / Prozess:..

Schadensausmass (Impact) (Einstufungen entsprechend Schadens-Metrik Tabelle A.3.5)	Aufgrund Vertraulich-keitsverlust A B C D E	Aufgrund Integritäts-verlust A B C D E	Aufgrund Verfügbarkeits-verlust A B C D E	Monetarisierter Schaden (€)
Finanzieller Verlust (z.B. Direkter Geschäftsverlust, Betrug, Wiederherstellungskosten)	☐☐☐☐☐	☐☐☐☐☐	☐☐☐☐☐ 15 Min. ☐☐☐☐☐ 1 Std. ☐☐☐☐☐ 1 Tag ☐☐☐☐☐ 1Woche ☐☐☐☐☐ >1Woche	
Schädigung der geschäftlichen und wirtschaftlichen Interessen (z.B. Verwertbarkeit von Informationen wie Methoden, Konzepten, Verträgen, Störungen von Vertriebskanälen)	☐☐☐☐☐	☐☐☐☐☐	☐☐☐☐☐ 15 Min. ☐☐☐☐☐ 1 Std. ☐☐☐☐☐ 1 Tag ☐☐☐☐☐ 1Woche ☐☐☐☐☐ >1Woche	
Beeinträchtigung der Management- und Geschäftsvorgänge (z.B. Falsche Führungsentscheide, Ineffizienter Betrieb, Schwache Verhandlungen)	☐☐☐☐☐	☐☐☐☐☐	☐☐☐☐☐ 15 Min. ☐☐☐☐☐ 1 Std. ☐☐☐☐☐ 1 Tag ☐☐☐☐☐ 1Woche ☐☐☐☐☐ >1Woche	
Verlust an Goodwill (z.B. schlechtes öffentliches Image, Verlust an Glaubwürdigkeit/Ranking, Fallen des Aktienpreises)	☐☐☐☐☐	☐☐☐☐☐	☐☐☐☐☐ 15 Min. ☐☐☐☐☐ 1 Std. ☐☐☐☐☐ 1 Tag ☐☐☐☐☐ 1Woche ☐☐☐☐☐ >1Woche	
Nichteinhaltung von gesetzlichen und regulativen Verpflichtungen (z.B. keine ordnungsgemässe Geschäftsführung, Verletzung Sorgfaltspflicht, Geldwäscherei, Computerkriminalität, Sittenwidrigkeit)	☐☐☐☐☐	☐☐☐☐☐	☐☐☐☐☐ 15 Min. ☐☐☐☐☐ 1 Std. ☐☐☐☐☐ 1 Tag ☐☐☐☐☐ 1Woche ☐☐☐☐☐ >1Woche	
Beeinträchtigung von Informationen anderer Personen (z.B. Verletzung Geschäftgeheimnis, Verletzung Datenschutzgesetz)	☐☐☐☐☐	☐☐☐☐☐	☐☐☐☐☐ 15 Min. ☐☐☐☐☐ 1 Std. ☐☐☐☐☐ 1 Tag ☐☐☐☐☐ 1Woche ☐☐☐☐☐ >1Woche	

Bei Verwendung der „First Cut"-Formulare erfolgt die Risikobestimmung mit den aus der Einschätzung resultierenden Höchstwerten für „Häufigkeit" und „Schadensausmass".

Bestimmung des Risikos					
Schadenshöhe pro Fall [Mio. €] **Häufigkeit der Fälle**	**E** klein < 0.3	**D** mittel 0.3 - 1	**C** gross 1-3	**B** sehr gross 3 - 10	**A** katastrophal > 10
sehr oft (mehrere mal pro Jahr)	mittel	gross	sehr gross	katastrophal	irreal
oft (1 mal in 1 bis 3 Jahren)	klein	mittel	gross	sehr gross	katastrophal
selten (1 mal in 3 bis 10 Jahren)	sehr klein	klein	mittel	gross	katastrophal
sehr selten (1 mal in 10 bis 30 Jahren)	sehr klein	klein	klein	mittel	katastrophal
unwahrscheinlich (1 mal in > 30 Jahren)	-	sehr klein	klein	mittel	katastrophal

Tabelle A.3.5:   Beispiel einer Schadensmetrik für IT-Risiken

Impacts / Stufe	Direkter finanzieller Verlust (Barwert der Ersatzkosten+ Opportunitäts-kosten) [in Mio. €]	Sonstige firmentypische Schadensauswirkungen		
		Schädigung der geschäftlichen und wirtschaftlichen Interessen / Beeinträchtigung der Management- und Geschäftsvorgänge / Verlust an Reputation	Nichteinhaltung gesetzlicher und regulativer Verpflichtungen (*)	Beeinträchtigung Informationen anderer Personen (*)
		Beispiele		
katastrophal A	> 10 z.B. aufgrund umfassender Zerstörungen und/oder zeit- und ressourcen-aufwändiger Wiederherstellungs-Aktivitäten	Massiver Umsatzrückgang aufgrund eines Ereignisses mit sehr grosser Marktbeeinflussung	Endgültiger Lizenzentzug oder Höchst-Strafen bei aufgetretenen Schadensfällen	-
sehr gross B	3 - 10 z.B. aufgrund langanhaltender Ausfälle	Kunden stellen infolge preisgegebener Produktionsgeheimnisse oder irreparabler Imageschäden auf Alternativprodukte um	Vorübergehender Lizenzentzug oder Strafen bei aufgetretenen Schadensfällen	Klagen wegen Abhören und gezieltem Missbrauch von Personal- und/oder Kundendaten in grossem Umfang
gross C	1 - 3 z.B. aufgrund Zerstörung von Produktionssystemen und entsprechenden Produktionsausfällen	Abnehmer drücken Preis aufgrund abgeflossener Geschäftsinformationen	Sanktionen/ Strafen wegen grober Sorgfaltspflicht-verletzung	Klage und Schadens-ersatz wegen Verletzung des Geschäftsgeheim-nisses von Kunden oder Partnern
mittel D	0.3 - 1 z.B. aufgrund Schadensersatz-forderungen bei fehlerhaften Produkt-und/oder Service-Lieferungen	Erhöhte Werbeauf-wendungen infolge angeschlagener Reputation	Verfahren wegen Mängel der ordnungsgemässen Geschäftsführung	Klagen wegen indiskreter Behandlung von Personaldaten
E klein	< 0.3 z.B. aufgrund kleinerer Störungen und daraus entstandener Rückvergütungen	-	-	Schadensersatz wegen vereinzelter Verletzung des Datenschutzes

* z.T. persönliche Haftung verantwortlicher leitender Personen

A.4 Beispiele zur Aggregation von operationellen Risiken

A.4.1 Beispiel der Bildung eines VAR durch Vollenumeration

Sollen zwei Verteilungen von Zufallszahlen zu einer Gesamtverteilung aggregiert werden, dann kann dies, - vorausgesetzt die Verteilungen sind voneinander statistisch unabhängig -, durch Faltung der beiden Wahrscheinlichkeitsdichtefunktionen und numerisch mit der Vollenumeration erfolgen:

$$h(x) = \int_{i=1}^{n} f(x \mid k) \times p(k) \, dk$$

Im Folgenden wird die Aggregation der Daten einer „Verlustanzahl"-Verteilung mit einer „Verlusthöhen"-Verteilung zu einer Gesamtverlust-Verteilung mittels Vollenumeration gezeigt. Die Gesamtverlustverteilung dient sodann der Ermittlung eines „Operational Value at Risk":

Verlustanzahl-Verteilung p(k)		Verlusthöhen-Verteilung f(x ǀ k)	
Verlustanzahl pro Jahr	Wkt. *)	Verlusthöhe [Mio. €]	Wkt.
0	0.3	1	0.4
1	0.5	2	0.5
2	0.2	4	0.1
0.9	x	1.8	1.62 Mio. € (erwartete Verlusthöhe)

*) Wkt: Wahrscheinlichkeit als rel. Häufigkeit erfasst

Verlust-anzahl	Wkt. Verlust-anzahl	1. Verlust-höhe [Mio. €]	Wkt. 1. Ver-lusthöhe [Mio. €]	2. Ver-lusthöhe [Mio. €]	Wkt. 2. Ver-lusthöhe [Mio. €]	Gesamt-verlust [Mio. €]	Gesamt-Wkt.
0	0.3	-				0	0.3
1	0.5	1	0.4			1	0.2
1	0.5	2	0.5			2	0.25
1	0.5	4	0.1			4	0.05
2	0.2	1	0.4	1	0.4	2	0.032
2	0.2	1	0.4	2	0.5	3	0.04
2	0.2	1	0.4	4	0.1	5	0.008
2	0.2	2	0.5	1	0.4	3	0.04
2	0.2	2	0.5	2	0.5	4	0.05
2	0.2	2	0.5	4	0.1	6	0.01
2	0.2	4	0.1	1	0.4	5	0.008
2	0.2	4	0.1	2	0.5	6	0.01
2	0.2	4	0.1	4	0.1	8	0.002

Der **Operational Value at Risk (OpVAR)** ergibt sich aus dem „Value at Risk für ein x-prozentiges Konfidenz-Niveau" minus dem „erwarteten Verlust".

Gesamtverlust [Mio. €]	Gesamt- Wkt.	Kumulierte Gesamt-Wkt. *)	Beispiele von OpVAR bei unterschiedlichen Konfidenz-Intervallen
0	0,3	0.3	
1	0,2	0.5	
2	0.282	0.782	
3	0.08	0.862	
4	0.1	0.962	OpVAR = 2.38 Mio. € bei Konfidenz-Niveau 96.2 %
5	0.016	0.978	
6	0.02	0.998	OpVAR = 4.38 Mio. € bei Konfidenz-Niveau 99.8 %
8	0.002	1.0	

*) Zur Berechung eines VAR bei einem genau definierten Konfidenzintervall kann zwischen zwei Gesamt-Wahrscheinlichkeiten linear interpoliert werden.

Das für die Erläuterung der Aggregation anschauliche Verfahren der Vollenumeration zeigt gleichzeitig, dass bei vielen Datenwerten das Verfahren schnell sehr umfangreich und aufwändig wird. Im praktischen Einsatz ist deshalb eine Monte Carlo Simulation, wie sie unter A.4.3 grob skizziert wird, vorteilhafter einzusetzen.

A.4.2 Beispiele für Verteilung von Verlusthöhen und Verlustanzahl

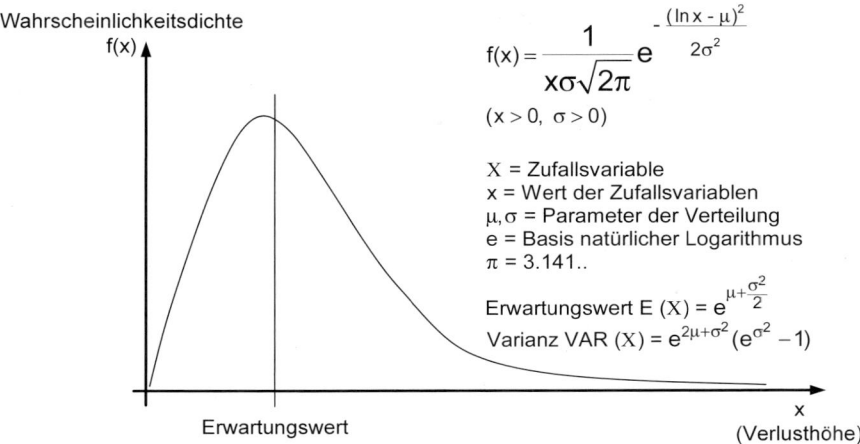

$$f(x) = \frac{1}{x\sigma\sqrt{2\pi}} e^{-\frac{(\ln x - \mu)^2}{2\sigma^2}}$$

$$(x > 0, \ \sigma > 0)$$

X = Zufallsvariable
x = Wert der Zufallsvariablen
μ, σ = Parameter der Verteilung
e = Basis natürlicher Logarithmus
π = 3.141..

Erwartungswert $E(X) = e^{\mu + \frac{\sigma^2}{2}}$

Varianz $VAR(X) = e^{2\mu + \sigma^2}(e^{\sigma^2} - 1)$

Abbildung A.4.1: Verteilung der „Verlusthöhe" mit Log-Normal-Verteilung

Für die statistische Verteilung der „Verlusthäufigkeiten" bietet sich beispielsweise die Poisson-Verteilung an.

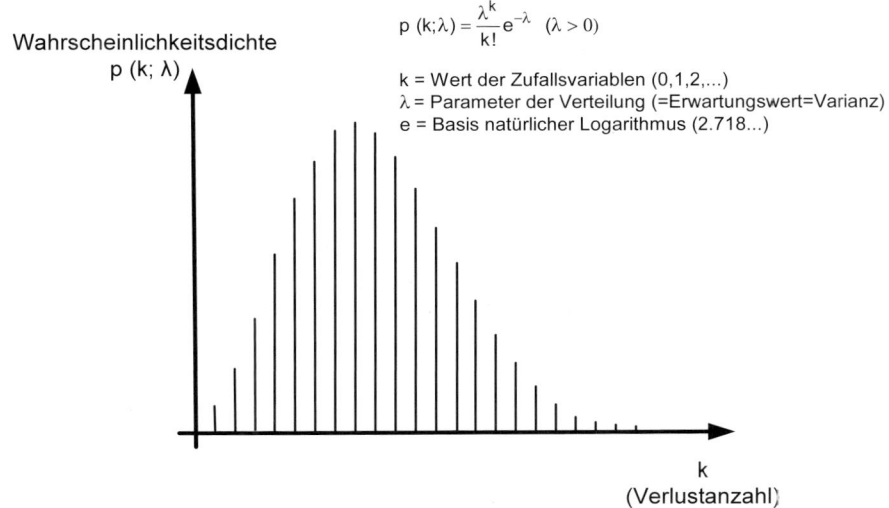

$$p(k;\lambda) = \frac{\lambda^k}{k!} e^{-\lambda} \quad (\lambda > 0)$$

k = Wert der Zufallsvariablen (0,1,2,...)
λ = Parameter der Verteilung (=Erwartungswert=Varianz)
e = Basis natürlicher Logarithmus (2.718...)

Abbildung A.4.2: Verteilung der „Verlustanzahl" (Häufigkeit) mit Poisson-Verteilung

337

Die Kombination der Verlusthöhen-Verteilung und der Verlust-anzahl-Verteilung zu einer Gesamtverlust-Verteilung kann, - statistische Unabhängigkeit vorausgesetzt -, mit der „Faltung" der beiden Verteilungsdichtefunktionen durchgeführt werden (s. A.4.1).

A.4.3 Aggregation mittels Monte-Carlo Methode

Aus verschiedenen Gründen können sich rein analytische Berechnungen als unlösbar darstellen. Solche Fälle liegen dann vor, wenn beispielsweise zu wenig und ungenaues statistisches Datenmaterial vorliegt oder die den Risiken zugrundeliegenden Zufallsvariablen statistische Abhängigkeiten besitzen.

Monte-Carlo-Methode

Eine Methode, die auch in diesen Situationen sinnvolle quantitative Ergebnisse liefert, ist die Monte-Carlo-Simulation. (Der Name kommt von der berühmten Spielbank in Monte-Carlo.)

Die Methode ist am Beispiel der Kombination einer Verlustanzahl-Verteilung mit einer Verlusthöhen-Verteilung zu einer Gesamtverlust-Verteilung, anhand von drei groben Prozesschritten gezeigt (statistische Unabhängigkeit vorausgesetzt):

Schritt 1:

Als Input-Daten werden vorhandene Zufallsdaten eingegeben, die mit fehlenden und für die Zukunft relevanten Zahlen und Parametern ergänzt werden können. Sollen theoretische Verteilungsfunktionen approximiert werden, dann kann dies mit entsprechenden Tests erfolgen (z.B. Chi-Quadrat-Anpassungstest). In unseren Beispielen sind die Verlusthöhen auf eine Log-Normal-Verteilung und die Verlust-Anzahl auf eine Poisson-Verteilung zu approximieren.

Schritt 2:

Der Monte-Carlo-Algorithmus wählt nun aus der Verlustanzahl-Verteilung nach dem Zufallsprinzip eine Anzahl von Verlusten und wählt entsprechend dieser Anzahl zufällige Verlustwerte aus der Verlusthöhen-Verteilung aus. Diese Anzahl von Verlusthöhen werden nun aufsummiert und bilden mit ihrer Wahrscheinlichkeit (Häufigkeit) einen Punkt in der Gesamtverlustverteilung.

Schritt 3:

Der Schritt 2 wird so oft wiederholt, bis sich eine genügend genaue Kurve für die Gesamtverlust-Verteilung ergibt.

Literatur

[Alex03]   Alexander, Carol: <u>Operational Risk.</u> Ed. Carol Alexander. London: Pearson Education Ldt, 2003.

[Anhb04]   Standards Australia / New Zealand: <u>HB 221:2004, Handbook Business Continuity Management.</u> Sydney: Standards Australia International, 2004.

[Asnz04]   Australian / New Zealand Standard: <u>Risk Managemement, AS/NZS 4360:2004.</u> Sydney: Standards Australia International Ltd, 2004.

[Bisf04]   Bank for International Settlements: <u>International Convergence of Capital Measurement and Capital Standards – A Revised Framework.</u> Basel: Bank für Internationalen Zahlungsausgleich, 2004.

[Bisr06]   Bank for International Settlements: <u>International Convergence of Capital Measurement and Capital Standards – A Revised Framework Comprehensive Version.</u> Basel: Bank für Internationalen Zahlungsausgleich, 2006.

[Biss03]   Bank for International Settlements: <u>Sound Practices for the Management and Supervision of Operational Risk.</u> Basel: Bank für Internationalen Zahlungsausgleich, 2003.

[Bisw01]   Bank for International Settlements: <u>Working Paper on Regulatory Treatment of Operational Risk.</u> Basel: Bank für Internationalen Zahlungsausgleich, 2001.

[Bein03]   Beinert, Claudia: „Bestandesaufnahme Risiko-Management". In <u>Risiko-Management und Rating.</u> Hrsg. Peter Reichling. Wiesbaden: Gabler, 2003, 32-41.

[Bitr04]   Biri, Kurt und Giampaolo M. Trenta: <u>Corporate Information Security Governanance im schweizerischen Privatbankgeschäft.</u> Diplomarbeit Executive MBA. Universität Zürich, 2004.

[Bleic92]   Bleicher, Knut: <u>Das Konzept Integriertes Management</u>. Frankfurt: Campus, 1992.

[Böck04]   Böckli, Peter: <u>Schweizerisches Aktienrecht.</u> Zürich: Schulthess, 2004.

[Brüh01]   Brühwiler, Bruno: <u>Unternehmensweites Risk Management als Frühwarnsystem.</u> Bern: Haupt, 2001.

[Brüh03]   Brühwiler, Bruno: Risk Management als Führungsaufgabe. Bern: Haupt, 2003.

[Bsim08]   BSI: BSI-Standard 100-1: Managementsysteme für Informationssicherheit (ISMS), Version 1.5. Bonn: BSI, 2008.

[Bsig08]   BSI: BSI-Standard 100-2: IT-Grundschutz-Vorgehensweise, Version 2.0. Bonn: BSI, 2008.

[Bsir08]   BSI: BSI-Standard 100-3: Risikoanalyse auf der Basis von IT-Grundschutz, Version 2.5. Bonn: BSI, 2008.

[Buch04]   Buchta, Dirk, Marcus Eul und Helmut Schulte-Croonenberg: Strategisches IT-Management. Wiesbaden: Gabler. 2004.

[Buco06]   BS 25999-1:2006: Business continuity management – Part 1: Code of practice. British Standards Institution, 2006.

[Busp07]   BS 25999-2:2007: Business continuity management – Part 2: Specification. British Standards Institution, 2007.

[Cobc00]   ISACF: CobiT – Detailed Control Objectives. 3rd ed. Rolling Meadows: Information Systems Audit and Control Foundation IT Governance Institute, 2000.

[Cobf00]   ISACF: CobiT – Framework. 3rd ed. Rolling Meadows: Information Systems Audit and Control Foundation IT Governance Institute, 2000.

[Cobm00]   ISACF: CobiT – Management Guidelines. 3rd ed. Rolling Meadows: Information Systems Audit and Control Foundation IT Governance Institute, 2000.

[Cosa02]   Committee of Sponsoring Organizations of Treadway Commission (COSO): Internal Control - Integrated Framework. New York: AICPA, 2002.

[Cose04]   COSO: Enterprise Risk Management – Integrated Framework, Framework. New York: AICPA, 2004.

[Delt03].   Deloitte Touche Tohmatsu: 2003 Global Security Survey. www.deloitte.com, 2003.

[Dunn04]   Dunn, Myriam und Isabelle Wigert. International CIIP Handbook 2004. Hrsg. Andreas Wenger und Jan Metzger. Zürich: Center for Security Studies at ETH Zurich, 2004.

[Dübe04]   Dübendorfer, Thomas, Arno Wagner und Bernhard Plattner: „An Economic Damage Model for Large-Scale Internet Attacks", in Proceedings of 13th IEEE International Workshops on Enabling Technologies (WET ICE 2004); Enterprise Security (ES), IEEE, 2004.

[Dübe05]   Dübendorfer, Thomas: Impact Analysis, Early Detection and Mitigation of Large-Scale Internet Attacks. Dissertation Swiss Federal Institut of Technology Zürich, Zürich: ETH, 2005.

[Eber03]   Eberhardt, Otto: Gefährdungsanalyse mit FMEA. Renningen: Expert Verlag, 2003.

[Erns04]   Ernst & Young: Global Information Security Survey 2004. www.ey.com, 2004.

[Foll07]   Follmann, David: Basel II und Solvency II. Saarbrücken: VDM Verlag Dr. Müller, 2007.

[Grue04]   Grütter, Matthias: IT-Risiko-Management in Kombination mit IT-Sicherheitsstandards. Diplomarbeit Nachdiplom Informatik-Sicherheit. Hochschule für Wirtschaft Luzern, 2004.

[Glei05]   Gleissner, Werner und Frank Romeike: Risikomanagement. München: Haufe, 2005.

[Hamm93]   Hammer, Michael and James Champy: Reengineering the Corporation. New York: HarperCollins Publishers, 1993.

[Homm00]   Hommelhoff, Peter und Daniela Mattheus: „Gesetzliche Grundlagen: Deutschland und international." In Praxis des Risiko-Managements. Hrsg. Dietrich Dörner, Péter Horwath und Henning Kagermann. Stuttgart: Schäffer-Poschel, 2000, 6-40.

[Horw04]   Horváth & Partners (Hrsg.): Balanced Scorecard umsetzen, 3. Auflage. Stuttgart: Schäffer-Poeschel, 2004.

[Isac01]   ISACF: Information Security Governance: Guidance for Boards of Directors and Executive Management. Rolling Meadows: Information Systems Audit and Control Foundation, IT Governance Institute, 2001.

[Isac06]   ISACF: Information Security Governance: Guidance for Boards of Directors and Executive Management, 2nd Edition. Rolling Meadows: Information Systems Audit and Control Foundation, IT Governance Institute, 2006.

[Isae06]   ISACA: IS Auditing Guideline Return on Security Investment Exposure Draft. Rolling Meadows: Information Systems Audit and Control Association, 2006.

[Isoc05]   ISO/IEC 17799:2005: Code of Practice for Information Security Management. International Organization for Standardization, 2005.

[Isom05]   ISO/IEC 27001:2005: Information Security Management System-Requirements. International Organization for Standardization, 2005.

[Isoi08]   ISO/IEC 27005:2008: Information security risk management. International Organization for Standardization, 2008.

[Isog02]   ISO/IEC Guide 73:2002 (E/F): Risk management-Vocabulary - Guidelines for use in standards. International Organization for Standardization, 2002.

[Isor09]   ISO/FDIS 31000 (Final Draft International Standard): Risk management – Guidelines on principles and implementation of risk management. International Organization for Standardization, 2009.

[Isoi03]   ISO/IEC 1st CD 13335-1: 2003: Information technology – Management of ICT security – Part 1: Concept and models for ICT security management. International Organization for Standardization, 2003.

[Itgb03]   IT Governance Institute: Board Briefing on IT Governance, 2nd Edition. Rolling Meadows: IT Governance Institute, 2003.

[Itgi06]   IT Governance Institute: CobiT Mapping, Overview of International IT Guidance, 2nd Edition. Rolling Meadows: IT Governance Institute, 2004.

[Itgs06]   IT Governance Institute: IT Control Objective for Sarbanes-Oxley, 2nd Edition. Rolling Meadows: IT Governance Institute, 2006.

[Itgf07]   IT Governance Institute: CobiT 4.1, Framework, Control Objectives, Management Guidelines, Maturity Models. Rolling Meadows: IT Governance Institute, 2007.

[Itgr09]   IT Governance Institute: The Risk IT Framework, Exposure Draft. Rolling Meadows: IT Governance Institute, 2009.

[Itgv08]   IT Governance Institute: The Val IT Framework 2.0. Rolling Meadows: IT Governance Institute, 2008.

[Itse03]   Macfarlane, Ivor and Collin Rudd: IT Service Management. Ein Begleitband zur IT INFRASTRUCTURE LIBRARY. Earley Reading: itSMF Ltd., 2003.

[Itss08]   Meijer, Machteld, Mark Smalley and Sharon Taylor: ITIL V3 and ASL
            Sound Guidance for Application Management and Application
            Development. Norwich, Norfolk: Office of Government Com-
            merce, 2009.

[Mose02[Moser, Ulrich: Der IT-Ernstfall - Katastrophenvorsorge. Rheinfel-
            den/Schweiz: BPX, 2002.

[Jauc88]   Jauch, Lawrence R. and William F. Glück: Business Policy and Strategic
            Management, Fifth Edition. New York: McGraw Hill, 1988.

[Jori07]   Jorion, Philippe: VALUE AT RISK, 3rd Edition. New York: McGraw-Hill,
            2007.

[Kapl01]   Kaplan, Robert S. and David P. Norton: The Strategy Focused Organi-
            zation. Boston: Harward Business School Press, 2001.

[Lehm02]   Lehmann Beat: Verantwortung und Haftung für die IT-Sicherheit. Lu-
            zern: FHZ-IWI, 2002.

[Leve95]   Leveson, Nancy G.: Safeware, System Safety and Computers. New
            York: Addison-Wesley, 1995.

[Nisc02]   NIST: Contingency Planning Guide for Information Technology Sys-
            tems. Washington DC: U.S. Department of Commerce, 2002.

[Obli95]   OR: Schweizerischerisches Obligationenrecht. Zürich: Orell Füssli,
            1995.

[Oenb05]   Oesterreichische Nationalbank: Management des operationellen Risi-
            kos. Wien: QeNB, 2005.

[Oecd04]   OECD: OECD Principles of Corporate Covernance. Paris: OECD Publi-
            cations, 2004.

[Onno08]   ONR 49002-3: Risikomanagement für Organisationen und Systeme;
            Teil3: Leitfaden für das Notfall-, Krisen- und Kontinuitätsmana-
            gement. Wien: Österreichisches Normungsinstitut, 2008.

[Piaz02]   Piaz, Jean-Marc: Operational Risk Management bei Banken. Zürich:
            Versus Verlags AG, 2002.

{Prok08]   Prokein, Oliver: IT-Risiko-Management. Wiesbaden: Gabler, 2008.

[Röss05]   Rössing von, Rolf: Betriebliches Kontinuitätsmanagement. Bonn: mitp-
            Verlag, 2005.

[Romi03]   Romeike, Frank: „Risikoidentifikation und Risikokategorien." In Er-
           folgsfaktor Risiko-Management. Hrsg. Frank Romeike und Robert
           B. Finke. Wiesbaden: Gabler, 2003, S. 165 ff.

[Rome03]   Romeike, Frank: „Bewertung und Aggregation von Risiken." In Erfolgs-
           faktor Risiko-Management. Hrsg. Frank Romeike und Robert B.
           Finke. Wiesbaden: Gabler, 2003, S. 183 ff.

[Roml04]   Romeike, Frank: Lexikon Risiko-Management. Köln: Wiley-VCH Verlag
           GmbH & Co. KGaA, 2004.

[Rüeg02]   Rüegg-Stürm, Johannes: Das neue St. Galler Management-Modell.
           Bern: Haupt, 2002.

[Scod02]   Swiss code of best practice for corporate governance. Zürich: econo-
           miesuisse, 2002.

[Sonn06]   Sonnenreich, Wes, Jason Albanese and Brouce Stout: "Return On Secu-
           rity Investment (ROSI) – A Practical Quantitative Model." Journal
           of Research and Practice in Information Technology, Vol. 38,
           February 2006, 55-66.

[Stor96]   Storey, Neil: Safety Critical Computer Systems. London: Prentice Hall,
           1996.

[Swan96]   Swanson, Marianne und Marianne Gutmann: NIST 800-14, Generally
           Accepted Principles and Practices for Securing Information
           Technology Systems. Washington DC: U.S. Department of Com-
           merce, 1996.

[Ulri01]   Ulrich, Hans und Gilbert J. B. Probst: Anleitung zum ganzheitlichen
           Denken und Handeln. 3. erw. Auflage, Bern: Haupt, 2001.

[Wolk07]   Wolke, Thomas: Risiko-Management. München: Oldenburg Wissen-
           schaftsverlag, 2007.

[Vese81]   Vesely, W.E. und Andere: Systems and Reliability Research Office of
           Nuclear Regulatory Research, U.S. Nuclear Regulatory Commis-
           sion: Fault Tree Handbook. Washington, D.C.: U.S. Government
           Printing Office, 1981.

[Witb06]   Witt, Bernhard C.: IT-Sicherheit kompakt und verständlich. Edition
           <kes>, Wiesbaden: Vieweg, 2006.

[Witt99]   Wittmann, Edgar:, „Organisation des Risiko-Managements im Siemens
           Konzern", in Risk Controlling in der Praxis. Hrsg. Henner Schie-
           renbeck. Zürich: Verlag Neue Zürcher Zeitung, 1999.

Abkürzungsverzeichnis

AktG	Aktiengesetz
BS	British Standard
BSC	Balanced Scorecard
BSI	Bundesamt für Sicherheit in der Informationstechnik (Deutschland)
BSI	British Standards Institution (UK)
CC	Common Criteria
CEO	Chief Executive Officer
CERT®	Computer Emergency Response Team (Carnegie Melon Universtiy)
CERT®/CC	Computer Emergency Response Team / Coordination Center (Carnegie Melon Universtiy)
CFO	Chief Financial Officer
CIO	Chief Information Officer
CIP	Critical Infrastructure Protection
CIIP	Critical Information Infrastructure Protection
CISO	Chief Information Security Officer
CLO	Chief Legal Officer
CobiT CoBIT®	Control Objectives for Information and related Technology (Information Systems Audit and Control Association)
COO	Chief Operation Officer
COSO	Committee of Sponsoring Organisation of the Treadway Commission
CRAMM	Centre for Information Systems Risk Analysis und Management Method
CRO	Chief Risk Officer
CSF	Critical Success Factor
CSO	Chief Security Officer
EBK	Eidg. Bankenkommission (seit 1.1.09 in FINMA)
ETA	Event Tree Analysis (Ereignisbaum-Analyse)
FINMA	Eidg. Finanzmarktaufsicht
FMEA	Failure Modes and Effects Analysis (Fehler-Effekt- und Ausfall-Analyse)
FMECA	Failure Modes, Effects and Criticality Analysis
FTA	Failure Tree Ananlysis (Fehlerbaum-Analyse)

GL	Geschäftsleitung
HGB	Handelsgesetzbuch (Deutschland)
ICT	Information and Communications Technology
IDS	Intrusion Detection System
IEC	International Electrotechnical Commission
ISACA®	Information Systems Audit and Control Association®
ISMS	Informations-Sicherheits-Management-System
ISO	International Standards Organisation
IT	Informations-Technologie (Information Technology)
ITGI	IT Governance Institute®
ITIL®	IT Infrastructure Library (Office of Commerce)
ITSEC	Information Technology Security Evaluation Criteria
KCI	Key Control Indicator
KGI	Key Goal Indicator
KonTraG	Gesetz zur Kontrolle und Transparenz im Unternehmensbereich
KPI	Key Performance Indicator
KRI	Key Risik Indicator
MAO	Maximum Acceptable Outage
MTPD	Maximum Tolerable Period of Disruption
Mil Std	Military Standards (USA)
MTBF	Mean Time Between Failures
MTTF	Mean Time To Failures
MTTR	Mean Time To Repair
OECD	Organisation for Economic Co-operation and Development
OR	Schweizerisches Obligationenrecht
PDCA	Plan Do Check Act
PCCIP	President's Commission on Critical Infrastructure Protection
RM	Risiko-Management
ROSI	Return on Security Investments
RPO	Recovery Point Objective
RTO	Recovery Time Objective
SLA	Service Level Agreement
SOX	Sarbanes-Oxley Act (USA)
SWOT	Strength, Weaknesses, Oportunities, and Threats
SSL	Secure Socket Layer
VR	Verwaltungsrat

Stichwortverzeichnis

C